Python 数据科学指南

［印度］Gopi Subramanian　著
方延风　刘丹　译

人 民 邮 电 出 版 社
北　京

图书在版编目（C I P）数据

Python数据科学指南 / (印) 萨伯拉曼尼安
(Gopi Subramanian) 著 ; 方延风, 刘丹译. -- 北京 :
人民邮电出版社, 2016.12
ISBN 978-7-115-43510-1

Ⅰ. ①P… Ⅱ. ①萨… ②方… ③刘… Ⅲ. ①软件工
具－程序设计－指南 Ⅳ. ①TP311.561-62

中国版本图书馆CIP数据核字(2016)第232258号

版权声明

◆ 著　　　[印度] Gopi Subramanian
译　　　方延风　刘　丹
责任编辑　胡俊英
责任印制　焦志炜

◆ 人民邮电出版社出版发行　　北京市丰台区成寿寺路 11 号
邮编　100164　　电子邮件　315@ptpress.com.cn
网址　http://www.ptpress.com.cn
三河市海波印务有限公司印刷

◆ 开本：800×1000　1/16
印张：25.25
字数：498 千字　　　2016 年 12 月第 1 版
印数：1 – 2 500 册　　　2016 年 12 月河北第 1 次印刷

著作权合同登记号　图字：01-2016-2851 号

定价：79.00 元

读者服务热线：(010)81055410　印装质量热线：(010)81055316
反盗版热线：(010)81055315

内容提要

Python 作为一种高级程序设计语言，凭借其简洁、易读及可扩展性日渐成为程序设计领域备受推崇的语言，并成为数据科学家的首选之一。

本书详细介绍了 Python 在数据科学中的应用，包括数据探索、数据分析与挖掘、机器学习、大规模机器学习等主题。每一章都为读者提供了足够的数学知识和代码示例来理解不同深度的算法功能，帮助读者更好地掌握各个知识点。

本书内容结构清晰，示例完整，无论是数据科学领域的新手，还是经验丰富的数据科学家都将从中获益。

译者简介

方延风，高级工程师，现在福建省科学技术信息研究所任职，毕业于清华大学，获得计算机技术工程硕士学位，美国俄勒冈大学访问学者，曾出版过多本计算机图书，目前的研究方向是文本数据挖掘、自然语言处理（Natural Language Processing，NLP）、信息检索技术等。他主要翻译了第 1 章及第 6～10 章的内容。

刘丹，副教授，现任福州外语外贸学院物流系副主任。她主要翻译了第 2～5 章的内容，并对全书内容进行了校译。

作者简介

Gopi Subramanian 是一名数据科学家，他在数据挖掘与机器学习领域有着超过 15 年的经验。在过去的 10 年中，他设计、构思、开发并领导了数据挖掘、文本挖掘、自然语言处理、信息提取和检索等多个项目，涉及不同领域和商务垂直系统，包括工程基础设施、消费金融、医疗保健和材料等多个领域。在忠诚度分析领域，他构思并建立了创新的消费者忠诚度模型，设计了企业范围的个性化促销系统。他在美国和印度的专利局共计申请了 10 多项专利，并以自己的名义出版了许多书籍。目前，他在印度的班加罗尔生活和工作。

审稿人简介

Bastiaan Sjardin 是一位在人工智能、数学及机器学习方面有着雄厚实力的数据科学家和企业家。他从莱顿大学获得了认知科学及数理统计学的授课型硕士学位。在过去的5年中，他参与了大量数据科学方面的项目，经常在密歇根大学社会网络分析 Coursera 课程和约翰·霍普金斯大学的实用机器学习课程上担任助教。他常用的编程语言是 R 和 Python。目前是 Quandbee（www.quandbee.com）公司的联合创始人，该公司专门从事机器学习的应用程序开发。

前言

如今，我们生活在一个万物互联的世界，每天都在产生海量数据，不可能依靠人力去分析产生的所有数据并做出决策。人类的决策越来越多地被计算机辅助决策所取代，这也得益于数据科学的发展。数据科学已经深入到我们互联世界中的每个角落，市场对那些十分了解数据科学算法并且有能力用这些算法进行编程的人才需求是不断增长的。数据科学是多领域交叉的，简单列举几个：数据挖掘、机器学习、统计学等。这对那些渴望成为数据科学家以及已经从事这一领域的人们在各方面都倍感压力。把算法当成黑盒子应用到决策系统里，可能会适得其反。面对着无数的算法和数不清的问题，我们需要充分掌握潜在的算法理论，这样才能给每个指定的问题选择最好的算法。

作为一门编程语言，Python 演变至今，已经成为数据科学家的首选之一。在快速原型构建方面，它能充分发挥了脚本语言的能力，对于成熟软件的开发，它精巧的语言结构也十分适合，再加上它在数值计算方面神奇的库，这些都使得它被众多数据科学家和一般的科学编程群体所推崇。不仅如此，由于 Django 和 Flaskweb 等 Web 框架的出现，Python 在 Web 开发人员中也很受欢迎。

本书通过精心编写的内容和精选的主题来满足读者的需求，无论是新手还是经验丰富的数据科学家都将从中获益。本书的内容涉及数据科学的不同方面，包括数据探索、数据分析与挖掘、机器学习、大规模机器学习等。每一章都经过精心编写，带领读者探索相关领域。本书为读者提供了足够的数学知识来理解不同深度的算法功能。只要你有需求，我们都能为好学的读者提供充分的指导，各个主题都十分便于读者学习和理解。

本书给读者带来了数据科学的艺术力和 Python 编程的力量，并帮助他们掌握数据科学的概念。了解 Python 语言并不是死板地跟随本书学习，非 Python 程序员可以从第 1 章开始阅读，里面涵盖了 Python 数据结构及函数编程等概念。

前几章涵盖了数据科学的基础知识，后面的章节则致力于高级数据科学算法。目前最先进的算法已经引领数据科学家在不同的行业实践中进行探索，这些算法包括集成方法、随机森林、正则化回归等，书中将会详细介绍。一些在学术界流行而仍未广泛引入到主流应用中的算法，例如旋转森林等在文中也有详细介绍。

目前市场上有许多个人撰写的数据科学方面的书籍，但我认为它们在将隐藏在数据科学算法背后的数学原理和一些实施中的细节相结合方面仍存在很大空缺，本书志在填补这一空白。每一个主题，恰如其分的数学知识讲解能引导读者理解算法工作原理。我相信读者可以在他们的应用中充分感受这些方法带来的效益。

这里有一个忠告，虽然我们尽可能用客观的语言给读者解释这些主题，但它们并没有作为成品在极端的条件下进行过严格测试。成品的数据科学代码必须符合严格的工程规范。

本书可以作为学习数据科学方法的指南和快速参考书。这是一本独立的、介绍数据科学给新手和一些有一点算法基础的人的书，帮助他们成为这个行业的专家。

本书的主要内容

第 1 章，Python 在数据科学中的应用，介绍了 Python 内置的数据结构及函数，为学习数据科学编程奠定了基础。

第 2 章，Python 环境，介绍了 Python 的科学编程和绘图库，包括 NumPy、matplotlib 和 scikit-learn 等。

第 3 章，数据分析——探索与争鸣，覆盖了数据预处理、转换方法来探测性执行数据分析任务等内容，以便有效地构建数据科学算法。

第 4 章，数据分析——深入理解，引入降维概念来解决数据科学中的维数问题，详细讨论了从简单方法到最先进的降维技术。

第 5 章，数据挖掘——海底捞针，讨论了无监督数据挖掘技术，先精心探讨了基于距离方法、核方法等内容，接着对聚类与异常点检测技术进行详细讨论。

第 6 章，机器学习 1，涵盖了有监督数据挖掘技术，包括最近邻算法、朴素贝叶斯算法及分类树算法，开始部分就重点强调了监督学习的数据准备工作。

第 7 章，机器学习 2，介绍了回归问题和包括 LASSO 和岭回归在内的正则化主题。最后，讨论了运用交叉检验技术为这些方法选择超参数。

第 8 章，集成方法，介绍了各种集成方法，包括挂袋法、提升法及梯度提升法。本章展现了如何在数据科学领域创建强大的、最先进的方法，不是对给定的问题建立单一的模型，而是在集成中构建大量的模型。

第 9 章，生长树，介绍了更多的基于树的挂袋法，基于其对噪声的健壮性和对不同问题的通用性，它们在数据科学界非常流行。

第 10 章，大规模机器学习——在线学习，涵盖了大规模机器学习及解决如此大规模问题的合适算法，其中的算法使用数据流进行工作，使用的数据无法完全加载到内存中。

读者须知

本书所有主题中的代码都在一台安装了 64 位 Windows 7 操作系统的计算机上进行开发和测试，其配置为 Intel i7 CPU 和 8GB 内存。

本书中使用的开发语言和库版本为：Python 2.7.5、NumPy 1.8.0、SciPy 0.13.2、Matplotlib 1.3.1、NLTK 3.0.2 和 scikit-learn 0.15.2。

这里的代码通过适当的库也能在 Linux 各种发行版和 Macs 上运行。另外一种方式是采用这些版本的库创建一个 Python 虚拟环境，这样就能运行所有主题中的代码。

本书的目标读者

本书适合于各个层次的数据科学专业人士，包括学生、业内人士，从新手到专家，各章节的不同主题契合了不同读者的需求。第 1～5 章，新手级读者可以花一些时间认识数据科学。专家级读者可以阅读后面的章节参考并理解如何用 Pyhton 实施一些先进的技术。本书涉及适当的数学内容以满足希望理解数据科学的程序员，给他们一些必要的参考。没有 Python 基础的人也可以有效地使用本书，本书的第 1 章介绍了基于 Python 编程语言的数据科学。如果你已有编程基础，这将对你很有帮助。本书的编写框架基本自成体系，能给入门级读者讲解数据科学，帮助他们成为这方面的专家。

体例

在本书中，经常按：准备工作、操作方法、工作原理、更多内容、参考资料等主题进行讲解。

为了清楚提示如何能够完成这些主题，我们运用如下所示的各个部分。

准备工作

这部分告诉你本主题要讲述的内容，并介绍如何安装软件及所需的初步设置。

操作方法

本部分包含所需依照的操作步骤。

工作原理

这部分通常是对之前内容的详细解释。

更多内容

为了使读者知道更多相关主题的知识，这部分提供了一些附加信息。

参考资料

这部分为主题提供了其他有用信息的配套链接。

约定

在本书中，你会发现一些文本样式被用来区别不同种类的信息，以下是一些样式例子及其各自的含义。

文本中的代码，如函数名，如下所示。

我们调用 `get_iris_data()` 函数来获得输入数据，利用 `Scikit-learnd` 库的 `cross_validation` 模型的 `train_test_split` 函数将输入数据集一分为二。

代码块的格式设置如下。

```
# Shuffle the dataset
shuff_index = np.random.shuffle(range(len(y)))
x_train = x[shuff_index,:].reshape(x.shape)
y_train = np.ravel(y[shuff_index,:])
```

公式通常以图像形式提供，格式如下。

$$x_i = \{x_{i1}, x_{i2}, \cdots, x_{im}\} where\ i = 1\ to\ n$$

通常数学部分在每一节的开头部分被提出，某些章节中，各个主题通用的数学知识统一在简介部分进行介绍。

外部链接的格式如下。

http://scikit-learn.org/stable/modules/generated/sklearn.metrics.log_loss.html。

第三方库中一些算法实现的细节的说明的规范如下。

“输入的样本被预测的分类被用来当作具有最高的平均预测概率，如果基准评估器没有实施 predict_proba 方法，则诉诸于投票。”

任何引用科技期刊或者论文作为参考文献的地方，格式规范如下。

你可以阅读 Leo Breiman 的论文来了解挂袋法的更多信息，请参见：

Leo Breiman 著，《Bagging predictors.Mach. Learn》24, 2 (1996 年 8 月)，第 123～140 页，DOI=10.1023/A:1018054314350 http://dx.doi.org/10.1023/A:1018054314350。

程序的输出及图形通常以图像形式提供，例如。

```
 Single Model Accuracy on Dev data

             precision    recall  f1-score   support

          0       0.83      0.84      0.83        51
          1       0.85      0.83      0.84        54

avg / total       0.84      0.84      0.84       105

 Bagging Model Accuracy on Dev data

             precision    recall  f1-score   support

          0       0.85      0.88      0.87        51
          1       0.88      0.85      0.87        54

avg / total       0.87      0.87      0.87       105
```

任意命令行的输入/输出格式如下。

```
Counter({'Peter': 4, 'of': 4, 'Piper': 4, 'pickled': 4, 'picked': 4,'peppers':
4, 'peck': 4, 'a': 2, 'A': 1, 'the': 1, 'Wheres': 1, 'If': 1})
```

在 Python shell 中我们希望读者能够检查一些变量，指定的格式如下所示。

```
>>> print b_tuple[0]
1
>>> print b_tuple[-1]
c
>>>
```

这个格子里出现的是警告或者重要的注意点。

这个格子里出现的是提示和技巧。

读者反馈

我们永远欢迎来自读者的反馈。让我们知道你对于这本书的想法——哪些是你喜欢的或者不喜欢的。读者的反馈对我们来说十分重要，它可以帮助我们拓展书的内容，将会使你更加有效地使用本书。

读者可以用电子邮件发送反馈内容到邮箱 feedback@packtpub.com，并在邮件主题中提及本书的标题/书名。

如果你在某个主题中有专业经验，并有兴趣编写或参与图书的出版，请访问 www.packtpub.com/authors 中的作者指南。

用户支持

现在，你荣幸地成为了 Packt 出版的图书的拥有者，我们将尽我们所能帮助你从产品中获得最完整的服务。

示例代码下载

对于你所购买的任意 Packt 出版的图书，你可以在 http://www.packtpub.com 登录自己的账户下载示例代码文件。如果你是在别处购买的本书，也可以通过浏览 http://www.packtpub.com/support 网页并登记信息，我们将会通过电子邮件将文件发送给你。

彩图下载

我们还为你提供本书所包含的彩色截图/图像的 PDF 文件，彩图能帮你更好地了解输出结果。你可以从 http://www.packtpub.com/sites/default/files/downloads/1234OT_ColorImages.pdf 下载此文件。

勘误表

虽然我们已尽力确保内容的准确性，但是难免会有错误发生。如果你在本书中发现文本或者代码错误，请告知我们，我们将感激不尽。这样一来，你可以帮助其他读者避免困惑，并帮助我们改进本书的后续版本。如果你发现任何错误，请访问 http://www.packtpub.com/submit-errata 进行举报，选择你的书，单击勘误表提交表单链接，然后填写你所发现的错误详情。一旦你的勘误通过验证，你所提交的内容将被接受，然后勘误将被上传到我们的网站并添加到该书的勘误列表中。

要查看之前提交的勘误信息，请访问 https://www.packtpub.com/books/content/support，在检索框里输入书名，所需的信息就会出现在勘误表栏目中。

著作权保护

在互联网上以不同媒介对拥有版权的材料进行盗版是一直存在的问题，Packt 非常重视版权和许可的保护。如果你遇到我们的作品在互联网上被以任何形式进行非法拷贝，请向我们提供网址或网站名称，使我们可以立即采取措施补救。请将涉嫌盗版材料的地址链接发送到 copyright@packtpub.com，并与我们联系。

我们感谢你在保护作者方面提供的帮助，让我们能带给你更有价值的内容。

联系我们

如果你对本书有任何方面的问题，可以通过发送邮件到 questions@packtpub.com 联系我们，我们将竭尽所能来解决问题。

目录

第 1 章
Python 在数据科学中的应用

在这一章里，我们将探讨以下主题。

- 使用字典对象
- 使用字典的字典
- 使用元组
- 使用集合
- 写一个列表
- 从另一个列表创建列表——列表推导
- 使用迭代器
- 生成一个迭代器和生成器
- 使用可迭代对象
- 将函数作为变量传递
- 在函数中嵌入函数
- 将函数作为参数传递
- 返回一个函数
- 使用装饰器改变函数行为
- 使用 lambda 创造匿名函数
- 使用映射函数

- 使用过滤器
- 使用zip和izip函数
- 从表格数据使用数组
- 对列进行预处理
- 列表排序
- 采用键排序
- 使用itertools

1.1 简介

Python语言提供了大量内置的数据结构和函数，十分便于数据科学的程序处理。在这一章里，我们先讨论那些最常用的部分。在后续章节中，你会看到它们在不同主题中的应用。熟练地掌握这些知识，有助于你在处理数据和开发算法的繁杂过程中快速地编写程序。

本章将对这些便捷的数据结构和方法做一个概述，当你成长为一个熟练的Python开发者，就能灵活地搭配并使用它们，同时找到自己的方式来实现目标。

各类数据结构都有其用途，在不同的环境下，可能要使用两类甚至更多来适应你的需求。在本书中，我们提供了大量的实例以供参考。

1.2 使用字典对象

在Python语言中，容器是一种对象，它能够容纳任意数量、任意类型的对象。它可以对子对象进行操作，还可以迭代操作。字典、元组、列表还有集合都是容器对象。在`collections`模块中，Python提供了更多的容器类型。在这一节中，我们先来仔细了解字典。

1.2.1 准备工作

我们先通过一个Python的脚本示例来理解字典是如何操作的，这段脚本用来统计词频，也就是每个词在给定的文本中出现的次数。

1.2.2 操作方法

下面的示例演示了在Python中对字典对象如何操作。通过对一句简单的文本进行处理，我们仔细探究一下真正的字典创建过程。

```
# 1. 加载一个句子到变量中
sentence = "Peter Piper picked a peck of pickled peppers A peck of
pickled \
peppers Peter Piper picked If Peter Piper picked a peck of pickled \
peppers Wheres the peck of pickled peppers Peter Piper picked"

# 2.初始化一个字典对象
word_dict = {}
# 3. 执行对词频的统计
for word in sentence.split():
    if word not in word_dict:
        word_dict[word] =1
    else:
        word_dict[word]+=1
# 4. 打印输出词频结果
```

1.2.3 工作原理

前面的代码创建了一个词频表，记录了每个词及其出现的频率。

最终的打印输出结果如下。

```
{'a': 2, 'A': 1, 'Peter': 4, 'of': 4, 'Piper': 4, 'pickled': 4,
'picked': 4, 'peppers': 4, 'the': 1, 'peck': 4, 'Wheres': 1, 'If': 1}
```

上面的结果是一个键值对，对于每个词（键），相对应的是频率（值）。字典数据结构是一个哈希映射，值对应于键。在上例中，我们是把字符串当作键，当然，我们也可以把其他不可变的数据类型当作键。

要看更多关于 Python 中的可变和不可变对象的详细讨论，请访问如下链接。

https://docs.python.org/2/reference/datamodel.html。

同样地，值可以是任意数据类型，包括自定的类。在第 2 步中，我们初始化了一个字典对象，此时，它还是空的。当一个新键被添加到字典的时候，如果对字典进行的操作涉及这个新键，将抛出一个 KeyError 错误。在上例中的第 3 步里，我们可以在 for 循环里添加一个 if 语句来控制这个情形，我们也可以使用以下语句。

```
word_dict.setdefault(word,0)
```

如果我们要在循环中给一个字典添加元素，需要对字典的所有键进行操作，这个语句会被重复调用，我们可能并没有清楚地意识到这一点。

```
for word in sentence.split():
    word_dict.setdefault(word,0)
    word_dict[word]+=1
```

1.2.4 更多内容

在 Python 2.5 及以上版本的 `collections` 模块中，有一个 `defaultdict` 类。它和 `setdefault` 方法有着对应关系，`defaultdict` 类调用的实例如下所示。

```
from collections import defaultdict

sentence = "Peter Piper picked a peck of pickled peppers A peck of\
           pickled peppers Peter Piper picked If Peter Piper picked a peck of\
           pickled peppers Wheres the peck of pickled peppers Peter Piper picked"

word_dict = defaultdict(int)

for word in sentence.split():
    word_dict[word]+=1print word_dict
```

你可能已经注意到了，我们在代码中包含了 `collections.defaultdict`，初始化了字典。请注意 `defaultdict` 的参数 `int`，采用了一个函数作为参数。在这个例子中，我们传递 `int()` 函数，当字典遇到一个之前没有遇到的键时，它将 `int()` 函数返回值用来初始化这个键，本例中这个值是 0。在本书后续部分里，我们还会使用到 `defaultdict`。

标准的字典不会记住键被添加进来的顺序，在 collections 模块中，Python 提供了一个能记住键被添加的顺序的容器，叫作 `OrderedDict`。请阅读如下的 Python 文档了解更多细节。
https://docs.python.org/2/library/collections.html#collections.OrderedDict。

遍历字典是很简单的，`keys()` 函数可以遍历所有的键，`values()` 函数可以遍历所有的值，items()函数则可以遍历所有的键值对，请看下面的例子。

```
For key, value in word_dict.items():
print key,value
```

在本例中，dict.items()函数迭代地遍历了字典中的所有键值对。

如下的 Python 文档非常详细地讲述了字典，是很方便的指南手册。详见：https://docs.python.org/2/tutorial/datastructures.html#dictionaries。

字典是一种非常有用的媒介数据结构，如果你的程序使用 JSON 在模块间传送信息，字典就是最适合的数据类型。从 JSON 文件中装载数据到字典或者复制字典作为 JSON 字符串都很方便。

Python 提供了高效的 JSON 操作库，详见：https://docs.python.org/2/library/json.html。

counter 是一个字典子类，用来统计键值对类型的对象，我们的例子中的词频统计用 counter 来完成是轻而易举的。

请看下面的示例。

```
from collections import Counter

sentence = "Peter Piper picked a peck of pickled peppers A peck of pickled \
            peppers Peter Piper picked If Peter Piper picked a peck of\
            pickled peppers Wheres the peck of pickled peppers Peter Piper \
            picked"

words = sentence.split()

word_count = Counter(words)

print word_count['Peter']print word_dict
```

输出结果如下，你可以和前面的例子做一个比较。

```
Counter({'Peter': 4, 'of': 4, 'Piper': 4, 'pickled': 4, 'picked': 4,
'peppers': 4, 'peck': 4, 'a': 2, 'A': 1, 'the': 1, 'Wheres': 1, 'If':1})
```

访问以下链接，你能更好地理解 counters 类。

https://docs.python.org/2/library/collections.html#collections.Counter。

1.2.5 参考资料

第 1 章“Python 在数据科学中的应用”中 1.3 节“使用字典的字典”的相关内容。

1.3 使用字典的字典

我们之前提到，为了完成目标，你得创造性地应用各类数据结构，这样才能发挥它们的威力。接下来，我们通过一个实例来帮助理解“字典的字典”。

1.3.1 准备工作

请看表 1-1。

表 1-1

用户/电影	LOR1	LOR1	LOR1	SW1	SW2
Alice	4	5	3	5	3
Huntsman	1	2	1	4	4
Snipe	3	4	4	2	1

第 1 列中列出了 3 个用户，其他列都是电影，单元格里是每个用户给电影的评分。我们要把这些数据放到内存中，这样大型程序的其他部分也能方便地访问，此时我们将使用“字典的字典”。

1.3.2 操作方法

我们通过匿名函数来创建一个 user_movie_rating 的字典对象，以此展示“字典的字典”这一概念。

我们先将字典的字典填满数据。

```
from collections import defaultdict

user_movie_rating = defaultdict(lambda :defaultdict(int))

# 初始化艾丽丝的评分
user_movie_rating["Alice"]["LOR1"] = 4
```

```
user_movie_rating["Alice"]["LOR2"] = 5
user_movie_rating["Alice"]["LOR3"] = 3
user_movie_rating["Alice"]["SW1"] = 5
user_movie_rating["Alice"]["SW2"] = 3
print user_movie_rating
```

1.3.3 工作原理

`user_movie_rating` 就是一个字典的字典，在前一节中，`defaultdict` 将一个函数作为参数，在本例中，我们传递了一个内置的匿名函数 `lambda`，它返回一个字典。每当一个新的键被传递到 `user_movie_rating` 中，同时也有一个新的字典被创建。我们在后续章节中会经常提及 `lambda` 函数。

通过这种方式，我们可以快速地对每个用户和电影的组合体的评分进行操作，同样地，还有许多字典的字典的用例充分说明其便利性。

总之，熟练掌握字典数据结构，能帮助你简化数据科学的程序开发任务。以后我们将看到，在机器学习中，字典被大量用来存储特征值和标签。Python 的 `NLTK` 库在文本挖掘的时候也会大量地使用字典来存储特征值，详见：http://www.nltk.org/book/ch05.html。

上面链接中“使用字典映射词到特征”这一节展示了如何高效地使用字典。

1.3.4 参考资料

第 1 章“Python 在数据科学中的应用”中 1.16 节“使用 lambda 创建匿名函数”的相关内容。

1.4 使用元组

在 Python 中，元组是一种顺序型的容器对象。元组是不可变的，元组中的元素由逗号分隔开，可以对不同类别构成的对象进行排序，不允许插入操作，支持以下操作。

- `in` 和 `not in`。
- 比较、串联、切片和索引。
- `min()` 和 `max()`。

1.4.1 准备工作

我们讲解字典的时候，描述了完整的功能，对于元组，我们通过一些小段的代码来聚焦于元组的创建与维护操作。

1.4.2　操作方法

先让我们看看一些元组创建和维护的示例代码。

```
# 1.创建一个元组
a_tuple = (1,2,'a')
b_tuple =1,2,'c'

# 2.利用索引访问元组的元素
print b_tuple[0]
print b_tuple[-1]
# 3.元组的元素值是无法修改的，如下的语句将返回一个错误
try:
    b_tuple[0] = 20
except:
    print "Cannot change value of tuple by index"

# 4.虽然元组是不可变的，但是元素的元组可以是一个可变的对象
# 在如下的代码中，元组的元组是一个列表
c_tuple =(1,2,[10,20,30])
c_tuple[2][0] = 100

# 5.元组一旦被创建，无法像列表那样进行扩展
# 不过，两个元组可以串联在一起

print a_tuple + b_tuple

# 6.对元组进行切片
a =(1,2,3,4,5,6,7,8,9,10)
print a[1:]
print a[1:3]
print a[1:6:2]
print a[:-1]

# 7.对元组求 min 和 max 值
print min(a),max(a)

# 8.包含于与非包含于
if 1 in a:
    print "Element 1 is available in tuple a"
else:
```

```
print "Element 1 is available in tuple a"
```

1.4.3　工作原理

在第 1 步中，我们创建了一个元组，严格来说，括号并不是必需的，不过它提高了代码的可读性。我们创建的是一个多种对象组成的元组，有数值、字符串等类型。第 2 步演示了通过索引来访问元组的细节，索引下标是从零开始。如果下标是负数，则从相反的方向访问元组的元素，print 语句的输出结果如下。

```
>>> print b_tuple[0]
1
>>> print b_tuple[-1]
c
>>>
```

Python 的元组下标从零开始，元组是不可变的。在第 3 步中，我们能看到元组最重要的属性：不可变。我们无法改变一个元组的元素的值，示例代码的第 3 步会导致编译器抛出一个错误。

```
Traceback (most recent call last):
File "<stdin>", line 1, in <module>
TypeError: 'tuple' object does not support item assignment
```

这显得有点过于严格，然而这种特性从数据科学的观点来说有着重要的意义。

开发机器学习程序时，特别是从原始数据中生成特征值的时候，请创建特征值元组，这样数值就不会被下游的代码改变。

这些特征值保存在元组里，下游的代码就无法意外地修改特征值。

不过，我们需要指出，元组可以采用可变的对象作为它的成员，例如列表对象。像第 4 步中演示的元组，它的第 3 个元素就是一个列表对象，我们可以试试修改列表中的元素。

```
c_tuple[2][0] = 100
```

通过以下语句来打印输出元组。

```
print c_tuple
```

我们会得到如下的输出结果。

```
(1, 2, [100, 20, 30])
```

你能看到，列表的第1个元素的值已经被修改为100。

在第5步中，我们将两个元组串联起来，在机器学习程序开发中，常常有不同模块生成不同的特征值，此时使用元组串联是一个很好的选择。

例如：你有一个模块用于创建词袋模型的特征值，而另一个模块为了典型的文本分类而创建数值特征，这些模块都可以将输出结果保存到元组中，这样最终的模块可以连接所有的元组生成完整的特征值向量。

由于不可变的特性，元组不像列表那样可以在创建之后进行扩展，它不支持 append 函数。元组的不可变特性的另一个好处是它可以作为字典的键。

一般来说，当创建字典的键时，我们需要使用自定义的分隔符来连接不同的字符串，以此创建一个唯一的键。如果你使用元组，元组里的各个字符串可以对应作为字典的键。

这样可以大大提高程序输出结果的可读性，另外还能避免键在手动组合的时候产生难以觉察的错误。

在第6步中，我们讲述了元组的切片操作，一般地，切片参数需要3个冒号分隔的数字参数，第1个数是切片开始的位置，第2个是结束的位置，最后一个是步长。第6步的示例中也可以这样表示。

```
print a[1:]
```

打印输出的结果如下。

```
(2, 3, 4, 5, 6, 7, 8, 9, 10)
```

在这个示例中，我们只给出了开始位置（记住：索引起始于零），我们得到的是元组从索引值1开始的切片。再看另一个示例。

```
print a[1:3]
```

打印输出的结果如下。

```
(2, 3)
```

这样，我们指定了起始位置为 1，结束位置为 3。

切片操作是右侧结束。

虽然我们指定了结束位置为 3，但输出的结果返回的值实际只到位置 2，提前了一位。我们得到的是第 2 和第 3 位的部分。最后，我们来看看提供全部 3 个参数：起始位置、结束位置和步长。

```
print a[1:6:2]
```

打印输出的结果如下。

```
(2, 4,6)
```

除了起始和结束位置，我们设置了步长为 2，上面的输出结果显示了每次输出都跳两个位置。

我们再来看看位置索引值为负数的情形。

```
print a[:-1]
```

打印输出的结果如下。

```
(1, 2, 3, 4, 5, 6, 7, 8, 9)
```

除了最后一个元素，全部的元素都被打印显示了。

```
print a[::-1]
```

打印输出的结果如下。

```
(1, 2, 3, 4, 5, 6, 7, 8, 9)
```

更深入地思考一下，上面这个语句的输出结果如下所示——拥有好奇心的读者应该能探索出为何得到这样的结果。

```
(10, 9, 8, 7, 6, 5, 4, 3, 2, 1)
```

在第 7 步中，我们通过 min() 和 max() 函数来获取元组中的最小和最大值。

```
>>> print min(a), max(a)
1 10
>>>
```

在第 8 步中，我们展示了包含于、非包含于两种条件操作，这两种操作常常被用来检测某个元素是否存在于元组中。

```
if 1 in a:
    print "Element 1 is available in tuple a"
else:
    print "Element 1 is available in tuple a"
```

1.4.4 更多内容

前一小节中，我们通过索引访问元组的元素。为了提高程序的可读性，我们会给元组的每个元素取一个名字，并通过名字来访问这些元素，这就是命名元组的来由，下面的 URL 提供了很好的命名元组文档。

https://docs.python.org/2/library/collections.html#collections.namedtuple。

我们来看一个简单的命名元组应用示例。

```
from collections import namedtuple

vector = namedtuple("Dimension",'x y z')
vec_1 = vector(1,1,1)
vec_2 = vector(1,0,1)

manhattan_distance = abs(vec_1.x - vec_2.x) + abs(vec_1.y - vec_2.y) \
                            + abs(vec_1.z - vec_2.z)

print "Manhattan distance between vectors = %d"%(manhattan_distance)
```

你可能已经注意到，我们采用了 vec_1.x 和 vec_1.y 等对象符号来访问 vec_1 和 vec_2 的元素。相较于使用元组的索引，这样的代码可读性更好。vec_1.x 和 vec_1[0] 是等价的。

1.4.5 参考资料

第 3 章“数据分析——探索与争鸣”中 3.16 节“词袋模型表示文本”的相关内容。

1.5 使用集合

除了不能存在重复值，集合和列表十分相似。集合是无序的同类元素的集合，通常情况下，集合被用来删除列表中的重复值。集合支持交集、并集、差集和对称差等操作，这些操作在许多用例中都十分便于使用。

1.5.1 准备工作

在这节中，我们会写一小段代码来帮助理解集合数据结构的不同用途。在这个实例里，我们将使用 Jaccard 系数来计算两句话的相似度，并对 Jaccard 系数进行详细的讲述，在后续的章节里，我们还会介绍相似的其他度量方法。先给 Jaccard 系数来一个简要的介绍：它是介于 0 到 1 的数值，1 表示高相似度，它的计算方法基于两个集合中存在的共同元素数量。

1.5.2 操作方法

让我们来看看创建和维护集合的 Python 代码。

```
# 1.初始化两个句子
st_1 = "dogs chase cats"
st_2 = "dogs hate cats"

# 2.从字符串中创建词的集合
st_1_wrds = set(st_1.split())
st_2_wrds = set(st_2.split())

# 3.找出每个集合中不重复的词总数，即词表大小
no_wrds_st_1 = len(st_1_wrds)
no_wrds_st_2 = len(st_2_wrds)

# 4.找出两个集合中共有的词，保存到列表中，并统计总数
cmn_wrds = st_1_wrds.intersection(st_2_wrds)
no_cmn_wrds = len(st_1_wrds.intersection(st_2_wrds))

# 5.找出两个集合并集中不重复的词，保存到列表中，并统计总数
unq_wrds = st_1_wrds.union(st_2_wrds)
no_unq_wrds = len(st_1_wrds.union(st_2_wrds))
```

```
# 6.计算 Jaccard 相似度
similarity = no_cmn_wrds / (1.0 * no_unq_wrds)

# 7.打印输出
print "No words in sent_1 = %d"%(no_wrds_st_1)
print "Sentence 1 words =", st_1_wrds
print "No words in sent_2 = %d"%(no_wrds_st_2)
print "Sentence 2 words =", st_2_wrds
print "No words in common = %d"%(no_cmn_wrds)
print "Common words =", cmn_wrds
print "Total unique words = %d"%(no_unq_wrds)
print "Unique words=",unq_wrds
print "Similarity = No words in common/No unique words, %d/%d \
=%.2f"%(no_cmn_wrds,no_unq_wrds,similarity)
```

1.5.3　工作原理

在第 1 步和第 2 步中，我们将两句话切分成多个词，并用 set() 函数创建了两个集合，set() 函数可以将列表或者元组转为集合类型，请看下面的示例。

```
>>> a =(1,2,1)
>>> set(a)
set([1, 2])
>>> b =[1,2,1]
>>> set(b)
set([1, 2])
```

在这个示例中，a 是一个元组，b 是一个列表，通过 set() 函数，重复的元素被丢弃，并返回一个集合对象。st_1.split() 和 st_2.split() 方法返回一个列表，我们将它传递给 set 函数来获取集合对象。

现在我们用 Jaccard 系数计算两个句子之间的相似度，并对 Jaccard 系数进行详细的讲述，在后续的章节里，我们还会在“相似度计算”部分介绍其他的度量方法。我们使用 union() 和 intersection() 函数对集合进行操作来计算相似度。

我们在第 4 步执行了两个操作，第 1 个是 intersection() 函数，由此我们找出了两个集合中的共有的词分别是“cats”和“dogs”，共有的词数量为 2。接下来，我们用 union() 将两个集合进行并集，然后将不重复的那些词列出来，分别是：“cats”“hate”“dogs”和“chase”。这在自然语言处理中被称为词表。最后，我们在第 6 步中计算 Jaccard 系数，即两个集合共有的词数量与两个集合并集中不重复的词总数的比值。

输出的结果如下。

```
No words in sent_1 = 3
Sentence 1 words = set(['cats', 'dogs', 'chase'])
No words in sent_2 = 3
Sentence 2 words = set(['cats', 'hate', 'dogs'])
No words in common = 2
Common words = set(['cats', 'dogs'])
Total unique words = 4
Unique words= set(['cats', 'hate', 'dogs', 'chase'])
Similarity = No words in common/No unique words, 2/4 = 0.50
```

1.5.4 更多内容

我们在上面的实例中演示了集合的函数的用法。此外，你也可以从 scikit-learn 之类的库中使用内置函数。我们将尽可能多地使用这些函数，而不必自己亲自写那些集合的应用函数。

```
# 加载库
from sklearn.metrics import jaccard_similarity_score

# 1.初始化两个句子
st_1 = "dogs chase cats"
st_2 = "dogs hate cats"

# 2.从字符串中创建词的集合
st_1_wrds = set(st_1.split())
st_2_wrds = set(st_2.split())

unq_wrds = st_1_wrds.union(st_2_wrds)

a =[ 1 if w in st_1_wrds else 0 for w in unq_wrds ]
b =[ 1 if w in st_2_wrds else 0 for w in unq_wrds]

print a
print b
print jaccard_similarity_score(a,b)
```

输出的结果如下。

```
[1, 0, 1, 1]
```

```
[1, 1, 1, 0]
0.5
```

1.6 写一个列表

列表是一种顺序型的容器对象，它和元组很相似，但是它只能保存同类的数据，并且是可变的。列表支持追加操作，它可以被用来当作堆或者队列。与元组不同，它可以扩展，你可以在创建一个列表之后使用 append 函数给它追加一个元素。

1.6.1 准备工作

和介绍元组的小节相似，我们通过一些小段的代码来聚焦于列表的创建与维护操作，而不是像介绍字典那样采用完整的功能代码。

1.6.2 操作方法

下面的 Python 代码演示列表的创建和维护等操作。

```
# 1.快速地创建一个列表
a = range(1,10)
print a
b = ["a","b","c"]
print b

# 2.列表可以通过索引来访问，索引起始于 0
print a[0]

# 3.用负数作为索引，则对列表元素的访问从反方向开始
a[-1]

# 4.使用两个索引参数，切片操作可以访问列表的子集
print a[1:3] # prints [2, 3]
print a[1:] # prints [2, 3, 4, 5, 6, 7, 8, 9]
print a[-1:] # prints [9]
print a[:-1] # prints [1, 2, 3, 4, 5, 6, 7, 8]

# 5.列表串联
a = [1,2]
b = [3,4]
```

```
print a + b # prints [1, 2, 3, 4]

# 6.列表的最小值和最大值
print min(a),max(a)

# 7.包含于和非包含于
if 1 in a:
    print "Element 1 is available in list a"
else:
    print "Element 1 is available in tuple a"

# 8.追加和扩展列表
a = range(1,10)
print a
a.append(10)
print a

# 9.列表实现堆
a_stack = []

a_stack.append(1)
a_stack.append(2)
a_stack.append(3)

print a_stack.pop()
print a_stack.pop()
print a_stack.pop()

# 10.列表实现队列
a_queue = []

a_queue.append(1)
a_queue.append(2)
a_queue.append(3)

print a_queue.pop(0)
print a_queue.pop(0)
print a_queue.pop(0)

# 11.列表排序和反转
from random import shuffle
a = range(1,20)
shuffle(a)
print a
```

```
a.sort()
print a

a.reverse()
print a
```

1.6.3 工作原理

第 1 步中，我们能看到创建列表的方式与其他的不同，请注意我们只有同类型的元素。和集合不一样，列表允许存在重复的元素。第 2 步到第 7 步和元组的相关步骤都是一样的，覆盖了索引、切片、串联、最小最大值、包含于和非包含于等操作，我们不再赘述。

第 8 步演示了追加和扩展操作，这也是列表区别于元组的地方（当然，请注意列表元素必须是同类型）。我们来看看代码第 1 部分的输出。

```
>>> a = range(1,10)
>>> print a

[1, 2, 3, 4, 5, 6, 7, 8, 9]
>>> a.append(10)
>>> print a
[1, 2, 3, 4, 5, 6, 7, 8, 9, 10]
>>>
```

我们看到 10 被添加到列表 a 中。

下面的输出是第 2 部分中扩展函数的演示。

```
>>> b=range(11,15)
>>> a.extend(b)
>>> print a
[1, 2, 3, 4, 5, 6, 7, 8, 9, 10, 11, 12, 13, 14]
>>>
```

我们用另一个列表 b 扩展了原来的列表。

在第 9 步中，我们演示了用列表实现堆的功能，pop() 函数用来取回追加到列表中的最后一个元素，输出结果如下。

```
3
2
1
```

最后一个被追加进来的元素被第一个取回，这就是堆的后进先出（Last In First Out，LIFO）。

在第 10 步，我们用列表来实现队列，pop()函数用 0 作为参数，表明要取出的元素的索引已经被传递了，输出结果如下。

```
1
2
3
```

输出结果遵循的是队列的 LIFO 类型，但这是一种低效的方法。由于列表底层实现的方法限制，弹出最初的元素不是一个好的选择。如果想要执行这个操作，一个更有效的方法是使用双端队列数据结构，我们将在下一章节中介绍。

最后一个步骤展示了列表的 sort 和 reverse 操作。列表的内置函数 sort()可以将列表的元素进行排序，默认是升序排序。本章后面有个专门的小节讲解排序。reverse()函数将列表中的元素进行反转。

我们先来创建一个列表，元素是从 1 到 19。

```
a = range(1,20)
```

random 模块中有一个 shuffle()函数，我们先用它将列表中的元素搅乱，然后我们才能演示排序操作，搅乱后的输出结果如下。

```
[19, 14, 11, 12, 4, 13, 17, 5, 2, 3, 1, 16, 8, 15, 18, 6, 7, 9, 10]
```

现在，a.sort()执行了一个位置排序，我们得到如下的输出结果。

```
[1, 2, 3, 4, 5, 6, 7, 8, 9, 10, 11, 12, 13, 14, 15, 16, 17, 18, 19]
```

reverse() 也是一个位置操作，产生如下输出结果。

```
[19, 18, 17, 16, 15, 14, 13, 12, 11, 10, 9, 8, 7, 6, 5, 4, 3, 2, 1]
```

1.6.4　更多内容

堆或队列只能在一个方向上追加或弹出数据，而双端队列有两个端，可以在不同的端执行追加或弹出数据操作，请参见：

https://docs.python.org/2/library/collections.html#collections.deque。

1.7 从另一个列表创建列表——列表推导

推导是从一个序列创建另一个序列的操作，例如，我们可以从列表或元组中创建一个列表。本节我们将讲述列表推导。一般地，列表推导具有以下特点。

- 序列，表示一个我们对其元素感兴趣的列表。
- 序列的元素拥有可变的表示方法。
- 使用输入序列的元素来产生输出表达式，以此产生输出序列。
- 一个可选的谓词表达式。

1.7.1 准备工作

我们先通过一个 Python 的脚本示例来理解列表推导中涉及的元素的不同之处。先输入一个列表，元素包含了一些正数和负数，我们希望得到的输出是由那些负数元素的平方值构成的列表。

1.7.2 操作方法

下面的示例代码演示了列表推导操作。

```
# 1.定义一个由一些正整数和负整数构成的简单列表
a = [1,2,-1,-2,3,4,-3,-4]

# 2.现在让我们写出列表推导
# pow()是幂函数，需要两个输入参数，第 1 个参数是底数，第 2 个参数是指数，返回的输出为幂值
b = [pow(x,2) for x in a if x < 0]

# 3.最后我们看看保存在新建的列表 b 里的输出结果
print b
```

1.7.3 工作原理

这个示例解释了列表推导的不同组成部分。我们来看第 2 步。

```
b = [pow(x,2) for x in a if x < 0]
```

这行代码可做如下解释。

- 输入是列表 a，输出为列表 b。
- 我们用变量 x 来表示列表中的每个元素。
- pow(x,2)是输出表达式，使用输入列表中的元素来计算产生输出列表。
- 最后，“if x < 0”是一个谓词表达式，它负责选择输入列表中的哪些元素来计算产生输出列表。

1.7.4 更多内容

推导的语法和字典的完全一样，我们来看一个简单的示例。

```
a = {'a':1,'b':2,'c':3}
b = {x:pow(y,2) for x,y in a.items()}
print b
```

在上面的示例中，我们从输入的字典 a 中创建了一个新的字典 b，输出结果如下。

```
{'a': 1, 'c': 9, 'b': 4}
```

我们保留了字典的键，但其新值是字典 a 中原来的值的平方。值得注意的一点是在推导过程中，花括号代替了括号。

我们也可以采用一点小技巧来给元组做推导，请看下面的示例。

```
def process(x):
    if isinstance(x,str):
        return x.lower()
    elif isinstance(x,int):
        return x*x
    else:
        return -9

a = (1,2,-1,-2,'D',3,4,-3,'A')
b = tuple(process(x) for x in a )

print b
```

我们编写了一个新的处理函数来替代 pow()函数，我把它留给读者作为一个练习，以理解这个处理函数的作用。请注意我们遵循和推导列表一样的语法。不过，我们使用花括号代替括号，这段代码的输出会返回如下错误信息。

```
<generator object <genexpr> at 0x05E87D00>
```

哎，我们想要一个元组，但是被一个迭代器终结了（后面的章节我们会介绍迭代器），正确的方式应该是下面这样的。

```
b = tuple(process(x) for x in a )
```

这样，“print b”语句将产生如下输出。

```
(1, 4, 1, 4, 'd', 9, 16, 9, 'a')
```

Python 的推导是基于集迭代器符号的，请参见：

http://en.wikipedia.org/wiki/Set-builder_notation。

关于 Itertools.dropwhile，请参见：

https://docs.python.org/2/library/itertools.html#itertools.dropwhile。

借助谓词和序列，dropwhile 将只返回满足那些谓词表达式的序列中的项。

1.8 使用迭代器

毫无疑问，对于数据科学的程序而言，数据是极其重要的输入。数据的大小是可变的，有些能装载到内存中，有些则不能。而记录访问架构也是随一种数据格式到另一种而变化。有趣的是，不同的算法处理数据时，需要的是可变长度的组块。例如，假如你在写一个随机梯度下降的算法，你希望在每个时间片传送 5000 条记录的数据块，如果你对如何访问数据、理解数据格式、依次传送数据、给调用者需要的数据等流程有着清晰的概念，那你才能成功。这样能让你写出清晰的代码。大多数时候，最有趣的部分是我们如何处理数据，而不是我们怎么访问这些数据。Python 给我们提供了迭代器这种优雅的方式来处理所有这些需求。

1.8.1 准备工作

Python 中的迭代器实现了一种迭代器模式，它让我们可以一个接一个地处理一个序列，但不需要真正实现整个序列。

1.8.2 操作方法

我们来创建一个简单的迭代器，叫作“简单计数器”，用一些代码演示了怎样高效地使用迭代器。

```
# 1.写一个简单的迭代器
class SimpleCounter(object):
    def __init__(self, start, end):
        self.current = start
        self.end = end
    def __iter__(self):
        'Returns itself as an iterator object'
        return self
    def next(self) :
        'Returns the next value till current is lower than end'
        if self.current > self.end:
            raise StopIteration
        else:
            self.current += 1
            return self.current - 1
# 2.现在来访问这个迭代器
c = SimpleCounter(1,3)
print c.next()
print c.next()
print c.next()
print c.next()

# 3.另外一种访问方式
for entry in iter(c):
    print entry
```

1.8.3 工作原理

在第 1 步中，我们定义了一个名为 `SimpleCounter` 的类，构造函数`_init_`有两个参数：起始和结束，来定义序列的开始和结束。请注意`_iter_`和 `next` 这两个方法，在 Python 中想要成为一个迭代器的对象必须都支持这两个函数。`_iter_`返回整个类对象作为一个迭代器对象，`next` 方法返回迭代器里的下一个值。

如第 2 步所示，我们可以使用 `next()` 函数访问迭代器中的连续元素。Python 也提供了一个方便的函数 iter()，它能用来在循环体中循序访问元素，如第 3 步所示。它在内部实现中使用了 next 函数。

请注意，一个迭代器对象只能被使用一次。运行上面的代码之后，如果我们仍要像下面这样访问迭代器。

```
print next(c)
```

系统会抛出一个 StopIteration 异常。在序列已经到尾部的时候再调用 c.next() 会触发一个 StopIteration 异常。

```
    raise StopIteration
StopIteration
>>>
```

iter() 函数会处理这个异常，当数据访问完成的时候退出循环。

1.8.4 更多内容

再看另一个迭代器的示例，我们需要在程序中访问一个非常大的文件，不过，在代码里，我们每次只访问一行，直到读完整个文件。

```
f = open(some_file_of_interest)
for l in iter(f):
print l
f.close()
```

在 Python 里，一个文件对象就是一个迭代器，它支持 iter() 和 next() 函数。因此，我们每次只处理一行数据，而不是将全部文件加载到内存中。

迭代器给了你自由，你可以让你的应用程序自己定义访问你的数据源的方式。

下面的链接提供了 Python 中多种多样的迭代器使用方法的信息，如无限迭代器 itertools 中的 count()、cycle() 以及 repeat() 等。

https://docs.python.org/2/library/itertools.html#itertools.cycle。

1.9 生成一个迭代器和生成器

上一节，我们了解了什么是迭代器，这一节我们来讨论如何生成一个迭代器。

1.9.1 准备工作

生成器提供了清晰的语法，能够依次访问一个序列，并不需要使用`__iter__`和`next()`这两个函数。我们也不用写一个类了。请注意，生成器和可迭代这两者才能制造一个迭代器。

1.9.2 操作方法

如果你理解了前面小节里的推导，我们下面的示例你也能明白，在这个示例中，我们有一个生成器推导。回忆一下，我们曾经用下面的方式来进行一个元组推导，并得到了一个生成器对象。

```
SimpleCounter  = (x**2 for x in range(1,10))

tot = 0
for val in SimpleCounter:
    tot+=val

print tot
```

1.9.3 工作原理

很明显，上面的代码片段将算出给定范围的数的平方和，本例中的范围是从 1 到 9（Python 的`range`函数是右侧结束），使用生成器，我们创建了一个名为`SimpleCounter`的迭代器，我们用它在 `for` 循环中循序访问那些潜在的数据。请注意我们现在没有使用`iter()`函数，代码十分清晰，我们成功地用一种优雅的方式重建了我们的旧`SimpleCounter`类。

1.9.4 更多内容

让我们看看如何使用`yield`语句来创建一个生成器。

```
def my_gen(low,high):
    for x in range(low,high):
        yield x**2

tot = 0
```

```
for val in my_gen(1,10):
    tot+=val
print tot
```

在上面的代码中，my_gen()函数就是一个生成器，我们使用yield语句来返回一个序列输出。

在前面的小节中，我们提到过生成器和可迭代两者才能制造一个迭代器，下面我们通过使用iter函数调用生成器来验证一下。

```
gen = (x**2 for x in range(1,10))

for val in iter(gen):
    print val
```

在我们进入下一节“使用可迭代对象”之前，强调一下使用生成器的注意事项，当我们完成对序列的访问时，就该立刻结束，不要再试图获取更多的数据。

使用生成器对象时，我们只能访问序列一次。

1.10 使用可迭代对象

可迭代对象和生成器十分相似，但是有一个重要的区别：我们可以重复地访问一个可迭代对象，即使我们已经访问完了序列中的所有元素，我们还可以从头重新访问它，这和生成器是完全不同的。

如果不保持任何状态，它们就是基于对象的生成器。所有带有 iter 方法的类，在用来产生数据时，都可以被作为无状态对象生成器来使用。

1.10.1 准备工作

我们通过一个简单的示例来理解可迭代对象。如果理解了之前介绍的生成器和迭代器，你也能很容易地理解这个概念。

1.10.2 操作方法

我们来创建一个简单的可迭代对象 SimpleIterable，用代码来演示如何使用可迭代对象。

```
# 1.先创建一个简单的带有 iter 方法的类
class SimpleIterable(object):
    def __init__(self, start, end):
        self.start = start
        self.end = end
    def __iter__(self):
        for x in range(self.start,self.end):
            yield x**2

# 2.现在调用这个类，并且迭代它的值两次
c = SimpleIterable(1,10)

# 3.第一次迭代
tot = 0
for val in iter(c):
    tot+=val
print tot

# 4.第二次迭代
tot =0
for val in iter(c):
    tot+=val

print tot
```

1.10.3 工作原理

在第 1 步中，我们创建了一个简单的类作为我们的可迭代对象。Init 构造函数有两个参数，起始和结束，这和我们之前的示例很相似。我们定义了一个 iter 函数，它将提供我们需要的序列，给定一个数值范围，返回这些数的平方值。

接下来，我们采用两个循环，在第 1 个循环中，我们迭代访问范围内的数值，从 1 到 10。当我们进入第 2 个 for 循环时，我们会发现程序有迭代访问了那些序列，并且没有出现任何异常情况。

1.10.4 参考资料

第 1 章“Python 在数据科学中的应用”中 1.8 节“使用迭代器”的相关内容。

第 1 章“Python 在数据科学中的应用”中 1.9 节“生成一个迭代器和生成器”的相关内容。

1.11 将函数作为变量传递

Python 支持函数式编程，除了命令范式。在前面的章节中，我们已经接触到了一些函数式编程的概念，不过没有明确地说明，在这节里，我们再来回头看看。在 Python 中，函数是一等公民，它们拥有属性，可以被引用，并且可以被分配给一个变量。

1.11.1 准备工作

这节里我们将研究函数作为变量传递的范例。

1.11.2 操作方法

我们先定义一个简单的函数，然后看看如何将它当作变量来使用。

```
# 1.定义一个简单的函数
def square_input(x):
    return x*x
# 2.把它分配给一个变量
square_me = square_input

# 3.最后调用这个变量
print square_me(5)
```

1.11.3 工作原理

我们在第 1 步中定义了一个简单的函数，给定一个输入值，这个函数返回输入值的平方值。我们将这个函数分配给了变量 square_me。最终，我们可以通过输入一个合法的参数给变量 square_me 来调用这个函数。这演示了在 Python 里，我们可以将函数作为一个变量来对待，这是函数式编程的重要概念。

1.12 在函数中嵌入函数

这一节将解释函数式编程里的另一个概念：在一个函数中定义另一个函数。

1.12.1　准备工作

我们写一个简单的函数，它返回输入列表的数值的平方和。

1.12.2　操作方法

我们定义一个简单的函数，用它演示在函数中嵌入函数。

```
# 1.定义一个函数，返回给定输入数值的平方和
def sum_square(x):
    def square_input(x):
        return x*x
    return sum([square_input(x1) for x1 in x])

# 2.输出结果来检查是否正确
print sum_square([2,4,5])
```

1.12.3　工作原理

我们在第 1 步中在函数 square_input()中定义了函数 square_input()，父函数用它来执行平方值求和的操作。在第 2 步中，我们调用父函数打印输出结果。

输出的结果如下。

```
[4, 9, 16]
```

1.13　将函数作为参数传递

Python 支持高阶函数功能：将一个函数作为另一个函数的参数传递。

1.13.1　准备工作

我们将前面一个例子中的函数 square_input()重写，以此演示一个函数是如何被作为另一个函数的参数进行传递。

1.13.2　操作方法

请看如何将一个函数作为另一个函数的参数进行传递。

```
from math import log

def square_input(x):
    return x*x

# 1.定义一个类函数，它将另外一个函数作为输入
# 并将它应用到给定的输入序列上。
def apply_func(func_x,input_x):
    return map(func_x,input_x)

# 2.这里使用 apply_func()函数，并校验结果
a = [2,3,4]

print apply_func(square_input,a)
print apply_func(log,a)
```

1.13.3　工作原理

我们在第 1 步中定义了函数 apply_func，它有两个变量参数，第 1 个是一个函数，第 2 个是一个序列。我们使用了 map 函数（后续章节将介绍）将给定的函数应用到序列中的所有元素。

接着，我们在列表上调用 apply_func，先是 square_input 函数，然后是 log 函数，输出的结果如下。

```
[4, 9, 16]
```

你会发现，所有的列表元素都被求出了平方值，map 函数将 square_input 函数应用到序列里的所有元素上。

```
[0.69314718055994529, 1.0986122886681098, 1.3862943611198906]
```

同样地，log 函数也被应用到序列里的所有元素上。

1.14　返回一个函数

在这节里，我们讨论在一个函数里返回另一个函数。

1.14.1 准备工作

我们举一个高中的例子来说明咱们使用返回一个函数的函数。我们要解决的问题是：给定半径，求出不同高度的圆柱体的容积。

请参见：http://www.mathopenref.com/cylindervolume.html。

```
Volume = area * height = pi * r^2 * h
```

上面的公式可以准确地求出圆柱体的体积。

1.14.2 操作方法

我们写一个简单的函数来演示在函数中返回函数的概念，此外还有一小段代码介绍如何使用。

```
# 1.定义一个函数来演示在函数中返回函数的概念
def cylinder_vol(r):
    pi = 3.141
    def get_vol(h):
        return pi * r**2 * h
    return get_vol

# 2.定义一个固定的半径值，在此给定半径和任意高度条件下，写一个函数来求出体积
radius = 10
find_volume = cylinder_vol(radius)

# 3.给出不同的高度，求解圆柱体的体积
height = 10
print "Volume of cylinder of radius %d and height %d = %.2f cubic\
units" %(radius,height,find_volume(height))
height = 20
print "Volume of cylinder of radius %d and height %d = %.2f cubic\
units" %(radius,height,find_volume(height))
```

1.14.3 工作原理

在第 1 步中，我们定义了函数 `cylinder_vol()`，它只有一个参数 r，即半径。在这

个函数中，我们定义了另一个函数 get_vol()，这个函数获取 r 和 pi 的值，并将高度作为参数。对于给定的半径 r，也即 cylinder_vol()的参数，不同高度值被作为参数传递给了 get_vol()。

在第 2 步中，我们定义了半径，在本例中具体值为 10，调用并传递给了 cylinder_vol()函数，这个函数返回了 get_vol()函数，我们把它存在名为 find_volume 的变量中。

在第 3 步中，我们使用不同的高度值来调用 find_volume，如 10 和 20，请注意我们没有给出半径值。

输出结果如下。

```
Volume of cylinder of radius 10 and height 10 = 3141.00 cubic units
Volume of cylinder of radius 10 and height 20 = 6282.00 cubic units
```

1.14.4 更多内容

Functools 是高阶函数中的一个模块，请参考以下链接：

https://docs.python.org/2/library/functools.html。

1.15 使用装饰器改变函数行为

装饰器能封装一个函数，并改变它的行为，通过示例是理解它们的最好方式，本节中我们演示了实际应用中的一些示例。

1.15.1 准备工作

还记得我们在前面章节中将函数作为另一个函数的参数、函数作为一个变量、函数中返回函数等介绍吗？最重要的是，你还记得那个圆柱体的例子吗？如果你掌握了这些，装饰器只是小菜一碟。在本节的示例中，我们将对给定的字符串建立清理操作管道：给定一个混合大小写并带有标点符号的字符串，我们使用装饰器对它进行清理，这些操作还很容易进行扩展。

1.15.2 操作方法

我们写一个简单的装饰器来进行文本操作。

```
from string import punctuation

def pipeline_wrapper(func):
    def to_lower(x):
        return x.lower()

    def remove_punc(x):
        for p in punctuation:
            x = x.replace(p,'')
        return x

    def wrapper(*args,**kwargs):
        x = to_lower(*args,**kwargs)
        x = remove_punc(x)
        return func(x)
    return wrapper

@pipeline_wrapper
def tokenize_whitespace(inText):
    return inText.split()

s = "string. With. Punctuation?"
print tokenize_whitespace(s)
```

1.15.3 工作原理

我们先从以下两行开始。

```
s = "string. With. Punctuation?"
print tokenize_whitespace(s)
```

我们声明了一个字符串变量，然后想对它进行清理，使之满足以下特性。

- 将字符串转为小写。
- 清除标点符号。
- 返回一个词列表。

我们用字符串 s 作为参数，调用了 tokenize_whitespace 函数，我们来看看这个函数。

```
@pipeline_wrapper
def tokenize_whitespace(inText):
```

```
return inText.split()
```

这个函数很简单：输入一个字符串，函数采用空格作为分隔符将它进行分割，并返回一个词列表。接下来我们使用装饰器来改变这个函数的行为，这个装饰器就是 @pipeline_wrapper，它是以简便的方式调用以下语句。

```
tokenize_whitespace = pipeline_wrapper (clean_tokens)
```

我们仔细看看这个装饰器函数。

```
def pipeline_wrapper(func):

def to_lower(x):
return x.lower()
def remove_punc(x):
for p in punctuation:
x = x.replace(p,'')
return x
def wrapper(*args,**kwargs):
x = to_lower(*args,**kwargs)
x = remove_punc(x)
return func(x)
return wrapper
```

pipeline_wrapper 返回了 wrapper 函数，在后者中，最后的返回语句是返回 func，这是我们传递给 wrapper 的原始函数，wrapper 改变了我们原来的 pipeline_wrapper 函数的行为。pipeline_wrapper 的输入先被 to_lower() 函数修改了，转成了小写。随后是 remove_punc() 函数，将标点符号清除。最后的输出如下。

```
['string', 'with', 'punctuation']
```

以上结果就是我们所要的：清除标点符号，转为小写字符，最后形式是词的列表。

1.16 使用 lambda 创造匿名函数

匿名函数是由 Python 中的 lambda 语句产生的。一个没有被命名的函数就是匿名函数。

1.16.1 准备工作

如果你掌握了将函数作为参数传递的内容，你会发现这节的示例和它非常相似。这节我们会传递一个预定义的函数，一个 lambda 函数。

1.16.2 操作方法

我们写一个简单的操作小型数据集的示例，来解释 Python 中的匿名函数。

```
# 1.创建一个简单的列表，写一个类似于 1.13 节“将函数作为参数传递”中的函数
a =[10,20,30]

def do_list(a_list,func):
    total = 0
    for element in a_list:
        total+=func(element)
    return total

print do_list(a,lambda x:x**2)
print do_list(a,lambda x:x**3)

b =[lambda x: x%3 ==0  for x in a  ]
```

1.16.3 工作原理

第 1 步中，do_list 函数接受另一个函数作为参数。在输入的列表和函数的共同作用下，do_list 函数应用输入的函数对给定的列表中的元素进行处理，对要转换的数值进行求和，并返回结果。

接着，对 do_list 函数进行调用，第 1 个参数是我们输入的列表 a，第 2 个参数是我们的 lambda 函数，我们来解码它。

```
lambda x:x**2
```

通过关键字 lambda，我们就声明了一个匿名函数，跟着是定义一个函数的参数，本例中，x 就是被传递给这个匿名函数的参数名。表达式中跟在冒号符之后的是返回值，输入参数按照表达式进行运算，并给出返回值。本例中，输入值的平方值被返回作为输出。第 2 个 print 语句里，我们有另一个 lambda 函数，用来返回给定输入的立方值。

1.17 使用映射函数

map 是 Python 中的内置函数，它使用一个函数和一个可迭代对象作为参数，形式如下。

```
map(aFunction, iterable)
```

1.17.1 准备工作

我们来看一个非常简单的使用map函数的示例。

1.17.2 操作方法

我们看看如何使用map函数的示例。

```
#首先声明一个列表
a =[10,20,30]
#现在,在print语句中调用map函数
print map(lambda x:x**2,a)
```

1.17.3 工作原理

这和上一节中的代码很相似，map函数有两个参数，第1个是一个函数，第2个是一个序列。本例中，我们使用了匿名函数。

```
lambda x:x**2
```

这个函数求出给定输入值的平方值。我们还传递了一个列表给map函数。

map函数对给定列表中的所有元素应用了求平方值函数，并以列表的形式返回结果。输出结果如下。

```
[100,400,900]
```

1.17.4 更多内容

同样地，其他函数也可以被应用到列表上。

```
print map(lambda x:x**3,a)
```

使用map函数，我们可以把上一节中的代码段改写成单行的代码。

```
print sum(map(lambda x:x**2,a))
print sum(map(lambda x:x**3,a))
```

如果应用的函数需要 N 个参数，则 map 函数参数也需要 N 个序列，请看下面的示例以增进理解。

```
a =[10,20,30]
b = [1,2,3]

print map(pow,a,b)
```

我们传递了 a、b 两个序列给 map 函数，请注意传递的函数是 power 函数，它需要两个参数。上面示例的输出结果如下。

```
[10, 400, 27000]
>>>
```

列表 a 中的各个元素，被计算出以列表 b 中相同位置的值为指数的幂值。请注意，两个列表中必须是相同的大小，如果不满足这个条件，Python 会自动将较小的那个列表补足空值。这个示例演示的是列表类型，其他任何可迭代对象也都能被传递给 map 函数。

1.18 使用过滤器

顾名思义，过滤器就是按照给定的函数从一个序列中过滤出相应的元素。给定一个包含负数和正数的序列，我们可以使用过滤器函数将所有的负数过滤出来。过滤器 filter 是 Python 的内置函数，它使用一个函数和一个可迭代对象作为参数。

```
filter(aFunction, iterable)
```

函数被作为参数传递，返回一个测试结果的布尔值。

函数被应用到可迭代对象的所有元素，测试值为真的所有项以列表的形式作为返回值。lambda 匿名函数最常被用来和 filter 函数配合。

1.18.1 准备工作

请看一个简单的示例演示 filter 函数用法。

1.18.2 操作方法

请看如何使用过滤器 filter 函数的示例。

```
# 先声明一个列表
```

```
a = [10,20,30,40,50]
# 应用 filter 函数到列表的所有元素上
print filter(lambda x:x>10,a)
```

1.18.3 工作原理

我们使用的 lambda 函数很简单，当给定的值大于 10 时，它返回真值，否则返回假值。我们的 print 语句给出下面的结果。

```
[20, 30, 40, 50]
```

如你所见，只有大于 10 的元素才被返回。

1.19 使用 zip 和 izip 函数

zip 函数将两个相同长度的集合合并成对，它是 Python 的内置函数。

1.19.1 准备工作

我们通过一个简单示例来演示 zip 函数。

1.19.2 操作方法

我们传递两个序列给 zip 函数，并打印输出。

```
print zip(range(1,5),range(1,5))
```

1.19.3 工作原理

本例中 zip 函数的两个参数是两个列表，这两个列表都是由从 1 到 5 的数值组成。range 函数有 3 个参数：起始数值、结束数值和步长，默认步长为 1。本例中，我们分别把 1 和 5 作为列表的起始和结束值。记住，Python 是右侧关闭的，所以 range(1,5)将返回如下。

```
[1,2,3,4]
```

我们传递了两个序列给 zip 函数，输出结果如下。

```
[(1, 1), (2, 2), (3, 3), (4, 4)]
```

记住两个集合的大小必须一致，如果不满足，则输出结果会削减以匹配较小的集合大小。

1.19.4 更多内容

现在请看下面的代码。

```
x,y = zip(*out)
print x,y
```

你能猜到输出结果是什么样的吗？

我们来看看*操作符是做什么的，它用来将集合中的每个元素作为位置参数进行传递。

```
a =(2,3)
print pow(*a)
```

power 函数需要两个参数，a 是一个元组，你会发现，*操作符将元组分为了两个独立的参数。它把元组分成了 2 和 3，两者被作为参数传递，即 pow(2,3)，得到的结果是 8。

**操作符可以用来将字典中的元素进行分解，我们看如下的代码段。

```
a_dict = {"x":10,"y":10,"z":10,"x1":10,"y1":10,"z1":10}
```

操作符将字典中的元素变成命名参数进行传递。本例中，我们使用操作符对字典进行操作，会得到 6 个参数。请看如下的函数，它需要 6 个参数。

```
def dist(x,y,z,x1,y1,z1):
return abs((x-x1)+(y-y1)+(z-z1))

print dist(**a_dict)
```

print 语句的输出结果是 0。

使用这两种操作符，我们可以编写一些函数，可以接收的变量参数个数不再受限。

```
def any_sum(*args):
tot = 0
for arg in args:
tot+=arg
return tot
```

```
print any_sum(1,2)
print any_sum(1,2,3)
```

如你所见，上面代码中的 any_sum 函数可以使用任意数量的变量。严谨的读者可能会疑惑，为什么不使用列表作为 any_sum 函数的参数呢？确实本例可以使用列表来传递参数，但我们很快就会遇到一些情形，这些情形下，我们甚至不知道要传递什么类型的参数。

回到 zip 函数的应用上来，zip 函数的一个缺点是它会立刻计算完一个列表，当我们使用两个超大的列表时，可能会出现一些问题。izip 函数是用来解决此类状况的，它只在需要的时候计算相应的元素。izip 是 itertools 模块的一个组成部分，请参阅 1.24 节“使用 itertools”中的相关内容。

1.19.5 参考资料

第 1 章“Python 在数据科学中的应用”中 1.24 节“使用 itertools”的相关内容。

1.20 从表格数据使用数组

数据科学的应用程序要成功解决一个问题，必须先找到适当的处理数据的方法。例如在机器学习中对数据进行预测或分类，要么采用有监督的方法，要么采用无监督的方法。而在此之前，传输数据，把数据清洗到匹配算法，可能已经花费了很长的时间。

通常，有很多种方法对数据进行整理使之适合数据科学程序进行处理，数据科学程序开发者首先面对的挑战是如何访问数据，并用 Python 的数据结构让这些数据持续可用。掌握使用 Python 访问数据的诀窍是非常有用的，能让你避过纷扰，直接面对问题的核心内容。

一般数据是以文本的形式存放的，用逗号或者 tab 作为分隔符。我们可以采用 Python 的内置文件对象工具来进行处理。如前所述，文件对象实现了_iter_()和 next()方法，这让我们可以处理非常大的文件，这些文件无法一次全部装载到内存里，只能每次读取其中的一小部分。

Python 的机器学习库（如 scikit-learn）就是基于 NumPy 库，在这节中，我们将研究如何高效地读取外部数据，并将之转为 NumPy 的数组以便后续的数据处理。

1.20.1 准备工作

NumPy 提供了一个 genfromtxt 函数可以从表格数据中创建数组，数据存放到 NumPy

数组中以后，系统处理数据就轻松得多。我们通过一个 NumPy 1.8.0 编写的代码来看看如何使用 genfromtext。

1.20.2　操作方法

我们先从导入必需的库开始，先定义输入的例子，然后演示如何处理表格数据。

```
# 1.我们先用 StringIO 来模拟一个小型的表格数据
import numpy as np
from StringIO import StringIO
in_data = StringIO("10,20,30\n56,89,90\n33,46,89")

# 2.使用 NumPy 的 genfromtxt 来读取数据，并创建一个 NumPy 数组
data = np.genfromtxt(in_data,dtype=int,delimiter=",")

# 3.清除掉一些我们不需要的列
in_data = StringIO("10,20,30\n56,89,90\n33,46,89")
data = np.genfromtxt(in_data,dtype=int,delimiter=",",usecols=(0,1))

# 4.设定列名
in_data = StringIO("10,20,30\n56,89,90\n33,46,89")
data = np.genfromtxt(in_data,dtype=int,delimiter=",",names="a,b,c")

# 5.使用列名来处理数据
in_data = StringIO("a,b,c\n10,20,30\n56,89,90\n33,46,89")
data = np.genfromtxt(in_data,dtype=int,delimiter=",",names=True)
```

1.20.3　工作原理

第 1 步中，我们用 StringIO 来模拟表格数据，有 3 个行和 3 个列，行通过换行表示，列则通过逗号分隔。

第 2 步中，我们用 NumPy 的 genfromtxt 导入数据到 NumPy 数组。genfromtxt 的第一个参数是文件源和文件名，本例中是 StringIO 对象。输入由逗号分隔，分隔符参数允许我们自己定义分隔符。运行上面的代码后，数据格式如下。

```
>>> data
array([[10, 20, 30],
       [56, 89, 90],
       [33, 46, 89]])
```

如你所见，我们成功地将字符串数据加载到了 NumPy 数组中。

1.20.4 更多内容

下面列出了 genfromtxt 函数的各个参数以及默认值。

```
genfromtxt(fname, dtype=<type 'float'>, comments='#', delimiter=None,
skiprows=0, skip_header=0, skip_footer=0, converters=None,
missing='', missing_values=None, filling_values=None, usecols=None,
names=None, excludelist=None, deletechars=None, replace_space='_',
autostrip=False, case_sensitive=True, defaultfmt='f%i', unpack=None,
usemask=False, loose=True, invalid_raise=True)
```

唯一必备的参数是数据源的名字，本例中是一个 StringIO 对象，它可以是一个文件名或者带有 read 方法的类似于文件的对象，也可以是一个远程文件的 URL。

首先必须将给定的行分成列，当文件被打开进行读取时，genfromtxt 将非空行切分成一个字符串序列。空行和注释行会被忽略，注释选项帮助 gentext 判断哪些行是注释行。我们指定的分隔符将字符串切分为列。我们的示例使用“,”作为分隔符。制表符“/t”也是一种常用的分隔符。gentext 的默认分隔符是 None，这意味着行被空格分成多个列。

一般而言，行被转换成字符串序列之后，列被萃取出来，每个独立的列并没有被清除前导或者后导的空格。在上面示例代码的后面部分，这种情况需要进行处理，特别是有些变量要被作为字典的键。例如，若是前导或后导的空格没有被处理完全，代码可能会出现 bug 或错误。设置参数 autostrip=True 有助于避免这类问题。

很多情况下，我们在读取文件的时候要跳过一些数据，比如跳过最前 n 行或者最后 n 行，这就需要使用 headers 和 footers 参数。设置 skip_header=n 会在读文件时跳过最开始的 n 行。类似地，设置 skip_footer=n 则跳过最后的 n 行。

和不需要的行类似，有时我们需要跳过一些列，usecols 参数可以指定一个包含所需要的列的列表。

```
in_data = StringIO("10,20,30\n56,89,90\n33,46,89")
data = np.genfromtxt(in_data,dtype=int,delimiter=",",usecols=(0,1))
```

在上面的示例中，我们只选择了两个列，第 0 和第 1 列。数据对象形式如下。

```
>>> data
array([[10, 20],
       [56, 89],
```

```
        [33, 46]])
```

使用 names 参数，我们可以自定义列名，由逗号分隔的列名字符串参数形式如下。

```
in_data = StringIO("10,20,30\n56,89,90\n33,46,89")
data = np.genfromtxt(in_data,dtype=int,delimiter=",",names="a,b,c")
>>> data
array([(10, 20, 30), (56, 89, 90), (33, 46, 89)],
      dtype=[('a', '<i4'), ('b', '<i4'), ('c', '<i4')])
```

设定 names 参数为真，输入文件的第 1 行会被当成列名。

```
in_data = StringIO("a,b,c\n10,20,30\n56,89,90\n33,46,89")
data = np.genfromtxt(in_data,dtype=int,delimiter=",",names=True)

>>> data
array([(10, 20, 30), (56, 89, 90), (33, 46, 89)],
      dtype=[('a', '<i4'), ('b', '<i4'), ('c', '<i4')])
```

NumPy 里还有个叫作 loadtxt 的方法可以方便地从文本文件中创建 NumPy 数组，请参阅：http://docs.scipy.org/doc/numpy/reference/generated/numpy.loadtxt.html。

这个函数比 genfromtxt 要简单一些，如果你不需要复杂的数据处理架构，比如处理丢失的数据等情况，你可以选用 loadtxt。

此外，如果你不需要装载数据到 NumPy 数组，只想把数据加载到列表中，Python 默认提供了 csv 库，可以参考下面的 URL。

```
https://docs.python.org/2/library/csv.html.
```

上面这个 csv 库里有一个有趣的方法叫作 csv.Sniffer.sniff()。要处理一个很大的 csv 文件时，我们要理解它的结构，就可以使用 sniff()函数，它返回一个具有 csv 文件大部分属性的子类。

1.21 对列进行预处理

我们获取的数据经常并不是我们能直接使用的格式。我们需要执行一系列在机器学习术语中称为数据预处理的数据处理过程。克服这个障碍的一条途径是采用字符串的形式获取所有数据，在后续的场景里再执行需要的数据格式转换。还有一种办法是在数据源阶段就完成这些转换工作。genfromtxt 提供了一些函数，让我们可以在读取数据源的时候执行数据转换。

1.21.1　准备工作

假定我们有如下的文本行。

```
30kg,inr2000,31.11,56.33,1
52kg,inr8000.35,12,16.7,2
```

这是一个我们获取到的生活中的常见数据样例，开头的两个列里，分别有字符串“kg”和“inr”在真正的数据的后面和前面。

我们来试试如下方法将数据放入 NumPy 数组中。

```
in_data = StringIO("30kg,inr2000,31.11,56.33,1\
n52kg,inr8000.35,12,16.7,2")
data = np.genfromtxt(in_data,delimiter=",")
```

输入结果如下。

```
>>> data
array([[ nan, nan, 31.11, 56.33, 1. ],
       [ nan, nan, 12. , 16.7 , 2. ]])
```

如你所见，开始的两个列的数据并没有被读取。

1.21.2　操作方法

我们首先导入必需的库，然后定义一个输入样板，最后演示一下数据预处理。

```
import numpy as np
from StringIO import StringIO

# 定义一个数据集
in_data = StringIO("30kg,inr2000,31.11,56.33,1\
n52kg,inr8000.35,12,16.7,2")

# 1.使用 lambda 函数定义两个数据预处理函数
strip_func_1 = lambda x : float(x.rstrip("kg"))
strip_func_2 = lambda x : float(x.lstrip("inr"))
```

```
# 2.创建一个函数的字典
convert_funcs = {0:strip_func_1,1:strip_func_2}

# 3.将这个函数的字典传递给 genfromtxt
data = np.genfromtxt(in_data,delimiter=",", converters=convert_funcs)

# 4.使用 lambda 函数来处理转换过程
in_data = StringIO("10,20,30\n56,,90\n33,46,89")
mss_func = lambda x : float(x.strip() or -999)
data = np.genfromtxt(in_data,delimiter=",", converters={1:mss_func})
```

1.21.3 工作原理

第 1 步中，我们定义了两个 lambda 函数，一个将列 1 中的字符串“kg”从右面清除，另一个将列 2 中的字符串“inr”从左面清除。

第 2 步中，我们继续定义一个字典，它的键就是将被函数应用的列名，值就是函数。这个字典被作为参数 converters 传递给 genfromtxt。

现在印输出结果如下。

```
>>> data
array([[ 3.00000000e+01, 2.00000000e+03, 3.11100000e+01,
         5.63300000e+01, 1.00000000e+00],
       [ 5.20000000e+01, 8.00035000e+03, 1.20000000e+01,
         1.67000000e+01, 2.00000000e+00]])
```

请注意 Nan 值不见了，我们获取到了输入数据里的真实值。

1.21.4 更多内容

converters 还能用 lambda 函数来处理输入中丢失的记录。

```
in_data = StringIO("10,20,30\n56,,90\n33,46,89")
mss_func = lambda x : float(x.strip() or -999)
data = np.genfromtxt(in_data,delimiter=",", converters={1:mss_func})
```

lambda 函数返回-999 来替代丢失的数据。在我们的输入里，第 2 列第 2 行是一个空值，因而会被替换为-999，最终的输出如下所示。

```
>>> data
array([[ 10., 20., 30.],
```

```
       [ 56., -999., 90.],
       [ 33., 46., 89.]])
```

访问以下 SciPy 文档的链接，你能了解到更多的细节：

http://docs.scipy.org/doc/numpy/reference/generated/numpy.loadtxt.html 和

http://docs.scipy.org/doc/numpy/reference/generated/numpy.genfromtxt.html。

1.22 列表排序

我们先讨论列表排序，然后扩展到对其他可迭代对象的排序。

1.22.1 准备工作

排序有两种方法，第 1 种是使用列表里内置的 sort 函数。第 2 种是使用 sorted 函数。我们通过示例来进行说明。

1.22.2 操作方法

我们来看看如何使用 sort 和 sorted 函数。

```
# 先看一小段代码，对给定的列表进行排序
a = [8, 0, 3, 4, 5, 2, 9, 6, 7, 1]
b = [8, 0, 3, 4, 5, 2, 9, 6, 7, 1]

print a
a.sort()
print a

print b
b_s = sorted(b)
print b_s
```

1.22.3 工作原理

我们声明了两个列表 a 和 b，它们的元素完全相同，打印输出列表 a 来进行检验。

```
[8, 0, 3, 4, 5, 2, 9, 6, 7, 1]
```

我们使用 sort 函数来处理列表数据类型，用 a.sort()来执行位置排序，下面的 print 语句展示了被排序之后的列表。

```
[0, 1, 2, 3, 4, 5, 6, 7, 8, 9]
```

现在，我们来试试 sorted 函数，这个函数对列表进行排序，返回一个新的排序后的列表。我们通过 sorted(b)来调用，排序后的输出存在 b_s 中，print 语句输出如下的结果。

```
[0, 1, 2, 3, 4, 5, 6, 7, 8, 9]
```

1.22.4 更多内容

sort 函数只对列表数据类型有效，默认排序是按照升序进行的，可以通过 reverse 参数来控制 sort 函数的排序方式，默认情况下，reverse 参数被设置为 False。

```
>>> a = [8, 0, 3, 4, 5, 2, 9, 6, 7, 1]
>>> print a
[8, 0, 3, 4, 5, 2, 9, 6, 7, 1]
>>> a.sort(reverse=True)
>>> print a
[9, 8, 7, 6, 5, 4, 3, 2, 1, 0]
>>>
```

现在是降序排序。

其他可迭代对象只能采用 sorted 函数，我们看一个元组的示例。

```
>>> a = (8, 0, 3, 4, 5, 2, 9, 6, 7, 1)
>>> sorted(a)
[0, 1, 2, 3, 4, 5, 6, 7, 8, 9]
>>>
```

1.23 采用键排序

到目前为止，我们的示例都是采用元素对列表或其他序列进行排序，现在我们来试试对它们采用键排序。在前面的那些示例中，元素即是键。而在真实场景中，记录的复杂度要高得多，一条记录包含了多个列，我们有时需要对其中一个或多个列进行排序。我们通过对一个元组的列表进行排序来阐述，并将之推广到其他的序列类型。

1.23.1 准备工作

本示例中，一个单独的元组表示一个人的个人记录，包括名字、ID、年龄等。我们来编写一段对不同的域进行排序的代码。

1.23.2 操作方法

我们使用列表和元组来编写一个记录类的结构，并使用这些数据演示如何采用键进行排序。

```
# 1.首先创建一个元组组成的列表用来测试排序
employee_records = [ ('joe',1,53),('beck',2,26), \
                     ('ele',6,32),('neo',3,45), \
                     ('christ',5,33),('trinity',4,29), \
                     ]

# 2.使用雇员名字进行排序
print sorted(employee_records,key=lambda emp : emp[0])
"""
输出结果如下。
[('beck', 2, 26), ('christ', 5, 33), ('ele', 6, 32), ('joe', 1, 53),\
('neo', 3, 45), ('trinity', 4, 29)]
"""
# 3. 使用雇员 ID 进行排序
print sorted(employee_records,key=lambda emp : emp[1])
"""
输出结果如下。
[('joe', 1, 53), ('beck', 2, 26), ('neo', 3, 45), ('trinity', 4, 29),\
('christ', 5, 33), ('ele', 6, 32)]
"""
# 4. 使用雇员年龄进行排序
print sorted(employee_records,key=lambda emp : emp[2])
"""
```

输出结果如下。

```
[('beck', 2, 26), ('trinity', 4, 29), ('ele', 6, 32), ('christ', 5,\
33), ('neo', 3, 45), ('joe', 1, 53)]
"""
```

1.23.3 工作原理

在我们的示例中，每条记录有 3 个域：姓名、ID 和年龄。我们使用 lambda 函数来将我们需要排序的键进行传递。在第 2 步中，我们将姓名作为键来进行排序。类似地，在第 2 步和第 3 步中，都分别采用了 ID 和年龄作为键，这些不同步骤里的不同输出结果显示了我们想要的排序结果。

1.23.4 更多内容

由于键排序十分重要，Python 提供了快捷的函数来访问键，而不用自己写 lambda 函数。operator 模块中提供了 itemgetter、attrgetter 和 methodcaller 等几个函数。前面排序示例我们可以使用 itemgetter 来重写，代码如下。

```
from operator import itemgetter
employee_records = [ ('joe',1,53),('beck',2,26), \
                     ('ele',6,32),('neo',3,45), \
                     ('christ',5,33),('trinity',4,29), \
                     ]
print sorted(employee_records,key=itemgetter(0))
"""
[('beck', 2, 26), ('christ', 5, 33), ('ele', 6, 32), ('joe', 1, 53),\
('neo', 3, 45), ('trinity', 4, 29)]
"""
print sorted(employee_records,key=itemgetter(1))
"""
[('joe', 1, 53), ('beck', 2, 26), ('neo', 3, 45), ('trinity', 4, 29),\
('christ', 5, 33), ('ele', 6, 32)]
"""
print sorted(employee_records,key=itemgetter(2))
"""
[('beck', 2, 26), ('trinity', 4, 29), ('ele', 6, 32), ('christ', 5,\
33), ('neo', 3, 45), ('joe', 1, 53)]
"""
```

请注意我们不再使用 lambda 函数，而是采用 itemgetter 来指定我们用来排序的键。如果需要多级排序，itemgetter 可以接收多个用来排序的域。例如，我们先对名字，再对年龄进行排序，那代码如下。

```
>>> sorted(employee_records,key=itemgetter(0,1))
```

```
[('beck', 2, 26), ('christ', 5, 33), ('ele', 6, 32), ('joe', 1, 53),
('neo', 3, 45), ('trinity', 4, 29)]
```

如果可迭代对象里的元素是类对象，则可以用 attrgetter 和 methodcaller 轻松搞定。请看如下示例。

```
# 将雇员记录封装为类对象
class employee(object):
    def __init__(self,name,id,age):
        self.name = name
        self.id = id
        self.age = age
    def pretty_print(self):
        print self.name,self.id,self.age

# 将这些类对象填入列表里
employee_records = []
emp1 = employee('joe',1,53)
emp2 = employee('beck',2,26)
emp3 = employee('ele',6,32)

employee_records.append(emp1)
employee_records.append(emp2)
employee_records.append(emp3)

# 打印输出记录
for emp in employee_records:
    emp.pretty_print()

from operator import attrgetter
employee_records_sorted = sorted(employee_
records,key=attrgetter('age'))
# 打印输出排序后的记录
for emp in employee_records_sorted:
    emp.pretty_print()
```

构造器使用 name、age 和 ID 等 3 个变量对类进行初始化，类还拥有一个 pretty_print 方法来输出类对象的各个值。

接着，把这些类对象填入一个列表。

```
employee_records = []
emp1 = employee('joe',1,53)
emp2 = employee('beck',2,26)
```

```
emp3 = employee('ele',6,32)
employee_records.append(emp1)
employee_records.append(emp2)
employee_records.append(emp3)
```

现在，我们有一个雇员对象的列表，每个对象中有 3 个变量：name、ID 和 age。我们将列表打印输出来观察其顺序。

```
joe 1 53
beck 2 26
ele 6 32
```

如你所见，你的输入顺序被保留下来了。现在，我们使用 attrgetter 根据 age 域来对列表进行排序。

```
employee_records_sorted = sorted(employee_
records,key=attrgetter('age'))
```

打印输出排序后的列表，结果如下。

```
beck 2 26
ele 6 32
joe 1 53
```

记录已经被按照年龄进行了排序。

如果想用类里的某个方法来决定排序方式，我们得使用 methodcaller。我们设计一个演示场景：添加一个随机方法，将年龄除以 ID。

```
class employee(object):
    def __init__(self,name,id,age):
        self.name = name
        self.id = id
        self.age = age

    def pretty_print(self):
        print self.name,self.id,self.age

    def random_method(self):
        return self.age / self.id

# 填充数据
employee_records = []
```

```
emp1 = employee('joe',1,53)
emp2 = employee('beck',2,26)
emp3 = employee('ele',6,32)

employee_records.append(emp1)
employee_records.append(emp2)
employee_records.append(emp3)

from operator import methodcaller
employee_records_sorted = sorted(employee_records,key=methodcaller('ra\
ndom_method'))
for emp in employee_records_sorted:
    emp.pretty_print()
```

现在我们调用这个方法来进行排序。

```
sorted(employee_records,key=methodcaller('random_method'))
```

打印输出排序后的列表，结果如下。

```
ele 6 32
beck 2 26
joe 1 53
```

1.24　使用 itertools

受一些函数式编程语言如 Haskell 等启发，itertools 包含了一些处理可迭代对象的函数，它们能高效地使用内存，运行速度很快。

1.24.1　准备工作

itertools 包含了大量的函数，我们对其中的一部分进行演示来了解它们。本节最后部分提供了这些函数的全列表。

1.24.2　操作方法

我们通过一些 Python 代码示例来演示 itertools 的使用方法。

```
# 加载库文件
from itertools import chain,compress,combinations,count,izip,islice
```

```
# 1.链的示例，不同的可迭代对象能被组合在一起
a = [1,2,3]
b = ['a','b','c']
print list(chain(a,b)) # prints [1, 2, 3, 'a', 'b', 'c']
# 2.压缩示例，一个数据筛选器，基于第 2 个对象对第 1 个对象中的数据进行筛选
a = [1,2,3]
b = [1,0,1]
print list(compress(a,b)) # prints [1, 3]

# 3.对给定的列表，返回长度为 n 的子序列
a = [1,2,3,4]
print list(combinations(a,2)) # prints [(1, 2), (1, 3), (1, 4), (2,\
3), (2, 4), (3, 4)]

# 4.给定一个起始整数，产生连续的整数
a = range(5)
b = izip(count(1),a)
for element in b:
    print element

# 5.从一个可迭代对象中根据索引参数筛选生成另一个可迭代对象，假定我们所需的是一个迭代器，
它从输入的迭代器中返回间隔的各个元素
a = range(100)
b = islice(a,0,100,2)
print list(b)
```

1.24.3 工作原理

第 1 步很直观，用 chain()函数将两个可迭代对象组合在一起，值得注意的是，chain()函数并不会被真正实现直到被调用。请看下面的命令。

```
>>> chain(a,b)
<itertools.chain object at 0x060DD0D0>
```

调用 chain(a,b)会返回一个链对象，当我们执行下面的命令时，真正的输出结果如下。

```
>>> list(chain(a,b))
[1, 2, 3, 'a', 'b', 'c']
```

第 2 步中描述了 compress 函数，在本例中，a 里的元素是否被选中，依赖于 b 里对

应位置的元素值。如你所见，b 里的第 2 个值为 0，因此 a 里的第 2 个值没有被选中。

第 3 步是简单的数学组合，输入列表 a，产生了所有两个元素的组合。

第 4 步讲解了 counter 对象，给定一个起始值，它可以产生无限的连续数字序列。运行上面的代码，结果如下。

```
(1, 0)
(2, 1)
(3, 2)
(4, 3)
(5, 4)
```

这里我们还使用了 izip 函数（zip 和 izip 函数在前面章节已经介绍过了），输出结果是一个元组，第 1 个元素由 counter 提供，第 2 个则由输入的列表 a 提供。

第 5 步解释了 islice 操作的细节，islice 和前面章节介绍过的 slice 相同，但是它使用内存更高效，在没有调用之前不会被实现。

关于 itertools 的函数全列表，请参见：https://docs.python.org/2/library/itertools.html。

第 2 章 Python 环境

在这一章里，我们将探讨以下主题。

- 使用 NumPy 库
- 使用 matplotlib 进行绘图
- 使用 scikit-learn 进行机器学习

2.1 简介

本章我们将介绍 Python 环境，本书的大部分内容都会涉及它。我们先从 NumPy 开始，这是一个用来高效地处理数组和矩阵的 Python 库，它也是本书会用到的大多数库的基础。然后我们会介绍名为 matplotlib 的绘图库。最后介绍机器学习库 scikit-learn。

2.2 使用 NumPy 库

Python 中，NumPy 提供了一条高效处理超大数组的途径。大多数 Python 科学计算库中都在内部使用 NumPy 处理数组和矩阵操作。在本书中，NumPy 被广泛应用，我们在本节介绍它。

2.2.1 准备工作

我们先写一系列语句来操作数组和矩阵，学习如何使用 NumPy。目的是让您习惯使用 NumPy 数组，它也是本书大多数内容的基础。

2.2.2 操作方法

我们先创建一些简单的矩阵和数组。

```
# Recipe_1a.py
# 导入 NumPy 库，命名为 np
import numpy as np
# 创建数组
a_list = [1,2,3]
an_array = np.array(a_list)
# 指定数据类型
an_array = np.array(a_list,dtype=float)

# 创建矩阵
a_listoflist = [[1,2,3],[5,6,7],[8,9,10]]
a_matrix = np.matrix(a_listoflist,dtype=float)
```

现在我们可以写一个简单方便的函数来处理 NumPy 对象。

```
# Recipe_1b.py
# 一个用来检测给定的 NumPy 对象的小函数
def display_shape(a):
    print
    print a
    print
    print "Nuber of elements in a = %d"%(a.size)
    print "Number of dimensions in a = %d"%(a.ndim)
    print "Rows and Columns in a ",a.shape
    print

display_shape(a_matrix)
```

换种方式来创建数组。

```
# Recipe_1c.py
# 换一种方式创建数组
# 1. 使用 np.arange 来创建 NumPy 数组
created_array = np.arange(1,10,dtype=float)
display_shape(created_array)

# 2. 使用 np.linspace 来创建 NumPy 数组
created_array = np.linspace(1,10)
display_shape(created_array)
# 3. 使用 np.logspace 来创建 NumPy 数组
```

```
created_array = np.logspace(1,10,base=10.0)
display_shape(created_array)
# 4.在创建数组时指定 arange 的步长，这是它与 np.linspace 不同的地方
created_array = np.arange(1,10,2,dtype=int)
display_shape(created_array)
```

现在我们来看如何创建一些特殊的矩阵。

```
# Recipe_1d.py
# 创建一个所有元素都为 1 的矩阵
ones_matrix = np.ones((3,3))
display_shape(ones_matrix)
#创建一个所有元素都为 0 的矩阵
zeros_matrix = np.zeros((3,3))
display_shape(zeros_matrix)

# 鉴别矩阵
# k 参数控制 1 的索引
# if k =0, (0,0),(1,1,),(2,2) cell values
# 被设置为 1，在一个 3×3 的矩阵中
identity_matrix = np.eye(N=3,M=3,k=0)
display_shape(identity_matrix)
identity_matrix = np.eye(N=3,k=1)
display_shape(identity_matrix)
```

了解了创建数组和矩阵的知识，我们再看一些整形操作。

```
# Recipe_1e.py
# 数组的整形
a_matrix = np.arange(9).reshape(3,3)
display_shape(a_matrix)
.
.
.
display_shape(back_array)
```

接着来看一些矩阵的操作。

```
# Recipe_1f.py
# 矩阵的操作
a_matrix = np.arange(9).reshape(3,3)
b_matrix = np.arange(9).reshape(3,3)
.
.
.
print "f_matrix, row sum",f_matrix.sum(axis=1)
```

最后，我们来看一些转置、复制和网格操作。

```
#Recipe_1g.py
# 转置元素
display_shape(f_matrix[::-1])
.
.
.
zz = zz.flatten()
```

我们再看看NumPy库里的一些随机数生成例程。

```
#Recipe_1h.py
# 随机数
general_random_numbers = np.random.randint(1,100, size=10)
print general_random_numbers
.
.
.
uniform_rnd_numbers = np.random.normal(loc=0.2,scale=0.2,size=(3,3))
```

2.2.3 工作原理

我们先从导入NumPy库开始。

```
# 导入NumPy库，命名为np
import numpy as np
```

来看看用NumPy生成数组的多种方式。

```
# 数组
a_list = [1,2,3]
an_array = np.array(a_list)
# 指定数据类型
an_array = np.array(a_list,dtype=float)
```

一个数组可以基于列表创建，在前面的示例中，我们声明了一个具有3个元素的列表，然后用np.array()将这个列表转为了NumPy一维数组。如上面代码的最后一行所示，我们也可以指定数据的类型。

了解完数组，再来看看矩阵。

```
# 矩阵
a_listoflist = [[1,2,3],[5,6,7],[8,9,10]]
a_matrix = np.matrix(a_listoflist,dtype=float)
```

我们从 listoflist 里创建了一个矩阵，同样地，我们指定了数据的类型。

在继续之前，我们得先定义 display_shape 函数，这个函数我们接下来会经常用到。

```
def display_shape(a):
    print
    print a
    print
    print "Nuber of elements in a = %d"%(a.size)
    print "Number of dimensions in a = %d"%(a.ndim)
    print "Rows and Columns in a ",a.shape
    print
```

所有的 NumPy 对象都有以下 3 个属性。

- size：给定的 NumPy 对象里的元素个数。
- ndim：维数。
- shape：返回一个包含了 NumPy 对象各个维的长度的元组。

除了打印输出原始的元素，这个函数打印输出上述的 3 个属性，我们调用这个函数来处理我们之前创建的矩阵。

```
display_shape(a_matrix)
```

如图 2-1 所示，这个矩阵有 9 个元素，两个维度，最后，我们还能在 shape 参数里看到维数和每一维的元素个数。在本例中，矩阵有 3 行 3 列。

```
[[  1.   2.   3.]
 [  5.   6.   7.]
 [  8.   9.  10.]]

Nuber of elements in a = 9
Number of dimensions in a = 2
Rows and Columns in a  (3, 3)
```

图 2-1

再看另一种创建数组的方法。

```
created_array = np.arange(1,10,dtype=float)
display_shape(created_array)
```

NumPy 的 arrange 函数返回指定间隔的均匀隔开的数值，本例中，我们所需的是从 1 到 10 均匀分布的数值。访问以下 URL 可以获取更多关于 arrange 的资料。

http://docs.scipy.org/doc/numpy/reference/generated/numpy.arange.html。

```
# 创建数组的另一种替代办法
created_array = np.linspace(1,10)
display_shape(created_array)
```

NumPy 的 linspace 和 arrange 类似，差别在于我们需要给出样例的数量值。使用 linspace，我们知道在给定的范围里有多少个元素。默认情况下，它返回 50 个元素。而使用 arrange，我们还要指定步长。

```
created_array = np.logspace(1,10,base=10.0)
display_shape(created_array)
```

NumPy 给你提供了一些创建特殊数组的函数。

```
ones_matrix = np.ones((3,3))
display_shape(ones_matrix)

# 创建一个所有元素均为 0 的矩阵
zeros_matrix = np.zeros((3,3))
display_shape(zeros_matrix)
```

ones()和 zero()函数分别用来创建全由 1 和 0 填充的矩阵，如图 2-2 所示。

要验证矩阵是否正确地创建，可以采用以下的代码。

```
identity_matrix = np.eye(N=3,M=3,k=0)
display_shape(identity_matrix)
```

参数 k 控制了从 1 开始的索引值，输出结果如图 2-3 所示。

```
identity_matrix = np.eye(N=3,k=1)
display_shape(identity_matrix)
```

```
[[ 1.  1.  1.]
 [ 1.  1.  1.]
 [ 1.  1.  1.]]

Nuber of elements in a = 9
Number of dimensions in a = 2
Rows and Columns in a  (3, 3)


[[ 0.  0.  0.]
 [ 0.  0.  0.]
 [ 0.  0.  0.]]

Nuber of elements in a = 9
Number of dimensions in a = 2
Rows and Columns in a  (3, 3)
```

图 2-2

```
[[ 1.  0.  0.]
 [ 0.  1.  0.]
 [ 0.  0.  1.]]

Nuber of elements in a = 9
Number of dimensions in a = 2
Rows and Columns in a  (3, 3)


[[ 0.  1.  0.]
 [ 0.  0.  1.]
 [ 0.  0.  0.]]

Nuber of elements in a = 9
Number of dimensions in a = 2
Rows and Columns in a  (3, 3)
```

图 2-3

reshape 函数可以控制数组的形态。

```
# 数组转换形态
a_matrix = np.arange(9).reshape(3,3)
display_shape(a_matrix)
```

通过传递参数-1，我们可以将数组转化为我们所需要的维数，输入结果如图 2-4 所示。

```
# 参数-1 可以将矩阵转为所需的维数
back_to_array = a_matrix.reshape(-1)
display_shape(back_to_array)
```

ravel 和 flatten 函数可以用来将矩阵转化为一维的数组，如图 2-5 所示。

```
a_matrix = np.arange(9).reshape(3,3)
back_array = np.ravel(a_matrix)
display_shape(back_array)

a_matrix = np.arange(9).reshape(3,3)
back_array = a_matrix.flatten()
display_shape(back_array)
```

```
[[0 1 2]
 [3 4 5]
 [6 7 8]]

Nuber of elements in a = 9
Number of dimensions in a = 2
Rows and Columns in a  (3, 3)


[0 1 2 3 4 5 6 7 8]

Nuber of elements in a = 9
Number of dimensions in a = 1
Rows and Columns in a  (9,)
```

图 2-4

```
[0 1 2 3 4 5 6 7 8]

Nuber of elements in a = 9
Number of dimensions in a = 1
Rows and Columns in a  (9,)


[0 1 2 3 4 5 6 7 8]

Nuber of elements in a = 9
Number of dimensions in a = 1
Rows and Columns in a  (9,)
```

图 2-5

我们再看一些矩阵操作，如两矩阵相加。

```
c_matrix = a_matrix + b_matrix
```

再看看矩阵对应元素相乘。

```
d_matrix = a_matrix * b_matrix
```

下面是矩阵的乘法操作。

```
e_matrix = np.dot(a_matrix,b_matrix)
```

最后，是矩阵的转置。

```
f_matrix = e_matrix.T
```

min 和 max 函数可以用来找出矩阵中最小和最大的元素，sum 函数则用来对矩阵的行或列进行求和，如图 2-6 所示。

```
print
print "f_matrix,minimum = %d"%(f_matrix.min())
print "f_matrix,maximum = %d"%(f_matrix.max())
print "f_matrix, col sum",f_matrix.sum(axis=0)
print "f_matrix, row sum",f_matrix.sum(axis=1)
```

```
f_matrix,minimum = 15
f_matrix,maximum = 111
f_matrix, col sum [ 54 162 270]
f_matrix, row sum [126 162 198]
```

图 2-6

采用下面的方法将矩阵的元素进行求逆运算。

```
# 对元素进行逆运算
display_shape(f_matrix[::-1])
```

copy 函数可以复制一个矩阵，方法如下。

```
# Python 中所有元素都能用来引用
# 如果需要复制，可以使用 copy 命令
f_copy = f_matrix.copy()
```

最后再看一下 mgrid 函数。

```
# Grid 命令
xx,yy,zz = np.mgrid[0:3,0:3,0:3]
xx = xx.flatten()
yy = yy.flatten()
zz = zz.flatten()
```

mgrid 函数用来查找 m 维矩阵中的坐标，在前面的示例中，矩阵是三维的，在每一维中，数值的范围从 0 到 3。我们将 xx、yy 和 zz 打印输出出来以帮助理解，如图 2-7 所示。

我们来看每个数组的第 1 个元素，在本例的三维矩阵空间中，[0,0,0]是第 1 个坐标，所有 3 个数组中的第 2 个元素[0,0,1]是矩阵空间里的另一个点。据此，使用 mgrid 函数，我们能占满三维坐标系统里的所有点。

```
[0 0 0 0 0 0 0 0 0 1 1 1 1 1 1 1 1 1 2 2 2 2 2 2 2 2 2]
[0 0 0 1 1 1 2 2 2 0 0 0 1 1 1 2 2 2 0 0 0 1 1 1 2 2 2]
[0 1 2 0 1 2 0 1 2 0 1 2 0 1 2 0 1 2 0 1 2 0 1 2 0 1 2]
```

图 2-7

NumPy 提供了一个 random 模块给我们，可以用来定义产生随机数的规则。我们来看产生随机数的示例。

```
# 随机数
general_random_numbers = np.random.randint(1,100, size=10)
print general_random_numbers
```

使用 random 模块中的 randint 函数，我们可以生成随机整数。我们需要传递 start、end 和 size 等 3 个参数。本例中，我们的起始值为 1，结束值为 100，步长为 10。我们需要介于 1 到 100 的 10 个随机整数，我们得到的返回结果如图 2-8 所示。

```
[67  3 93 69 98 43 10 17  9 89]
```

图 2-8

我们也可以使用其他包来产生随机数，来看看使用 normal 包产生 10 个随机数的示例。

```
uniform_rnd_numbers = np.random.normal(loc=0.2,scale=0.2,size=10)
print uniform_rnd_numbers
```

我们使用 normal 包的 normal 函数来生成随机数。normal 包里的 loc 和 scale 参数分别指定了均值和标准差两个参数，最后，size 参数决定了样本的数量。

通过传递一个行或列的元组，我们也可以产生一个随机的矩阵，示例如下。

```
uniform_rnd_numbers = np.random.normal(loc=0.2,scale=0.2,size=(3,3))
```

上面的示例产生了 3×3 的矩阵，输出结果如图 2-9 所示。

```
>>> print uniform_rnd_numbers
[ 0.29461598 -0.12032348 -0.19104886  0.16927785 -0.01208029  0.2303851
  0.2124355   0.20098306  0.05638245  0.06696319]
>>>
```

图 2-9

2.2.4 更多内容

下面的链接提供了一些优秀的 NumPy 文档，请参见：http://www.numpy.org/。

2.2.5 参考资料

《Analyzing Data -Explore & Wrangle》的第 3 章中“使用 matplotlib 进行绘画的诀窍”部分有相关介绍。

《Analyzing Data -Explore & Wrangle》的第 3 章中“使用 Scikit Learn 进行机器学习的诀窍”部分有相关介绍。

2.3 使用 matplotlib 进行绘画

Matplotlib 是 Python 提供的一个二维绘图库，所有类型的平面图，包括直方图、散点图、折线图、点图、热图以及其他各种类型，都能由 Python 制作出来。在本书中，我们将采用 matplotlib 的 pyplot 接口实现所有的可视化需求。

2.3.1 准备工作

本节中，我们会介绍使用 pyplot 的基础绘图框架，并且用它来完成本书中的所有可视化需求。

本书采用的是 matplotlib1.3.1，你可以在命令行下调用_version_属性来检查版本，如图 2-10 所示。

```
>>> matplotlib.__version__
'1.3.1'
```

图 2-10

2.3.2 操作方法

我们通过示例来学习如何用 matplotlib 绘制一些简单的图形。

```
#Recipe_2a.py
import numpy as np
import matplotlib.pyplot as plt
```

```
def simple_line_plot(x,y,figure_no):
    plt.figure(figure_no)
    plt.plot(x,y)
    plt.xlabel('x values')
    plt.ylabel('y values')
    plt.title('Simple Line')

def simple_dots(x,y,figure_no):
    plt.figure(figure_no)
    plt.plot(x,y,'or')
    plt.xlabel('x values')
    plt.ylabel('y values')
    plt.title('Simple Dots')

def simple_scatter(x,y,figure_no):
    plt.figure(figure_no)
    plt.scatter(x,y)
    plt.xlabel('x values')
    plt.ylabel('y values')
    plt.title('Simple scatter')

def scatter_with_color(x,y,labels,figure_no):
    plt.figure(figure_no)
    plt.scatter(x,y,c=labels)
    plt.xlabel('x values')
    plt.ylabel('y values')
    plt.title('Scatter with color')

if __name__ == "__main__":
    plt.close('all')
    # x、y 样例数据生成折线图和简单的点图
    x = np.arange(1,100,dtype=float)
    y = np.array([np.power(xx,2) for xx in x])

    figure_no=1
    simple_line_plot(x,y,figure_no)
    figure_no+=1
    simple_dots(x,y,figure_no)

    # x、y 样例数据生成散点图
    x = np.random.uniform(size=100)
    y = np.random.uniform(size=100)
```

```
    figure_no+=1
    simple_scatter(x,y,figure_no)
    figure_no+=1
    label = np.random.randint(2,size=100)
    scatter_with_color(x,y,label,figure_no)
    plt.show()
```

接下来我们要探讨一些进阶的主题，包括生成热图以及给 x 和 y 轴添加标签。

```
# Recipe_2b.py
import numpy as np
import matplotlib.pyplot as plt
def x_y_axis_labeling(x,y,x_labels,y_labels,figure_no):
    plt.figure(figure_no)
    plt.plot(x,y,'+r')
    plt.margins(0.2)
    plt.xticks(x,x_labels,rotation='vertical')
    plt.yticks(y,y_labels,)

def plot_heat_map(x,figure_no):
    plt.figure(figure_no)
    plt.pcolor(x)
    plt.colorbar()
if __name__ == "__main__":
    plt.close('all')
    x = np.array(range(1,6))
    y = np.array(range(100,600,100))
    x_label = ['element 1','element 2','element 3','element
4','element 5']
    y_label = ['weight1','weight2','weight3','weight4','weight5']

    x_y_axis_labeling(x,y,x_label,y_label,1)

    x = np.random.normal(loc=0.5,scale=0.2,size=(10,10))
    plot_heat_map(x,2)

    plt.show()
```

2.3.3 工作原理

我们先从导入需要的模块开始，使用 pyplot 前，必须先导入 NumPy 库。

```
import numpy as np
import matplotlib.pyplot as plt
```

我们从下面代码的 `main` 函数开始，之前运行的程序可能已经绘制了一些图形，先把它们全部关闭是一个好习惯。同时，我们的程序可能也需要更多的绘图资源。

```
plt.close('all')
```

接着，为了演示如何使用 pyplot，我们得先用 NumPy 生成一些数据。

```
# x、y 样例数据生成折线图和简单的点图
x = np.arange(1,100,dtype=float)
y = np.array([np.power(xx,2) for xx in x])
```

我们在 *x* 和 *y* 变量中生成了 100 个元素，*y* 是 *x* 变量的平方数，然后绘制一条简单的折线图。

```
figure_no=1
simple_line_plot(x,y,figure_no)
```

当程序中有多个图形的时候，最好用 `figure_no` 变量给每个图形设置一个编号。我们接着再看 `simple_line_plot` 函数。

```
def simple_line_plot(x,y,figure_no):
    plt.figure(figure_no)
    plt.plot(x,y)
    plt.xlabel('x values')
    plt.ylabel('y values')
    plt.title('Simple Line')
```

如你所见，我们开始用 pyplot 的 `figure` 函数编号标示图形，我们在 `main` 函数中把 `figure_no` 变量进行传递。然后，给定 *x* 和 *y* 的值就可以轻松地调用 `plot` 函数。分别通过 `xlable` 和 `ylabel` 函数给 *x* 轴和 *y* 轴命名，可以让图形更直观易懂。最后，我们还可以给图形命名，这意味着我们的第 1 个折线图快要绘制完成了。但是图形不会自动显示，必须通过调用 `show()` 函数才能显示。在本例中，我们调用 `show()` 函数来将所有的图形一起显示，得到的图看起来应该是图 2-11 这样。

这里绘出的图形里，*x* 轴是 *x* 的值，*y* 轴是 *x* 的平方值。

我们绘制了一张简单的折线图，我们可以看到优美的弧线，因为 y 的值是 x 值的平方。

再看下一个图形。

```
figure_no+=1
simple_dots(x,y,figure_no)
```

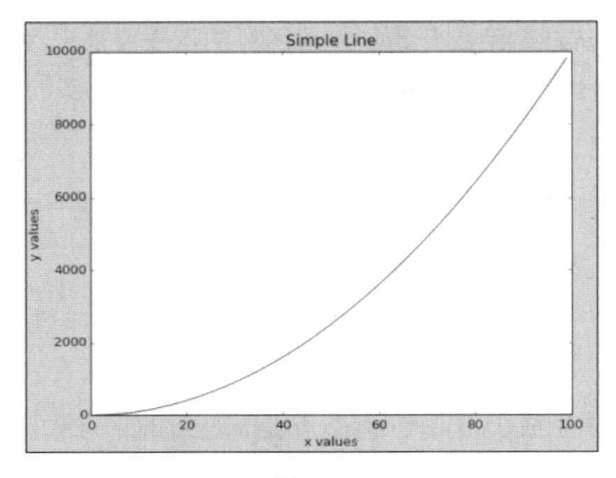

图 2-11

我们增加了图形的编号并调用了 simple_dots 函数，希望将 x 和 y 的值用点而不是线的形式绘制出来，来看看 simple_dots 函数。

```
def simple_dots(x,y,figure_no):
    plt.figure(figure_no)
    plt.plot(x,y,'or')
    plt.xlabel('x values')
    plt.ylabel('y values')
    plt.title('Simple Dots')
```

除了下面这行，每行的代码和之前的函数都是相同的。

```
plt.plot(x,y,'or')
```

这个“or”参数说明我们需要的是点（o），这个点的颜色是红色（r）。上面的命令绘制的图形如图 2-12 所示。

再看下一个图形。

我们这次要绘制的是散点图，我们用 NumPy 生成一些数据。

```
# x、y 样例数据生成散点图
x = np.random.uniform(size=100)
y = np.random.uniform(size=100)
```

我们从 uniform 包里生成了 100 个样例数据点，现在我们调用 simple_scatter 函数来生成散点图。

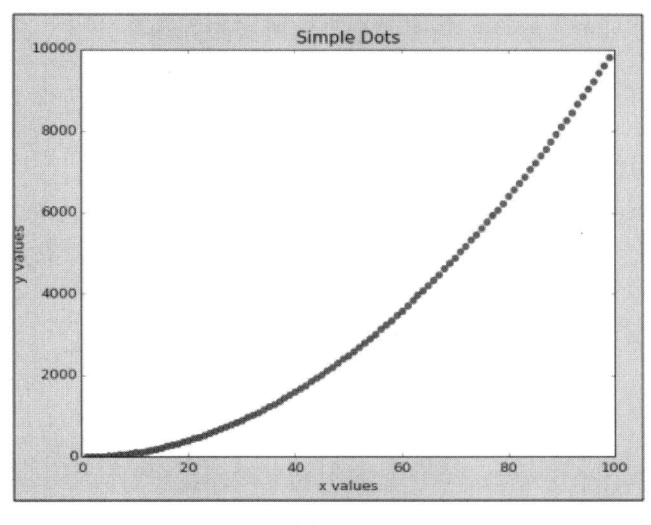

图 2-12

```
figure_no+=1
simple_scatter(x,y,figure_no)
```

`simple_scatter` 函数里的每一行都和前面的绘图方法里一样，除了以下这行。

```
plt.scatter(x,y)
```

我们调用了 `scatter` 函数而不是 pyplot 中的 `plot` 函数，绘制出来的图形如图 2-13 所示。

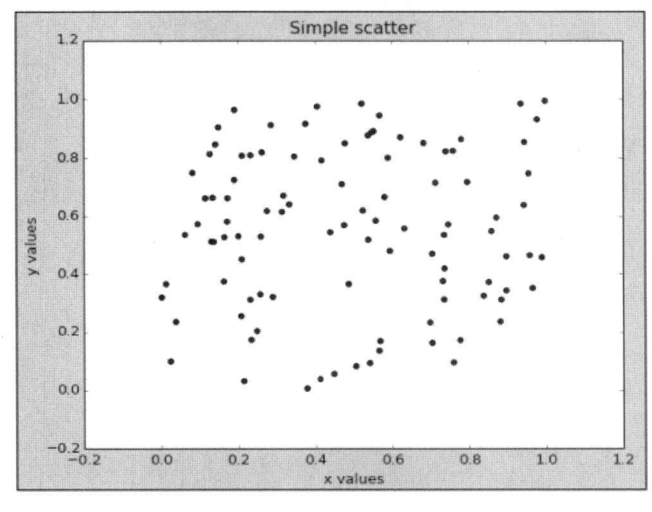

图 2-13

我们来看最终想要的散点图：每个点根据它所属的类标签被标上了颜色。

```
figure_no+=1
label = np.random.randint(2,size=100)
scatter_with_color(x,y,label,figure_no)
```

为了保持图表的可读性，我们继续增加图形的数量，接下来，我们要随机地给点加入一些标签，内容是 0 或者 1。最后再用这些 x、y 和标签的变量作为参数来调用 scatter_with_color 函数。

这个函数和之前的 scatter 函数的区别如下所示。

```
plt.scatter(x,y,c=labels)
```

我们将标签的值传给 c 参数，就是颜色参数。每个标签对应着一个唯一的颜色。本例中，标签为 0 的点和标签为 1 的点颜色是不一样的，如图 2-14 所示。

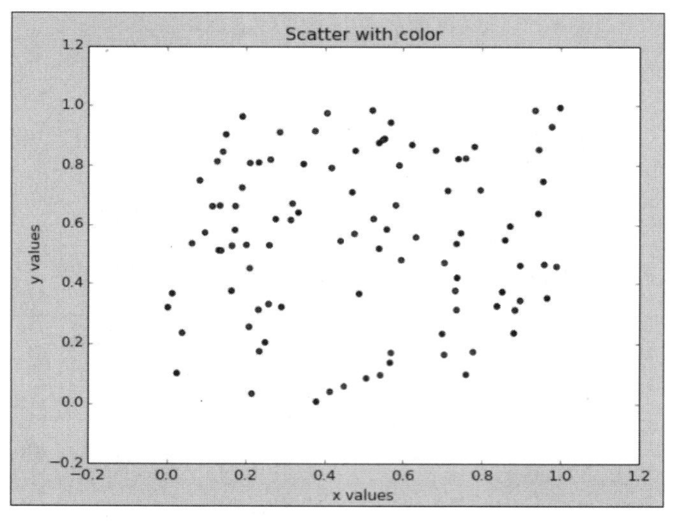

图 2-14

接下来我们再看热图以及轴标签。

我们仍然从 main 函数开始。

```
    plt.close('all')
    x = np.array(range(1,6))
    y = np.array(range(100,600,100))
    x_label = ['element 1','element 2','element 3','element\
4','element 5']
```

```
    y_label = ['weight1','weight2','weight3','weight4','weight5']
    x_y_axis_labeling(x,y,x_label,y_label,1)
```

记得保持良好的习惯，调用 close 函数把之前的那些图先全部关闭。然后我们生成一些数据：x 是一个有 5 个元素的数组，元素值从 1 到 5；y 也是一个 5 个元素的数组，元素值从 100 到 500。我们定义两个列表 x_label 和 y_label 作为图的标签。最后，我们调用 x_y_axis_labeling 函数来演示如何给 x 和 y 轴添上标签。

请看下面的函数。

```
def x_y_axis_labeling(x,y,x_labels,y_labels,figure_no):
    plt.figure(figure_no)
    plt.plot(x,y,'+r')
    plt.margins(0.2)
    plt.xticks(x,x_labels,rotation='vertical')
    plt.yticks(y,y_labels,)
```

我们将采用 pyplot 的 dot 函数来绘制一张简单的点图。这次的示例中，我们不再采用“o”，而是使用“+”来表示点。因此，我们指定的参数是“+r”，“r”代表红色。

在后面的两行里，我们还要指定 x 和 y 轴的标签类型。我们使用 xticks 函数传递 x 的值和它们的标签。此外，我们还要将文本进行垂直翻转以避免相互遮挡。y 轴的处理过程也是完全类型的。请看图 2-15。

图 2-15

我们来看如何用 pyplot 生成热图。

```
x = np.random.normal(loc=0.5,scale=0.2,size=(10,10))
plot_heat_map(x,2)
```

绘制热图需要准备一些数据。本例中，我们用 normal 包产生一个 10×10 的矩阵的数据，设定 loc 变量为 0.5 作为均值，设定 scale 变量为 0.2 作为标准差，然后将矩阵传给 plot_heat_map。第 2 个参数是图形的编号。

```
def plot_heat_map(x,figure_no):
    plt.figure(figure_no)
    plt.pcolor(x)
    plt.colorbar()
```

我们调用 pcolor 函数来创建热图，第 2 行里调用的 colorbar 函数用来控制渐变色的颜色范围，输出如图 2-16 所示。

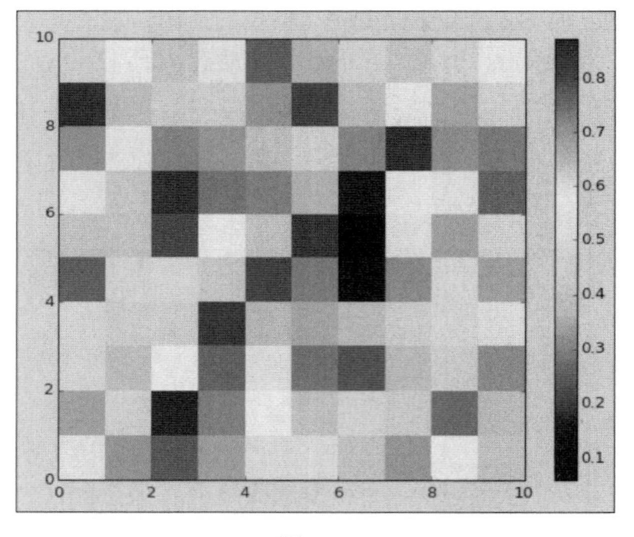

图 2-16

2.3.4 更多内容

要了解更多关于 matplotlib 的信息，以下地址提供了大量相关文档，请参见：

http://matplotlib.org/faq/usage_faq.html。

以下地址是一个 pyplot 的优秀教程，请参见：

http://matplotlib.org/users/pyplot_tutorial.html。

Matplotlib 也提供了优秀的 3D 绘图能力，详情请参见：

http://matplotlib.org/mpl_toolkits/mplot3d/tutorial.html。

matplotlib 里的 pylab 模块联合使用了 pyplot 和 NumPy 命名空间，我们也可以使用 pylab 来绘制本节中的各种图形。

2.4 使用 scikit-learn 进行机器学习

scikit-learn 是 Python 中的一个全能的机器学习库，我们在本书中会大量使用它。我们使用的版本为 0.15.2。你可以在命令行里调用_version_属性来检查版本，如图 2-17 所示。

```
>>> sklearn.__version__
'0.15.2'
>>> |
```

图 2-17

2.4.1 准备工作

本节里，我们会演示一些 scikit-learn 包的功能，学习它的一些 API 架构，为后续章节的学习打下基础。

2.4.2 操作方法

scikit-learn 提供了一个内置数据集，我们看看如何访问和使用它。

```
#Recipe_3a.py
from sklearn.datasets import load_iris,load_boston,make_classification
make_circles, make_moons

# Iris 数据集
data = load_iris()
x = data['data']
y = data['target']
y_labels = data['target_names']
x_labels = data['feature_names']
```

```
print
print x.shape
print y.shape
print x_labels
print y_labels

# Boston 数据集
data = load_boston()
x = data['data']
y = data['target']
x_labels = data['feature_names']
print
print x.shape
print y.shape
print x_labels

# 制作一些分类数据集
x,y = make_classification(n_samples=50,n_features=5, n_classes=2)

print
print x.shape
print y.shape

print x[1,:]
print y[1]

# 一些非线性数据集
x,y = make_circles()
import numpy as np
import matplotlib.pyplot as plt
plt.close('all')
plt.figure(1)
plt.scatter(x[:,0],x[:,1],c=y)

x,y = make_moons()
import numpy as np
import matplotlib.pyplot as plt
plt.figure(2)
plt.scatter(x[:,0],x[:,1],c=y)

plt.show()
```

我们来看看如何调用 scikit-learn 里的这些机器学习函数。

```
#Recipe_3b.py
import numpy as np
from sklearn.preprocessing import PolynomialFeatures
# 数据预处理
x = np.asmatrix([[1,2],[2,4]])
poly = PolynomialFeatures(degree = 2)
poly.fit(x)
x_poly = poly.transform(x)

print "Original x variable shape",x.shape
print x
print
print "Transformed x variables",x_poly.shape
print x_poly

# 另一种写法
x_poly = poly.fit_transform(x)

from sklearn.tree import DecisionTreeClassifier
from sklearn.datasets import load_iris

data = load_iris()
x = data['data']
y = data['target']

estimator = DecisionTreeClassifier()
estimator.fit(x,y)
predicted_y = estimator.predict(x)
predicted_y_prob = estimator.predict_proba(x)
predicted_y_lprob = estimator.predict_log_proba(x)

from sklearn.pipeline import Pipeline

poly = PolynomialFeatures(n=3)
tree_estimator = DecisionTreeClassifier()

steps = [('poly',poly),('tree',tree_estimator)]
estimator = Pipeline(steps=steps)
estimator.fit(x,y)
predicted_y = estimator.predict(x)
```

2.4.3 工作原理

为了使用内置的数据集，我们得先加载 scikit-learn 库，库的模块里包含着各种各样的函数。

```
from sklearn.datasets import load_iris,load_boston,make_classification
```

第 1 个数据集是 iris，请参见以下地址来获取更多细节信息。

https://en.wikipedia.org/wiki/Iris_flower_data_set。

这是一个由 Donald Fisher 先生引入的分类问题的经典数据集。

```
data = load_iris()
x = data['data']
y = data['target']
y_labels = data['target_names']
x_labels = data['feature_names']
```

我们调用的 `load_iris` 函数返回一个字典。使用合适的键，可以从这个字典对象中查询获取到预测器 x、因变量 y、因变量名、各个特征属性名等信息。

我们将这些信息打印出来看看它们的值，结果如图 2-18 所示。

```
print
print x.shape
print y.shape
print x_labels
print y_labels
```

```
(150, 4)
(150,)
['sepal length (cm)', 'sepal width (cm)', 'petal length (cm)', 'petal width (cm)
']
['setosa' 'versicolor' 'virginica']
```

图 2-18

如你所见，预测器里有 150 个实例和 4 种属性，因变量有 150 个实例，每个预测集合里的记录都有一个类别标签。我们接着打印输出属性名：花瓣、花萼的宽度和长度，以及类别标签。在后续章节里，我们还会多次使用这个数据集。

我们接着要看的是另一个数据集：Boston 住房数据集，它属于回归问题。

```
# Boston 数据集
data = load_boston()
x = data['data']
y = data['target']
```

```
x_labels = data['feature_names']
```

这个数据集的加载过程和 iris 基本一样，从字典的各个键也可以查询到数据的各个组成部分，包括预测器和因变量。我们打印输出这些变量来看一下，如图 2-19 所示。

```
(506, 13)
(506,)
['CRIM' 'ZN' 'INDUS' 'CHAS' 'NOX' 'RM' 'AGE' 'DIS' 'RAD' 'TAX' 'PTRATIO'
 'B' 'LSTAT']
```

图 2-19

如你所见，预测器集合里有 506 个实例和 13 种属性，因变量有 506 个条目。最后，我们也打印输出属性名。

scikit-learn 也给我们提供了一些函数来产生随机分类的数据集，并可以指定一些需要的属性。

```
# 产生一些分类数据集
x,y = make_classification(n_samples=50,n_features=5, n_classes=2)
```

make_classification 函数用来产生分类数据集。本例中，我们指定 n_samples 参数生成 50 个实例，n_features 参数生成 5 个属性，n_classes 参数生成两个类集合。请看这个函数的输出，如图 2-20 所示。

```
print x.shape
print y.shape

print x[1,:]
print y[1]
```

```
(50, 5)
(50,)
[ 1.09036697 -0.00209392 -1.85449661 -0.81583736 -0.3623406 ]
1
```

图 2-20

如你所见，预测器里有 150 个实例和 5 种属性，因变量有 150 个实例，每个预测集合里的记录都有一个类别标签。

我们将预测器集合 x 里的第 2 条记录打印出来，你会看到这是一个五维的向量，与 5 个我们所需的特征相关联。最后，我们把因变量 y 也打印出来。预测器里的第 2 条记录的类别标签是 1。

scikit-learn 也给我们提供了一些函数来产生非线性关系。

```
# 一些非线性数据集
x,y = make_circles()
import numpy as npimport matplotlib.pyplot as plt
plt.close('all')
plt.figure(1)
plt.scatter(x[:,0],x[:,1],c=y)
```

你应该已经从前面的章节中了解了 pyplot，现在通过它绘制的图来帮助我们理解非线性关系。

如图 2-21 所示，我们的分类结果产生了两个同心圆。x 是两个变量的数据集，变量 y 是类标签。这两个同心圆说明了预测器里两个变量的关系是非线性的。

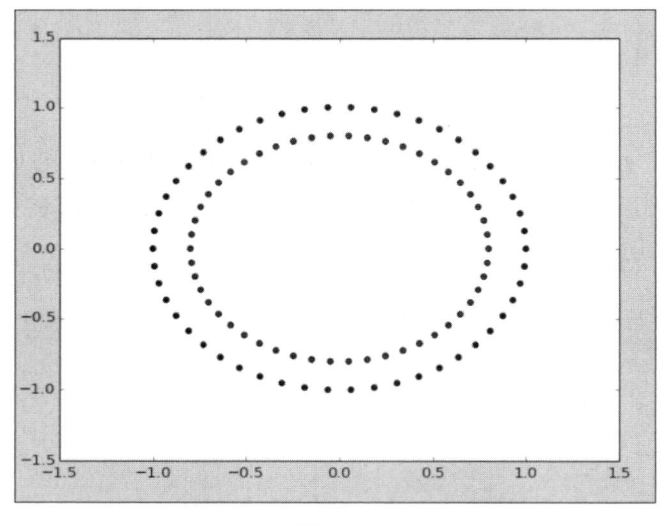

图 2-21

scikit-learn 里还有一个有趣的函数 make_moons 也能产生非线性关系。

```
x,y = make_moons()
import numpy as np
import matplotlib.pyplot as plt
plt.figure(2)
plt.scatter(x[:,0],x[:,1],c=y)
```

我们看一下它生成的图 2-22 来理解非线性关系。

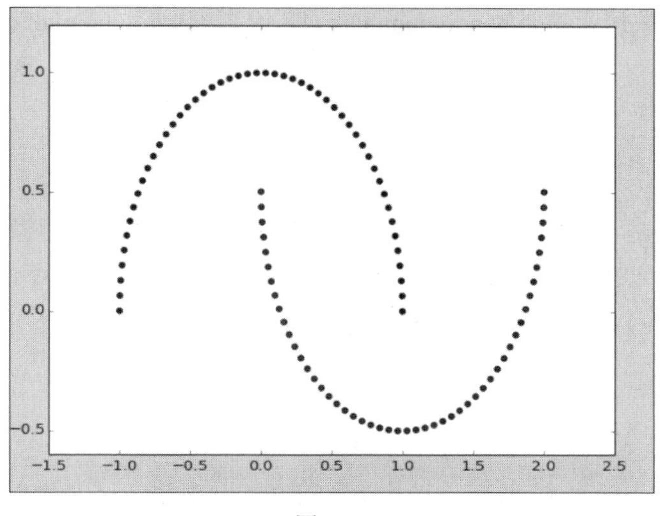

图 2-22

新月图形说明了预测器集合 x 里的属性之间的关系是非线性的。

接下来我们要来讨论 scikit-learn 的 API 架构，使用 API 架构的主要优势在于它十分简洁。所有源于 BaseEstimator 的数据模型必须严格实现 `fit` 和 `transform` 函数。我们将从一些示例中详细了解。

我们先从 scikit-learn 的预处理模块开始。

```
import numpy as np
from sklearn.preprocessing import PolynomialFeatures
```

我们使用 PolynomialFeatures 类来演示使用 scikit-learn 的 SDK 的方便快捷之处。要了解 PolynomialFeatures 的更多信息，请参见：

https://en.wikipedia.org/wiki/Polynomial。

有时我们需要往预测器变量集合中增加新的变量，以判断模型精度是否提高。我们可以将 Polynomial 中已有的特征转换为新特性，`PolynomialFeatures` 函数就是这个用途。

```
# 数据预处理
x = np.asmatrix([[1,2],[2,4]])
```

首先，我们要创建一个数据集。本例中，数据集有两个实例和两个属性。

```
poly = PolynomialFeatures(degree = 2)
```

然后，我们将采用所需要的 polynomials 维度来实例化 PolynomialFeatures 类。本例中，这是第 2 个维度。

```
poly.fit(x)
x_poly = poly.transform(x)
```

接着要介绍的是 fit 和 transform 函数。fit 函数用来在数据转换时做必需的计算。本例中它是多余的，不过在本节后面部分我们会遇到一些如何使用它的示例。

transform 函数接收输入数据，并基于 fit 函数的计算结果将输入数据进行转换。

```
# 换一种方式
x_poly = poly.fit_transform(x)
```

本例还有另外一种方式，在一个操作中调用 fit 和 transform。我们来看看变量 x 初始和转换之后的数值和形态，如图 2-23 所示。

```
Original x variables
[[1 2]
 [2 4]]

Transformed x variables
[[ 1  1  2  1  2  4]
 [ 1  2  4  4  8 16]]
```

图 2-23

scikit-learn 中所有实现机器学习方法的类都来自 BaseEstimator，请参见：http://scikit-learn.org/stable/modules/generated/sklearn.base.BaseEstimator.html。

BaseEstimator 要求用以实现的类提供 fit 和 transform 两种方法，这样才能保持 API 简洁清晰。

我们再看另一个示例，从 tree 模块中引入 Decision TreeClassifier 类，它实现了决策树算法。

```
from sklearn.tree import DecisionTreeClassifier
```

我们把这个类放到实践操作中。

```
from sklearn.datasets import load_iris

data = load_iris()
x = data['data']
y = data['target']

estimator = DecisionTreeClassifier()
estimator.fit(x,y)
predicted_y = estimator.predict(x)
predicted_y_prob = estimator.predict_proba(x)
predicted_y_lprob = estimator.predict_log_proba(x)
```

我们使用 iris 数据集来看来怎样使用树算法。先把 iris 数据集加载到变量 x 和 y 中，然后把 DecisionTreeClassifier 实例化，接着调用 fit 函数，传递预测器 x 和因变量 y 来建立模型。这样就建立了一个树模型，我们现在可以用它来进行预测。我们用 predict 函数对给定的输入预测其类标签。如你所见，和在 PolynomialFeatures 里一样，我们也使用了相同的 fit 和 predict 方法。还有另外两个方法：predict_proba 和 predict_log_proba。前者给出预测的概率，后者给出预测概率的对数。

现在来看另一个有趣的功能 pip lining，使用这个功能，不同的机器学习方法可以被链接在一起。

```
from sklearn.pipeline import Pipeline

poly = PolynomialFeatures(n=3)
tree_estimator = DecisionTreeClassifier()
```

我们从实例化 PolynomialFeatures 和 DecisionTreeClassifier 数据处理规范开始。

```
steps = [('poly',poly),('tree',tree_estimator)]
```

我们先定义一个元组列表来标示我们的链接。运行多项式特征生成器之后，再执行决策树。

```
estimator = Pipeline(steps=steps)
estimator.fit(x,y)
predicted_y = estimator.predict(x)
```

我们通过 steps 变量声明的列表将 Pipeline 对象实例化。现在就能像以往那样调用 fit 和 predict 方法了。

我们可以调用 named_steps 属性来查看模型在 pipeline 里的不用阶段的情况，如图 2-24 所示。

```
>>> estimator.named_steps
{'tree': DecisionTreeClassifier(compute_importances=None, criterion='gini',
            max_depth=None, max_features=None, max_leaf_nodes=None,
            min_density=None, min_samples_leaf=1, min_samples_split=2,
            random_state=None, splitter='best'), 'poly': PolynomialFeatures(de
gree=3, include_bias=True, interaction_only=False)}
```

图 2-24

2.4.4 更多内容

scikit-learn 里还有更多的数据集生成函数，请参见：

http://scikit-learn.org/stable/datasets/。

在使用 make_circle 和 make_moons 函数的时候，我们曾经提到可以给数据集加入许多想要的属性，如果包含了不正确的类标签，数据可能会受到轻微的损坏。下面的链接列出了许多描述这些细微差别的选项，请参见：

http://scikit-learn.org/stable/modules/generated/sklearn.datasets.make_circles.html 和

http://scikit-learn.org/stable/modules/generated/sklearn.datasets.make_moons.html。

2.4.5 参考资料

第 2 章“Python 环境”中“绘图技巧”的相关内容。

第 3 章
数据分析——探索与争鸣

在这一章里，我们将探讨以下主题。

- 用图表分析单变量数据
- 数据分组和使用点阵图
- 为多变量数据绘制散点阵图
- 使用热图
- 实施概要统计及绘图
- 使用箱须图
- 修补数据
- 实施随机采样
- 缩放数据
- 数据标准化
- 实施分词化
- 删除停用词
- 词提取
- 实施词形还原
- 词袋模型表示文本
- 计算词频和反文档频率

3.1 简介

在投身于数据科学应用之前，你得先对自己准备处理的数据进行充分研究，好好地理解它们，这样才能事半功倍。对数据潜在含义的理解能帮助你选择合适的算法来解决面对的问题。对数据进行不同粒度上的探索被称为“探索性数据分析”（Exploratory Data Analysis，EDA）。在许多实践案例中，EDA能发现数据挖掘算法揭示出的经典模式。EDA让我们了解数据的特性，给我们指引以选择合适的算法解决特定的问题。

本章中，我们会详细地探讨EDA，对一些实用的技术和工具进行讲解，它们可以用来高效地进行EDA操作。

数据预处理和转换是另外两个重要的流程，它们能提高数据科学的模型质量，增加数据科学项目的成功率。

数据预处理过程将数据整理为可用状态，以便于数据挖掘方法或者机器学习算法使用。它包含许多项目，比如数据清洗、属性子集选择、数据转换等。我们在本章中会介绍数值型和文本型数据的预处理过程。

文本数据和数值数据完全不同，我们要采用不同的方法进行数据转换使之适合机器学习算法。本章将了解到如何对文本数据进行转换。一般而言，文本转换是由多个阶段组成，过程中包含了多个管道型的组成部分。

其中的一些组成部分如下所示。

- 分词化。
- 停用词删除。
- 转换基准。
- 特征导出。

一般来说，这些组成都会被应用到给定的文本上以获取文本特征。在管道的末端，文本数据被转换为机器学习算法能接收的形式。我们会在本章中对上述的每个组成都进行讲解。

在数据采集阶段可能会出现大量的错误，可能源自人为错误、边界限制、数据测量或采集过程/设备中的错误等。数据不一致是个大问题，我们使用带有瑕疵的输入数据开始数据预处理过程，先要处理掉这些错误，然后才能继续后面的处理过程。

3.2 用图表分析单变量数据

单变量数据的数据集中只有一个变量/列，单变量在数学中很常见，如表达式、方程式、函数或者一元多项式等。我们严格定义一个单变量函数构成示例数据集。测量一群人的身高，数据如下所示。

```
5, 5.2, 6, 4.7,…
```

我们测量的数据只有一个个人属性——高度，这就是一个单变量数据的示例。

3.2.1 准备工作

我们采用 EDA 方式对这个数据集进行探索，并通过可视化进行展示。选择合适的可视化技术就很容易分析出数据的特征。我们将使用 `pyplot` 来绘制图形进行数据可视化，`pyplot` 是 `matplotlib` 绘图库的状态机接口。图形和坐标轴会被悄悄地自动创建来生成所需的图像。想获得优良的 `pyplot` 参考资料，请参见：

http://matplotlib.org/users/pyplot_tutorial.html。

我们采用美国总统历年在国情咨文中对国会提起的诉求数量作为实例，这个数据可以从以下链接获取：http://www.presidency.ucsb.edu/data/sourequests.php。

数据的部分样例如下。

```
1946, 41
1947, 23
1948, 16
1949, 28
1950, 20
1951, 11
1952, 19
1953, 14
1954, 39
1955, 32
1956,
1957, 14
1958,
1959, 16
1960, 6
```

我们可以形象地观察这些数据，并发现其中的一些异常。可以采用递归方式研究这些异常，发现一个异常，我们将其删除，然后继续对剩余数据进行处理。

在每一次迭代过程中，删除发现的异常值之后继续递归地检查数据，是一种常用的检测异常值的方法。

3.2.2 操作方法

我们使用 NumPy 的数据装载工具将数据加载进来，然后处理数据质量问题。本例中，我们将处理数据中的空值。如你所见，1956 年和 1958 年的数值为空值，我们采用 lambda 函数将空值用 0 代替。

采用下面的代码可以绘制数据图形以观察趋势。

```
# 1.加载库
import numpy as np
from matplotlib.pylab import frange
import matplotlib.pyplot as plt

fill_data = lambda x : int(x.strip() or 0)
data = np.genfromtxt('president.txt',dtype=(int,int),converters={1:fi
ll_data}delimiter=",")
x = data[:,0]
y = data[:,1]

# 2.绘制数据图形以观察趋势
plt.close('all')
plt.figure(1)
plt.title("All data")
plt.plot(x,y,'ro')
plt.xlabel('year')plt.ylabel('No Presedential Request')
```

我们计算出百分位数，并绘制在图形中作为数据的参考。

```
#3.计算出数据的百分位数（第 25、50、75 位）以了解数据分布
perc_25 = np.percentile(y,25)
perc_50 = np.percentile(y,50)
perc_75 = np.percentile(y,75)
print
print "25th Percentile = %0.2f"%(perc_25)
print "50th Percentile = %0.2f"%(perc_50)
```

```
print "75th Percentile = %0.2f"%(perc_75)
print
# 4.将这些百分位数添加到之前生成的图形中作为参考
# 在图中画出第25、50、75位的百分位水平线。
plt.axhline(perc_25,label='25th perc',c='r')
plt.axhline(perc_50,label='50th perc',c='g')
plt.axhline(perc_75,label='75th perc',c='m')plt.legend(loc='best')
```

最后，检查生成的图形中是否存在异常点。若有，使用 mask 函数将其删除。清除了异常后绘制图形的代码如下。

```
# 5.在图形中查找是否存在异常点
# 使用mask函数删除异常点
# 删除异常点0和54
y_masked = np.ma.masked_where(y==0,y)
# Remove point 54
y_masked = np.ma.masked_where(y_masked==54,y_masked)

# 6.重新绘制图形
plt.figure(2)
plt.title("Masked data")
plt.plot(x,y_masked,'ro')
plt.xlabel('year')
plt.ylabel('No Presedential Request')
plt.ylim(0,60)

# 在图中画出第25、50、75位的百分位的水平线
plt.axhline(perc_25,label='25th perc',c='r')
plt.axhline(perc_50,label='50th perc',c='g')
plt.axhline(perc_75,label='75th perc',c='m')
plt.legend(loc='best')plt.show()
```

3.2.3 工作原理

在第 1 步中，我们采用上一章中所学的数据装载技术来进行操作。你肯定也注意到 1956 和 1958 后的数据被留空了，匿名函数会把它们替换为 0。

```
fill_data = lambda x : int(x.strip() or 0)
```

lambda 函数 fill_data 将数据集中的所有空值进行替换，本例中第 11 行和第 13

行的数值被替换为 0。

```
data = np.genfromtxt('president.txt',dtype=(int,int),converters={1:fi\
ll_data},delimiter=",")
```

将 `fill_data` 传递给 `genfromtxt` 函数的 `converters` 参数，请注意 `converters` 采用字典作为输入，字典的键标识了函数将被应用的列，而值则标识函数。在本例中，`fill_data` 被指定为函数，它的键是 1，这意味着 `fill_data` 函数将被应用到列 1 上。我们可以从控制台上查看数据，如下所示。

```
>>> data[7:15]
array([ [1953, 14],
        [1954, 39],
        [1955, 32],
        [1956, 0],
        [1957, 14],
        [1958, 0],
        [1959, 16],
        [1960, 6]])
>>>
```

如你所见，1956 年和 1958 年的数值被修改为 0。为了画图方便，我们把年份存在 x 里，而总统在国会的国情咨文请求情况放到 y 里。

```
x = data[:,0]
y = data[:,1]
```

第 1 列装载年份信息到 x 中，第 2 列则存放 y。

第 2 步绘制图形时，x 轴是年份信息，y 轴是该年的数据值。

```
plt.close('all')
```

首先得关闭之前的程序打开的所有图形。

```
plt.figure(1)
```

给我们的新图形设置一个编号，这样在程序绘制多个图形的时候很有好处。

```
plt.title("All data")
```

再给图形设置一个标题。

```
plt.plot(x,y,'ro')
```

我们可以把 x 和 y 绘制出来。“ro”参数告诉 plyplot 使用红色（r）的点（o）来绘图。

```
plt.xlabel('year')
plt.ylabel('No Presedential Request')
```

最后加上 x 轴和 y 轴的标签。

输出的图形如图 3-1 所示。

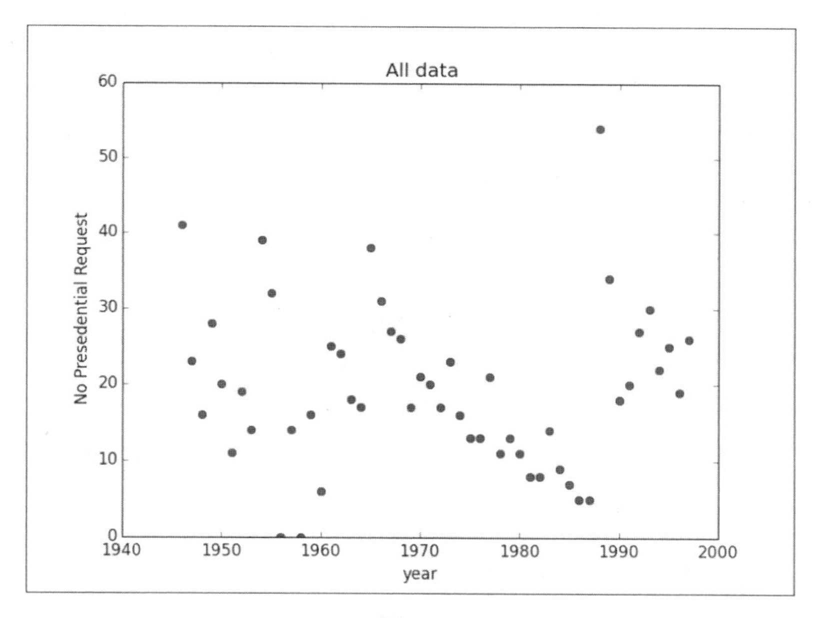

图 3-1

粗略地瞄一眼这个图形，数据点四处分散，似乎看不出什么趋势或者模式。但仔细端详之后，你会发现 3 个点：右边最上面的一个点和 x 轴上 1960 年代左边的两个，它们明显和其他的点不一样。因此，它们都是异常点。

一个异常点就是明显落在绝大多数模式分布范围之外的点。（Moore 和 McCabe，1999 年）

我们用百分位数来帮助你更好地理解这些点。

如果有一个长度为 N 的向量 V，它的百分位数 q 就是 V 的排序副本中 q%的位置，q 的数值和两个最相近邻居的距离作为插值参数，用来判断标准化情形不完全匹配 q 的情景时的百分位数。如果 q=50，这个函数等价于中位数；q=0 时等价于最小值；q=100 时等价于最大值。要了解更多信息，请参见：
http://docs.scipy.org/doc/numpy-dev/reference/generated/numpy.percentile.html。

为什么不使用平均数呢？我们会在概要统计的小节中专门研究它。百分位数有其优势，平均值往往会向异常点倾斜，例如右边最上的那个点就会把平均值提高不少，1960 年旁边的那两个异常点则相反。而百分位数把数据集里的数值范围更清晰地展示出来，我们可以使用 NumPy 来计算百分位数。

第 3 步中，我们要计算百分位数并将其打印输出。

本数据集的百分位数计算结果输出如图 3-2 所示。

```
25th Percentile     = 13.00
50th Percentile     = 18.50
75th Percentile     = 25.25
```

图 3-2

百分位数的解释：
数据集中 25%的点低于 13.00（第 25 百分位数）；
数据集中 50%的点低于 18.50（第 50 百分位数）；
数据集中 75%的点低于 25.25（第 75 百分位数）。
请注意，第 50 百分位数就是中位数。百分位数让我们更清楚数据分布的范围。

第 4 步中，我们将这些百分位数的水平线绘制出来，增强了可视化的效果。

```
#在图中画出第 25、50、75 位的百分位的水平线
plt.axhline(perc_25,label='25th perc',c='r')
plt.axhline(perc_50,label='50th perc',c='g')
plt.axhline(perc_75,label='75th perc',c='m')
plt.legend(loc='best')
```

这些水平线是用 plt.axhline()函数绘制的，它在给定的 y 位置从 x 的最小值一直画到 x 的最大值。我们可以通过 label 参数为它设置名称，c 参数设置线条颜色。

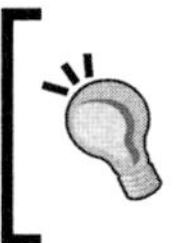

要更好地了解一个函数，可以在 Python 控制台里把它传给 help() 函数。本例中即 help(plt.axhline)，你能看到更多详细信息。

最后，使用 plt.legend()来添加说明，并用 loc 参数让 pyplot 决定最佳放置位置，以免影响读图。

我们的输出如图 3-3 所示。

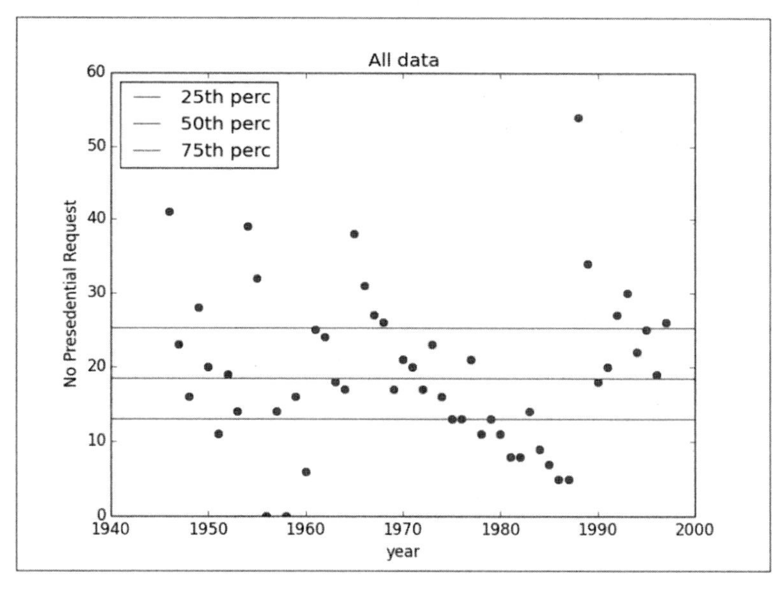

图 3-3

第 5 步中，我们将使用 NumPy 提供的 mask 函数删除异常点。

```
# 删除值为 0 的点
y_masked = np.ma.masked_where(y==0,y)
# 删除值为 54 的点
y_masked = np.ma.masked_where(y_masked==54,y_masked)
```

屏蔽是一个方便的功能，它把一些点隐藏起来，而不需要将之从数组中删除。我们传递了条件和数值两个参数给 ma.masked_where 函数，它将数组中符合条件的点进行隐藏。上面的第 1 个条件是隐藏所有值为 0 的点，并将产生的结果保存到 y_masked 数组中，第 2 个条件则是把点 54 进行隐藏。

最后在第 6 步里重复其他绘图的步骤，最终的图形如图 3-4 所示。

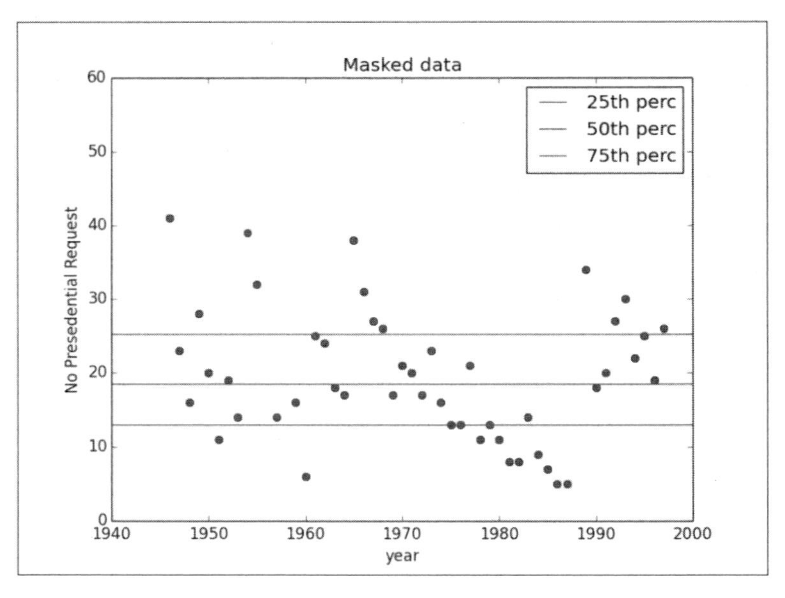

图 3-4

3.2.4　参考资料

第 1 章“Python 在数据科学中的应用”中 1.16 节“使用 lambda 创造匿名函数”的相关内容。

第 1 章“Python 在数据科学中的应用”中 1.21 节“对列进行预处理”的相关内容。

第 1 章“Python 在数据科学中的应用”中有关使用 Python 获取数据的相关内容。

第 1 章“Python 在数据科学中的应用”中 1.2 节“使用字典对象”的相关内容。

3.3　数据分组和使用点阵图

为了更好了解掌握数据，我们得使用 EDA 方法从多个角度对数据进行或深或浅的观察。换一个思路，我们可以使用点阵图，所谓点阵图，就是将数据分成多个组绘制在一定的范围内。我们所要做的是决定如何进行分组。

点阵图适合小型到中型的数据集。大规模的数据更适合使用直方图。

3.3.1 准备工作

本节使用和上节一样的数据。

3.3.2 操作方法

先加载必需的库，用它装载数据，然后进行其他操作，处理丢失的数据，最后使用频率计数器对数据进行分组。

```
# 加载库
import numpy as np
import matplotlib.pyplot as plt
from collections import Counter
from collections import OrderedDict
from matplotlib.pylab import frange

# 1.装载数据，处理丢失的数据
fill_data = lambda x : int(x.strip() or 0)
data = np.genfromtxt('president.txt',dtype=(int,int),converters={1:fi\
ll_data},delimiter=",")
x = data[:,0]
y = data[:,1]

# 2.采用频率（独立的点的个数）对数据进行分组
# 给定一些点，Counter()返回一个字典，键是数据点，值是数据点的在数据集中的频率。
x_freq = Counter(y)
x_ = np.array(x_freq.keys())y_ = np.array(x_freq.values())
```

我们采用年份范围作为分组依据来绘出图形。

```
# 3.采用年份范围进行分组
x_group = OrderedDict()
group= 5
group_count=1
keys = []
values = []
for i,xx in enumerate(x):
    # 独立的数据点被添加到列表的键中
    keys.append(xx)
    values.append(y[i])
    # 假定我们用 5 个数据点（例如 5 年）
```

```
    if group_count == group:
        # 将键的列表转为元组
        # 用新元组元素作为 x_group 字典的键
        x_group[tuple(keys)] = values
        keys= []
        values =[]
        group_count = 1

    group_count+=1
# 保存最后一对键和值
x_group[tuple(keys)] = values

print x_group
# 4.绘制分组数据的点阵图
plt.subplot(311)
plt.title("Dot Plot by Frequency")
# 绘制频率
plt.plot(y_,x_,'ro')
plt.xlabel('Count')
plt.ylabel('# Presedential Request')
# 设置 x 轴的最小和最大值
plt.xlim(min(y_)-1,max(y_)+1)

plt.subplot(312)
plt.title("Simple dot plot")
plt.xlabel('# Presendtial Request')plt.ylabel('Frequency')
```

最后，我们准备好数据绘制图形。

```
# 为绘制点阵图准备数据
# 为每一对(item, frequency)创建新的 x 和 y
# 用 np.repeat 函数创建一个列表 x，其中每个元素重复 frequency 次
# y 也是一个列表，元素介于 0.1 到 frequency/10，累加步长为 0.1
for key,value in x_freq.items():
    x__ = np.repeat(key,value)
    y__ = frange(0.1,(value/10.0),0.1)
    try:
        plt.plot(x__,y__,'go')
    except ValueError:
        print x__.shape, y__.shape
    # 设置 x 轴和 y 轴的最小和最大值
    plt.ylim(0.0,0.4)
    plt.xlim(xmin=-1)
```

```
plt.xticks(x_freq.keys())

plt.subplot(313)
x_vals =[]
x_labels =[]
y_vals =[]
x_tick = 1
for k,v in x_group.items():
    for i in range(len(k)):
        x_vals.append(x_tick)
        x_label = '-'.join([str(kk) if not i else str(kk)[-2:] for\
i,kk in enumerate(k)])
        x_labels.append(x_label)
    y_vals.extend(list(v))
    x_tick+=1

plt.title("Dot Plot by Year Grouping")
plt.xlabel('Year Group')
plt.ylabel('No Presedential Request')
try:
    plt.plot(x_vals,y_vals,'ro')
except ValueError:
    print len(x_vals),len(y_vals)

plt.xticks(x_vals,x_labels,rotation=-35)
plt.show()
```

3.3.3 工作原理

第 1 步中，我们采用上一节讨论过的方法加载数据。开始绘图之前，我们先对数据点进行分组，这样对数据的特性有一个大致的了解。

第 2 和第 3 步中，我们采用不同的分组条件。

先来看第 2 步的操作。

我们使用了 `collections` 包里的 `Counter()` 函数。

给定一些数据点，Counter()函数返回一个字典，键是数据点，值是这个数据点在数据集里出现的频率。

将数据集传递给 Counter()函数，从中抽取出键和值，各自的频率存放到 NumPy 数值 x_和 y_中，以便于绘制图形。这样，我们就可以采用频率对数据进行分组。

绘出图形之前，我们在第 3 步中还执行了其他的分组操作。

x 轴是年份，数据按年份升序排序。在这一步里，我们想把年份范围作为分组依据。本例以 5 年为例，也就是说，第 1 个 5 年是一组，第 2 组是第 2 个 5 年，以此类推。

```
group= 5
group_count=1
keys = []
values = []
```

变量 group 定义了一个组有多少年。本例共有 5 个组，当前 keys 和 values 是两个空的列表，我们要把 x 和 y 中的值填充进去，直到 group_count 达到 group 的值 5。

```
for i,xx in enumerate(x):
keys.append(xx)
values.append(y[i])
if group_count == group:
x_group[tuple(keys)] = values
keys= []
values =[]
group_count = 0
    group_count+=1
x_group[tuple(keys)] = values
```

x_group 是字典名，它用来存放数据的分组信息。因为要持续插入数据，所以我们用 OrderedDict 类记录键的插入顺序。

OrderedDict 类能保留键被插入的先后顺序。

现在来绘出这些点的图形。

我们使用 subplot 参数在一个窗口中画出所有的图形，它的参数可以定义行数（3，百位），列数（1，十位），图形总数（1，个位）。画好的图形如图 3-5 所示。

最上面的图中，数据依据频率进行分组，x 轴是发生次数，y 轴是总统请求数量。我们可以看出，30 及以上的总统请求次数都只出现一次。如前所述，点阵图十分适合用来分析数据点在不同分组条件下的范围。

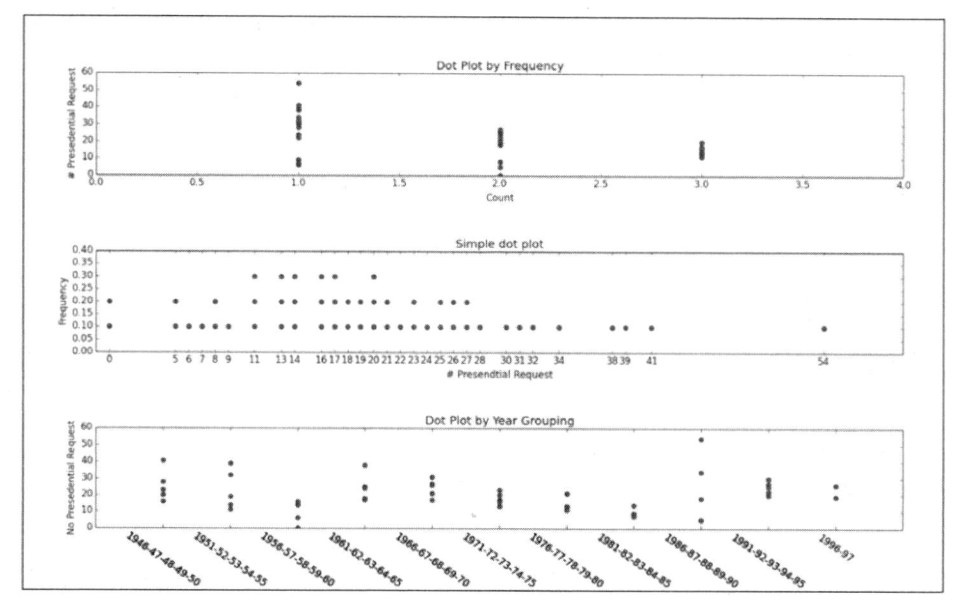

图 3-5

中间的图可以看成简化的直方图。如标题所描述（由 `plt.title()` 定义），它是点阵图的最简单的形式，x 轴是真实的请求次数，y 轴是对应的 x 值在这个数据集中出现的频率。在直方图里，要小心设置柱体的大小，否则可能歪曲数据的整个图形。幸运的是，简单的点阵图不会发生这样的情况。

最下面的图中，数据被按照年份进行分组。

3.3.4 参考资料

第 1 章“Python 在数据科学中的应用”中 1.16 节“使用 lambda 创造匿名函数”的相关内容。

第 1 章“Python 在数据科学中的应用”中 1.21 节“对列进行预处理”的相关内容。

第 1 章“Python 在数据科学中的应用”中有关使用 Python 获取数据的相关内容。

第 1 章“Python 在数据科学中的应用”中 1.2 节“使用字典对象”的相关内容。

3.4 为多变量数据绘制散点阵图

了解了单列的数据，现在我们看看多列的数据。在对变量数据进行分析时，我们更感兴趣的是这些列之间是否存在某些联系。对于两个列/变量的情形，从标准散点图开始是最合适的。它们之间只有以下 4 种关系。

- 无关联。
- 强关联。
- 简单关联。
- 多元（非简单）关联。

3.4.1　准备工作

本节将使用 iris 数据集，它是由 Ronald Fisher 先生引入的多变量数据集，请访问以下链接了解更多信息：https://archive.ics.uci.edu/ml/datasets/Iris。

iris 数据集有 150 个实例和 4 种属性/列，前者由 3 类鸢尾属的花（山鸢尾、维吉尼亚鸢尾和变色鸢尾）各 50 条记录构成；后者由花萼长度、花萼宽度、花瓣长度和花瓣宽度 4 种属性（单位为厘米）构成。这样，iris 数据集同时也是一个很好的分类数据集。所谓分类，就是给一个输入记录，通过合适的训练，将它归于某一个分类。

3.4.2　操作方法

先载入必需的库，并获取 iris 数据。

```
# 加载库
from sklearn.datasets import load_iris
import numpy as np
import matplotlib.pyplot as plt
import itertools

# 1. 装载 Iris 数据集
data = load_iris()
x = data['data']
y = data['target']col_names = data['feature_names']
```

接下来演示绘制散点图。

```
# 2.执行绘制一个简单的散点图过程
# 绘出 6 个图形，包括了以下几个列：花萼长度、花萼宽度、花瓣长度和花瓣宽度
plt.close('all')
plt.figure(1)
```

```
# 绘制一个 3 行 2 列的图, 3 和 2 在下面的变量中体现
subplot_start = 321
col_numbers = range(0,4)
#给图形添加标签
col_pairs = itertools.combinations(col_numbers,2)
plt.subplots_adjust(wspace = 0.5)

for col_pair in col_pairs:
    plt.subplot(subplot_start)
    plt.scatter(x[:,col_pair[0]],x[:,col_pair[1]],c=y)
    plt.xlabel(col_names[col_pair[0]])
    plt.ylabel(col_names[col_pair[1]])
    subplot_start+=1plt.show()
```

3.4.3 工作原理

scikit 库提供了 load_iris() 函数方便地装载 iris 数据集，在第 1 步中我们就用它把数据加载到变量——字典对象 data 中。对 data 和目标键，我们可以检索出记录和类的标签，请看 x 和 y 的值，如下所示。

```
>>> x.shape
(150, 4)
>>> y.shape
(150,)
>>>
```

如你所见，x 是一个 150 行 4 列的矩阵，y 则是一个长度为 150 的向量。我们也可以使用 feature_names 关键字检索字典 data 的列名，如下所示。

```
>>> data['feature_names']

['sepal length (cm)', 'sepal width (cm)', 'petal length (cm)', 'petal
width (cm)']
>>>
```

第 2 步将绘制出 iris 的散点图。和之前的操作类似，我们可以用 subplot 在一个图像中绘出多个图形：调用 itertools.Combination 得到列的两两组合。

```
col_pairs = itertools.combinations(col_numbers,2)
```

反复调用 col_pairs 可以得到列的两两组合，并绘出每个散点图，代码如下。

```
plt.scatter(x[:,col_pair[0]],x[:,col_pair[1]],c=y)
```

传递 c 参数可以为点设置颜色。本例中我们传的是变量 y（类标签），因此，不同类别的鸢尾属花的点颜色各不相同。

生成的图如图 3-6 所示。

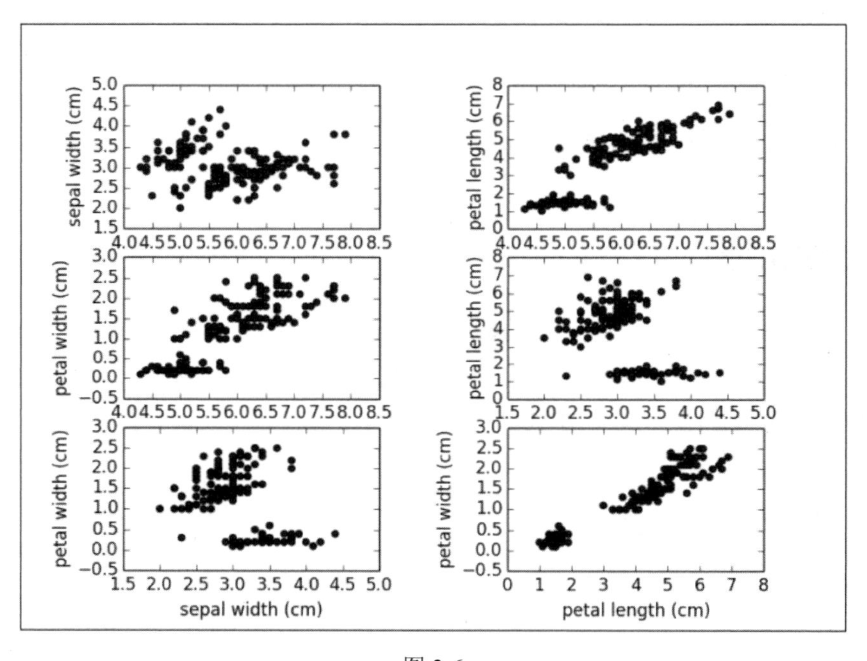

图 3-6

如你所见，我们绘出了列的两两组合，用不同颜色表示不同的类标签。请看左下角的图形：花瓣长度和花瓣宽度组合情况下，不同的数值范围点属于不同的类别。这对于分类来说是一条清晰的线索，也就是说如果目前的问题是对花进行分类，那通过花瓣长度和宽度这两个变量进行筛选是很好的选择。

对于 iris 数据集，花瓣宽度和长度可以独立对记录里花的种类进行分类。

双变量散点图里出现的可观察特性可以帮助你快速完成特征选定流程。

3.4.4 参考资料

第 1 章“Python 在数据科学中的应用”中 1.10 节“使用可迭代对象”的相关内容。

第 1 章“Python 在数据科学中的应用”中 1.24 节“使用 itertools”的相关内容。

3.5 使用热图

热图是另一种有趣的可视化技术。在热图中，数据的形式是矩阵，数据的属性值范围用颜色渐变来表示。请访问以下维基百科的链接查看对热图的整体介绍。

http://en.wikipedia.org/wiki/Heat_map。

3.5.1 准备工作

我们继续使用 iris 数据集演示如何创建热图，并认识热图对这个数据集的不同应用方式。

本节中，我们探讨如何将整个数据集用热图表示出来，如何从图中对数据进行不同方位的解读。我们将从在 iris 数据集上绘制热图开始。

3.5.2 操作方法

先载入必需的库，获取 iris 数据，然后以数据的平均值为基准，对数据进行缩放。

```
# 加载库
from sklearn.datasets import load_iris
from sklearn.preprocessing import scale
import numpy as np
import matplotlib.pyplot as plt

# 1. 加载 iris 数据集
data = load_iris()
x = data['data']
y = data['target']
col_names = data['feature_names']

# 2. 根据平均值对数据进行缩放
x = scale(x,with_std=False)
x_ = x[1:26,]y_labels = range(1,26)
```

现在可以画出热图了。

```
# 3. 绘制热图
```

```
plt.close('all')

plt.figure(1)
fig,ax = plt.subplots()
ax.pcolor(x_,cmap=plt.cm.Greens,edgecolors='k')
ax.set_xticks(np.arange(0,x_.shape[1])+0.5)
ax.set_yticks(np.arange(0,x_.shape[0])+0.5)
ax.xaxis.tick_top()
ax.yaxis.tick_left()
ax.set_xticklabels(col_names,minor=False,fontsize=10)
ax.set_yticklabels(y_labels,minor=False,fontsize=10)
plt.show()
```

3.5.3 工作原理

和之前的几节一样，我们在第 1 步中加载了 iris 数据集，为清晰起见，采用字典对象 x 和 y 来存放它。第 2 步里，以数据的平均值为基准对数据进行缩放。

```
x = scale(x,with_std=False)
```

standard 参数被设置为 false 后，scale 函数取列的平均值作为数据标准化的基准。

对数据进行标准化的目的是使得每列数据的范围都包含在相同的范围内，一般是介于 0 到 1 之间。对于热图来说，数据的值处在同一区间十分重要，这样热图在可视化时才能用数据的值决定颜色渐变程度。

千万不要忘了将变量值缩放到一个同样的范围，没有合适的缩放，可能导致热图里的变量范围和比例过大，引起失真。

第 3 步里将绘制图形，在此之前，先要将数据分出一些子集。

```
x = x[1:26,]
col_names = data['feature_names']
y_labels = range(1,26)
```

如你所见，我们只取前 25 条记录，这样是为了让 y 轴上的标签可读。我们在 col_names 和 y_labels 中分别保存了 x 轴和 y 轴的标签，最后从 pyplot 包里调用 pcolor 函数绘出 iris 数据集的热图，同时对 pcolor 进行了一点处理让图更好看。

```
ax.set_xticks(np.arange(0,x.shape[1])+0.5)
ax.set_yticks(np.arange(0,x.shape[0])+0.5)
```

x 轴和 y 轴的提示形式是一致的。

```
ax.xaxis.tick_top()
```

x 轴的提示显示在图形的上方。

```
ax.yaxis.tick_left()
```

y 轴的提示显示在图形的左侧。

```
ax.set_xticklabels(col_names,minor=False,fontsize=10)
ax.set_yticklabels(y_labels,minor=False,fontsize=10)
```

最后传递标签数据。

输出的图如图 3-7 所示。

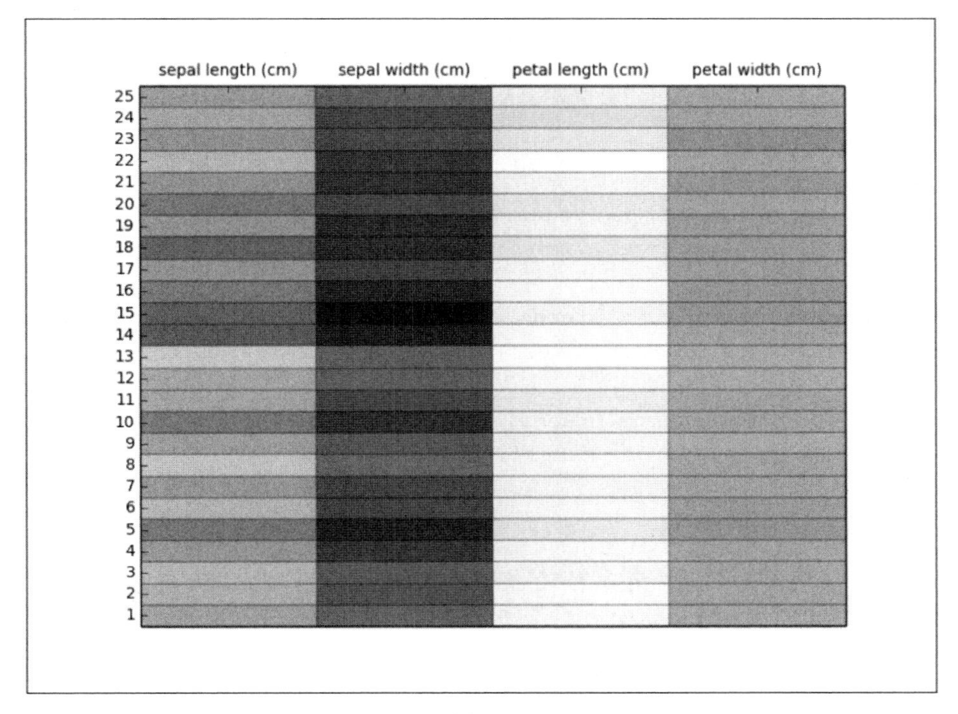

图 3-7

3.5.4 更多内容

热图的另一种有趣用法是将变量通过各自的类分离开来，例如，我们在 iris 数据集上为 3 种类别的花绘出 3 个不同的热图，代码如下。

```
x1 = x[0:50]
x2 = x[50:99]
x3 = x[100:149]

x1 = scale(x1,with_std=False)
x2 = scale(x2,with_std=False)
x3 = scale(x3,with_std=False)

plt.close('all')
plt.figure(2)
fig,(ax1, ax2, ax3) = plt.subplots(3, sharex=True, sharey=True)
y_labels = range(1,51)

ax1.set_xticks(np.arange(0,x.shape[1])+0.5)
ax1.set_yticks(np.arange(0,50,10))

ax1.xaxis.tick_bottom()
ax1.set_xticklabels(col_names,minor=False,fontsize=2)

ax1.pcolor(x1,cmap=plt.cm.Greens,edgecolors='k')
ax1.set_title(data['target_names'][0])

ax2.pcolor(x2,cmap=plt.cm.Greens,edgecolors='k')
ax2.set_title(data['target_names'][1])

ax3.pcolor(x3,cmap=plt.cm.Greens,edgecolors='k')
ax3.set_title(data['target_names'][2])plt.show()
```

输出的图如图 3-8 所示。

前 50 条记录属于山鸢尾，第 2 个 50 条是维吉尼亚鸢尾，最后 50 条则是变色鸢尾，我们将分别绘出以上 3 个类别的热图。

单元格里填充的是记录的真实数据，你会发现山鸢尾的花瓣宽度有明显的变化，而维吉尼亚鸢尾和变色鸢尾则没有。

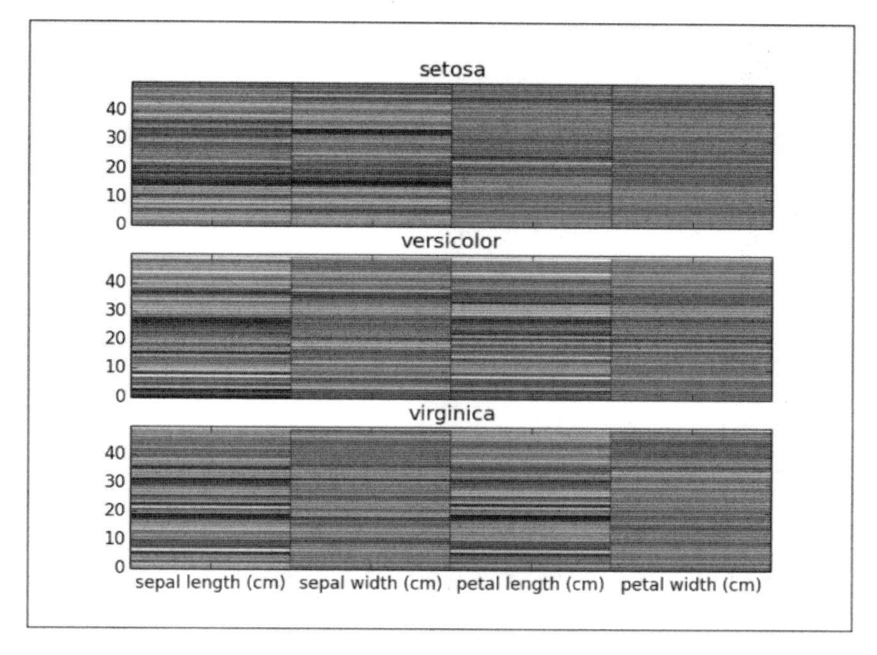

图 3-8

3.5.5 参考资料

第 3 章“数据分析——探索和争鸣”中 3.10 节“缩放数据”的相关内容。

3.6 实施概要统计及绘图

概要统计的主要目的是为了能更好地理解数据的位置和分布。我们关注的是平均值、中位数和标准差等，这些数都很容易进行计算。不过，如果数据不是单峰而是多峰分布的，这些数字就没那么好用了。

如果给定的数据是单峰分布的，平均值可以指明数据的位置，标准差指明差异分布，这都是很有价值的指标。

3.6.1 准备工作

本节使用 iris 数据集来进行一些概要统计，不过不给出完整的程序来获得单一的输出，我们用不同的步骤来演示不同统计指标的应用。

3.6.2 操作方法

先载入必需的库，然后加载 iris 数据。

```
# 加载库
from sklearn.datasets import load_iris
import numpy as np
from scipy.stats import trim_mean

# 加载 iris 数据集
data = load_iris()
x = data['data']
y = data['target']col_names = data['feature_names']
```

下面演示如何计算平均值、截尾均值和幅度值。

```
# 1.计算并打印 iris 数据集每一列数据的平均值
print "col name,mean value"
for i,col_name in enumerate(col_names):
    print "%s,%0.2f"%(col_name,np.mean(x[:,i]))
print

# 2.计算截尾均值
p = 0.1 # 10%截尾均值
print
print "col name,trimmed mean value"
for i,col_name in enumerate(col_names):
    print "%s,%0.2f"%(col_name,trim_mean(x[:,i],p))
print

# 3.数据离差，计算并显示幅度值
print "col_names,max,min,range"
for i,col_name in enumerate(col_names):
print "%s,%0.2f,%0.2f,%0.2f"%(col_name,max(x[:,i]),min(x[:,i]),max\
(x[:,i])-min(x[:,i]))
print
```

最后，计算方差、标准差、平均绝对离差和绝对中位差等。

```
# 4.数据离差、方差和标准差
print "col_names,variance,std-dev"
for i,col_name in enumerate(col_names):
```

```
    print "%s,%0.2f,%0.2f"%(col_name,np.var(x[:,i]),np.std(x[:,i]))
print

# 5.计算平均绝对离差
def mad(x,axis=None):
    mean = np.mean(x,axis=axis)
    return np.sum(np.abs(x-mean))/(1.0 * len(x))

print "col_names,mad"
for i,col_name in enumerate(col_names):
    print "%s,%0.2f"%(col_name,mad(x[:,i]))
print

# 6.计算绝对中位差
def mdad(x,axis=None):
    median = np.median(x,axis=axis)
    return np.median(np.abs(x-median))

print "col_names,median,median abs dev,inter quartile range"
for i,col_name in enumerate(col_names):
    iqr = np.percentile(x[:,i],75) - np.percentile(x[i,:],25)
    print "%s,%0.2f,%0.2f,%0.2f"%(col_name,np.median(x[:,i]),\
mdad(x[:,i]),iqr)
print
```

3.6.3 工作原理

我们认为读者已经从前面章节学会了如何加载 iris 数据集，就不再赘述。现在把数据集中所有鸢尾花实例的 4 个列的记录全都装载到变量 x 里。

第 1 步中我们使用 NumPy 的 mean 函数打印输出了 iris 数据集每列的平均值，输出语句和结果如图 3-9 所示。

```
col name,mean value
sepal length (cm),5.84
sepal width (cm),3.05
petal length (cm),3.76
petal width (cm),1.20
```

图 3-9

如你所见，每列的平均值都算好了，计算代码如下所示。

```
np.mean(x[:,i])
```

我们在循环体中传递了所有的行和列，这样求出按列的平均值。

截尾均值是另一种有趣的指标，它有自己的特长，10%截尾均值就是将数据中最大的 10%和最小的 10%排除后，计算剩下 80%数据的算术平均值。

相对于普通的平均值，截尾均值对异常点不敏感。

scipy 提供了截尾均值函数，我们在第 2 步中演示了它的用法，输出结果如图 3-10 所示。

iris 数据集看起来差异不大，而在现实生活的数据集里，截尾均值有利于描绘出数据更真实的位置。

到目前为止，我们了解了数据的位置，以及平均值和截尾均值是推断它的良好指标。另一个重要的方面是关于数据的分布，其中一个指标就是幅度，其定义如下：给定一些值 x，幅度就是 x 中的最大值减去 x 中的最小值。第 3 步中我们计算并打印输出了幅度值，如图 3-11 所示。

```
col name,trimmed mean value
sepal length (cm),5.81
sepal width (cm),3.04
petal length (cm),3.76
petal width (cm),1.18
```

图 3-10

```
col_names,max,min,range
sepal length (cm),7.90,4.30,3.60
sepal width (cm),4.40,2.00,2.40
petal length (cm),6.90,1.00,5.90
petal width (cm),2.50,0.10,2.40
```

图 3-11

如果数据点都落在很窄的范围里，也即大多数点都簇拥在某个值附近，只有一些值超越这些范围，这种情形下的幅度值可能就容易让人产生误解。

当数据点都落在很窄的范围里，并簇拥在某个值附近的时候，方差常常被用来衡量数据的离差/展布。方差是各个数据分别与其平均数之差的平方的和的平均数。第 4 步中我们介绍了方差的计算。

在前面的代码中，除了方差，我们还提及了标准差。方差是平方差，和原数据不是相同的衡量维度，而标准差是方差的平方根，这样它就回到原数据的衡量维度上了。请看图 3-12 所示打印方差和标准差的语句输出结果。

```
col_names,variance,std-dev
sepal length (cm),0.68,0.83
sepal width (cm),0.19,0.43
petal length (cm),3.09,1.76
petal width (cm),0.58,0.76
```

图 3-12

前面提到过，平均值对异常点是很敏感的，方差也使用了平均值，因此和平均值一样对此类情况有相同的倾向。为了避免这个缺陷，我们可以使用其他的指标，其中一种是绝对平均离差，它不再对各个数据与平均值的差进行平方后除以总数，而是对各个数据与平均值的差求绝对值，然后再除以样本总数。第 5 步中，我们定义了这个函数。

```
def mad(x,axis=None):
mean = np.mean(x,axis=axis)
return np.sum(np.abs(x-mean))/(1.0 * len(x))
```

如你所见，这个函数返回的是各个数据与平均值的差的绝对值差。输出结果如图 3-13 所示。

```
col_names,mad
sepal length (cm),0.69
sepal width (cm),0.33
petal length (cm),1.56
petal width (cm),0.66
```

图 3-13

即使数据中有很多异常点，还是有很多其他方便的指标可用，如中位数和百分位数。我们在之前的小节讲解“为单变量数据绘制图形”的时候中已介绍过百分位数。中位数的传统定义是从数据集中找到一个处于中间的数值，这样数据集中一半的数据点比它大，而另一半比它小。

百分位数是中位数概念的一般化扩展，第 50 百分位数就是传统的中位数。

我们在前面的小节里见过了第 25 和第 75 百分位数。第 25 百分位数意味着数据集里 25%的数据点的值比它小。

```
>>>
>>> a = [8,9,10,11]
>>> np.median(a)
9.5
>>> np.percentile(a,50)
9.5
```

中位数是一个对于数据分布的位置的度量指标，使用百分位数，我们也能获得一种数据分布的度量指标：四分位差，它是第 75 百分位到第 25 百分位的距离。类似于之前提到的平均绝对离差，也有中位绝对离差。

第 6 步中对四分位差和中位绝对离差进行计算，我们定义下面的函数来计算中位绝对离差。

```
def mdad(x,axis=None):
median = np.median(x,axis=axis)
return np.median(np.abs(x-median))
```

输出结果如图 3-14 所示。

```
col_names,median,median abs dev,inter quartile range
sepal length (cm),5.80,0.70,5.30
sepal width (cm),3.00,0.25,2.20
petal length (cm),4.35,1.25,4.07
petal width (cm),1.30,0.70,0.62
```

图 3-14

3.6.4 参考资料

第 3 章“数据分析——探索和争鸣”中 3.3 节“数据分组和使用点阵图”的相关内容。

3.7 使用箱须图

在概要统计里，箱须图是一种好用的查看统计信息的工具，它能高效地表达出数据的千分数位，如果数据中有异常点，它也能通过展示数据的整体结构将其显现出来。箱须图具有以下特点。

- 标出水平的中位线，指明数据的位置。
- 箱体扩展到四分位范围，用来衡量数据的分布。
- 一系列的虚线从中间的箱体或横或纵伸展，表明数据的尾部分布。

3.7.1 准备工作

我们在 iris 数据集上应用箱须图。

3.7.2 操作方法

从载入所需的库开始，然后加载 irir 数据集。

```
# 加载库
from sklearn.datasets import load_iris
import matplotlib.pyplot as plt

# 加载 Iris 数据集
data = load_iris()
x = data['data']
plt.close('all')
```

下面演示如何创建一个箱须图。

```
# 绘制箱须图
fig = plt.figure(1)
ax = fig.add_subplot(111)
ax.boxplot(x)
ax.set_xticklabels(data['feature_names'])
plt.show()
```

3.7.3 工作原理

上面的代码直接了当，载入 iris 数据集到 x 中，然后传递 x 给 pyplot 里的 boxplot 函数。你已知道，x 中有 4 个列，绘制出来的箱须图如图 3-15 所示。

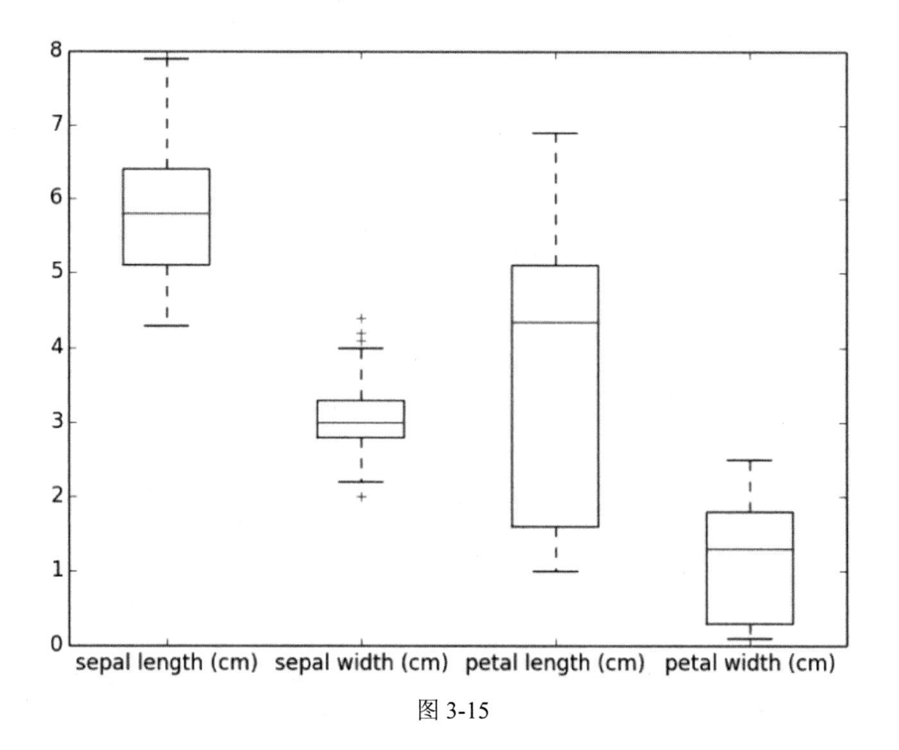

图 3-15

箱须图在一个图形里将全部 4 个列的数据的位置和分布都清晰地展示出来了。

红色的水平线表示中位数，指明了数据的位置。你会注意到花萼长度的中位数明显大于其他列的中位数。

对于所有的 4 个变量，箱体均扩展到四分位范围，表明了数据的分布。

你会看到一系列的虚线从中间的箱体或横或纵伸展，表明数据的尾部分布，那些虚线显示了数据的极值。

3.7.4 更多内容

如果能看到数据在不同的类别标签下如何分布的情况，那是很有趣的。和在散点图一节中所做的类似，我们来展示如何在多个类别标签间绘制箱须图，代码如下。

```
y=data['target']
class_labels = data['target_names']

fig = plt.figure(2,figsize=(18,10))
sub_plt_count = 321
for t in range(0,3):
    ax = fig.add_subplot(sub_plt_count)
    y_index = np.where(y==t)[0]
    x_ = x[y_index,:]
    ax.boxplot(x_)
    ax.set_title(class_labels[t])
    ax.set_xticklabels(data['feature_names'])
    sub_plt_count+=1
plt.show()
```

下面的图 3-16 展示出我们给每个类别分别绘制了一个箱须图。

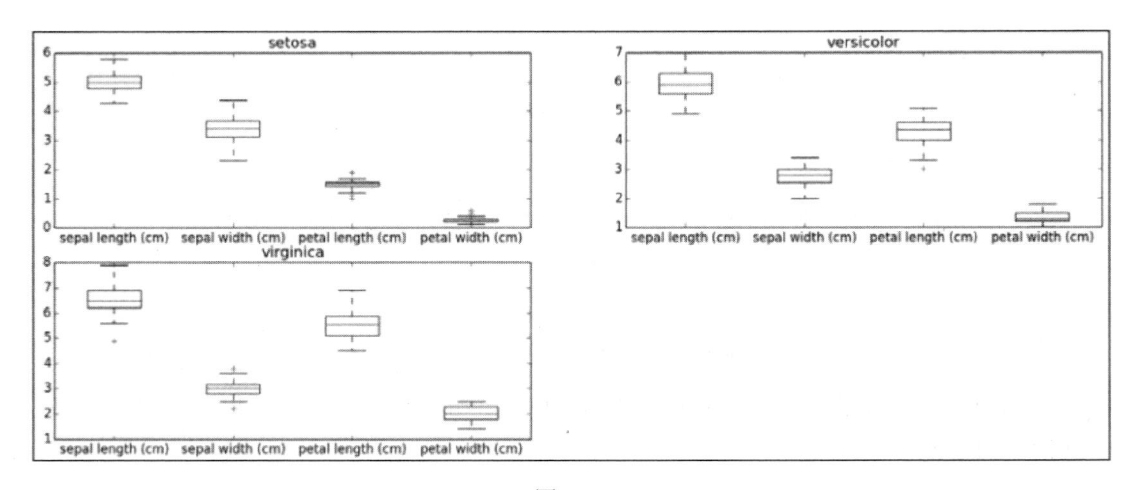

图 3-16

3.8 修补数据

现实场景里常常碰到数据不完整或者数据丢失的情况，我们需要一种处理不完整数据的策略。这种策略是程序化的，可以直接应用到单独的数据上，如果数据中带有类别标签，也可以结合类别标签进行处理。

3.8.1 准备工作

我们先来看如何在没有类别标签的情形下修补数据。

一种简单的技术就是直接忽略丢失的数据，从而避免修正数据的高昂代价。不过，这只能针对数据量足够丰富的情况，这种情况并不是很常见。如果数据集里的数据缺失量很小，所占的百分比很低的话，我们可以忽略掉它们。一般来说，不能仅仅将一个变量的一个值忽略，必须将包含这个变量的元组整个忽略不计。如果要这样做，我们得非常慎重，因为元组里的其他属性可能对于任务目标十分重要。

一种更好的处理丢失数据的办法是对它进行拟合。当前的拟合过程可以针对数据本身，也可以结合类别标签进行。对于变量是连续值的场景，平均值、中位数或者最常见的的数值都可以被用来替代丢失的数据。Scikit-learn 在 preprocessing 模块里提供了 Imputer()函数来处理丢失的数据。我们接着来看进行数据修补的示例，为了更好地理解修补技术，我们故意在 iris 数据集里制造了一些丢失的值。

3.8.2 操作方法

从载入所需的库开始，然后加载 irir 数据集，并制造一些随机的数据值丢失。

我们来创建一个简单的迭代器，叫作“简单计数器”，用如下代码演示怎样高效地使用迭代器。

```
# 加载库
from sklearn.datasets import load_iris
from sklearn.preprocessing import Imputer
import numpy as np
import numpy.ma as ma

# 1.加载 Iris 数据集
data = load_iris()
```

```
x = data['data']
y = data['target']

# 制作一份原始的 x 的副本
x_t = x.copy()

# 2.在第 2 行里制造一些丢失的值
x_t[2,:] = np.repeat(0,x.shape[1])
```

现在进行数据修补操作。

```
# 3.现在创建一个 imputer 对象，采用平均值策略
# 例如，在丢失数据的列中，用平均值填到丢失数据的位置上
imputer = Imputer(missing_values=0,strategy="mean")
x_imputed = imputer.fit_transform(x_t)

mask = np.zeros_like(x_t)
mask[2,:] = 1
x_t_m = ma.masked_array(x_t,mask)

print np.mean(x_t_m,axis=0)print x_imputed[2,:]
```

3.8.3 工作原理

第 1 步是将 iris 数据集加载到内存中，第 2 步是制造一些丢失的数据，本例中是将第 3 行中所有列的值设为 0。

第 3 步里，我们使用 imputer 对象来处理丢失的数据。

```
imputer = Imputer(missing_values=0,strategy="mean")
```

如你所见，我们需要两个参数，missing_value 用来指出哪些是丢失的数据，strategy 则是如何修补丢失的数据的策略，Imputer 对象提供以下 3 种策略。

- 平均值。
- 中位数。
- 最常用的值。

使用平均值策略，值为 0 的单元格会被所属的列的平均值替换，中位数策略则使用中位数。而最常用的值策略，顾名思义，就是用这列中出现次数最多的值来替换 0 值。根据

应用程序的上下文，我们可以使用其中的一种策略来执行。

x[2,:]的最初的值如下所示。

```
>>> x[2,:]
array([ 4.7,  3.2,  1.3,  0.2])
```

我们把它在所有的列中的值都改为 0，然后采用 imputer 的平均值策略。

查看修补结果之前，我们先计算出所有列的平均值。

```
import numpy.ma as ma
mask = np.zeros_like(x_t)
mask[2,:] = 1
x_t_m = ma.masked_array(x_t,mask)

print np.mean(x_t_m,axis=0)
```

输出结果如下所示。

```
[5.851006711409397 3.053020134228189 3.7751677852349017
1.2053691275167793]
```

现在看看编号为 2 的行在修补之后的输出结果。

```
print x_imputed[2,:]
```

输出结果如下所示。

```
[ 5.85100671  3.05302013  3.77516779  1.20536913]
```

如你所见，imputer 把那些丢失的值用各自列的平均值进行了替换。

3.8.4 更多内容

之前讨论过，我们可以在修补过程中结合类别标签，然后用平均值或者中位数进行拟合。

```
# 基于类别标签进行修补
missing_y = y[2]
x_missing = np.where(y==missing_y)[0]
y = data['target']
# 平均值策略
```

```
print np.mean(x[x_missing,:],axis=0)
# 中位数策略
print np.median(x[x_missing,:],axis=0)
```

并非使用整个数据集中的平均值或中位数，我们使用的是在丢失数据的元组所在类的子集中计算出来的值。

```
missing_y = y[2]
```

我们在第 3 条记录中制造了丢失数据，我们把关联于这条记录的类别标签保存到 missing_y 变量中。

```
x_missing = np.where(y==missing_y)[0]
```

现在，我们可以使用具有相同类别标签的元组中的数据了。

```
# 平均值策略
print np.mean(x[x_missing,:],axis=0)
# 中位数策略
print np.median(x[x_missing,:],axis=0)
```

现在我们可以把丢失数据的元组里的数据用与它类别标签相同的所有元组的平均值或中位数进行替换了。

在这次数据修补过程中，我们采用的是子集中的平均值/中位数。

3.8.5 参考资料

第 3 章“数据分析——探索和争鸣”中 3.6 节“实施概要统计及绘图”的相关内容。

3.9 实施随机采样

这一节我们来讨论如何对数据进行随机采样。

3.9.1 准备工作

通常情况下，如果对整个数据集进行处理需要高昂的代价，那么应该对数据进行采样，即只提取整体的一部分来进行分析。采样也是 EDA 中的一种常用技术。所采的样本应该能够很好地代表整体数据集，具有和原数据基本一致的特征。例如，平均值就是一个重要的特征，样本的平均值必须和原数据的平均值尽量接近。实践中采样技术多种多样，我们只介绍其中的一种。

在进行简单的随机采样时，任何元组被选中的几率是相同的。本节中，我们将从 iris 数据集中随机采样 10 条记录。

3.9.2 操作方法

我们从载入所需的库开始，然后加载 irir 数据集。

```
# 加载库
from sklearn.datasets import load_iris
import numpy as np
# 1.加载 iris 数据集
data = load_iris()
x = data['data']
```

现在演示如何执行采样操作。

```
# 2.从加载的数据集里随机采样 10 条记录
no_records = 10
x_sample_indx = np.random.choice(range(x.shape[0]),no_records)
print x[x_sample_indx,:]
```

3.9.3 工作原理

第 1 步中加载了 iris 数据集。第 2 步里，我们使用 `Numpy.random` 里的 `choice` 函数进行了随机选择。

我们传递给 `choice` 函数两个参数，一个是范围变量，指出从原始数据集中进行抽取的记录行范围；另一个则是所需的样本大小。指定范围在 0 到原始数据集的总行数之间，`choice` 函数将随机选择整数 n 条记录——n 就是样本大小——本例中我们用 `no_records` 来指定。

还有一个重要的内容：`choice` 函数还有一个参数 `replace`，默认情况它被设置为 `True`，它指定采样带替换或者不带替换。采样不带替换时，被采样的项目会被从原始数据集中删除，这样它不会再被其他的采样程序选中。而带替换的采样与之相反，数据这次被采样后，在其他程序进行采样时仍然有同样的机会被再次选中。

3.9.4 更多内容

1. 分层采样

如果数据集由不同的组构成，简单的随机采样可能无法获取合适的样本来代表整个数据集。例如，在一个两类分类问题中，10%的数据是正数，90%的数据是负数。这种问题在机器学习中被称为非平衡类问题。在非平衡的数据集中采样，样本必须能反映出数据原来的分类百分比。这种采样就是分层抽样，我们会在后续的机器学习一节中详细介绍。

2. 渐进采样

给定一个要解决的问题，我们如何决定正确的样本大小？之前讨论了一些采样技术，但我们都没有谈及选择合适的样本大小的策略，这个问题其实并没有一个简单的答案。一个解决的方法是采用渐进采样：先定一个采样大小，然后用任意的采样技术抽取样本，对样本进行操作，然后记录下结果。接着，增大采样大小，重复上面的步骤。这个重复的过程就称为渐进采样。

3.10 缩放数据

这一节我们来讨论如何对数据进行缩放。

3.10.1 准备工作

缩放是一种非常重要的数据转换手段。一般来说，对数据集进行缩放之后，我们能够控制数值的范围，这样数据类型可以匹配。数据集里有多个列的时候，数值较大的列对于其他列更有优势，因此我们必须对数据进行缩放以避免这种干扰。

假定我们正在对比两个软件产品，一个比较标准是特性的数量，另一个则是代码行数。代码行数之间的差距要远远超过两者的特性数量差，所以本例中的比较结果会被代码行数所主导。如果我们选择其他类似的比较标准，它们之间的相同或者相异仍然被代码行数所掩盖。为了避免出现这样的情况，我们必须采取数据缩放。最简单的一种方法就是最小最大缩放，我们在一个随机生成的数据集上来应用这种方法。

3.10.2 操作方法

我们生成一些随机数据用来测试缩放功能。

```
# 加载必需的库
import numpy as np
# 1.生成一些随机数据用来缩放
np.random.seed(10)
x = [np.random.randint(10,25)*1.0 for i in range(10)]
```

现在演示如何进行缩放。

```
# 2.定义一个函数，它可以对给定的一个数值列表进行最小最大缩放
def min_max(x):
    return [round((xx-min(x))/(1.0*(max(x)-min(x))),2) for xx in x]

# 3.对给定的输入列表数据进行缩放。
print x
print min_max(x)
```

3.10.3 工作原理

在第 1 步中，我们创建了一个随机数值的列表，元素值介于 10 到 25 之间。第 2 步中，我们定义了一个函数来执行对给定的输入进行最小最大缩放，定义如下。

```
x_scaled = (x-min(x))/ (max(x)-min (x))
```

第 2 步里的函数就是用来完成上面的任务。

缩放后，原来给定的输入值的范围变化了，经过变换，数值将分布在[0,1]区间内。

第 3 步中，我们先打印出原来的输入列表，结果如下。

```
[19, 23, 14, 10, 11, 21, 22, 19, 23, 10]
```

把这个列表传递给 min_max 函数，得到缩放后的输出，结果如下。

```
[0.69, 1.0, 0.31, 0.0, 0.08, 0.85, 0.92, 0.69, 1.0, 0.0]
```

请看缩放的过程：10 原来是最小的数，现在被定为 0.0；23 原来是最大的数，现在被定为 1.0。这样，我们就将数值分布缩放到[0,1]区间内。

3.10.4 更多内容

scikit-learn 的 MinMaxScaler 函数提供了相同的功能。

```
from sklearn.preprocessing import MinMaxScaler
import numpy as np

np.random.seed(10)
x = np.matrix([np.random.randint(10,25)*1.0 for i in range(10)])
x = x.T
minmax = MinMaxScaler(feature_range=(0.0,1.0))
print x
x_t = minmax.fit_transform(x)
print x_t
```

输出结果如下。

```
[19.0, 23.0, 14.0, 10.0, 11.0, 21.0, 22.0, 19.0, 23.0, 10.0]
[0.69, 1.0, 0.31, 0.0, 0.08, 0.85, 0.92, 0.69, 1.0, 0.0]
```

示例中的数据被缩放到了(0,1)区间，实际上这个区间可以被扩展到任意范围。假如我们定义新的区间范围为 nr_min 到 nr_max，那 min_max 的公式得做如下修改。

```
x_scaled = (x-min(x))/ (max(x)-min(x)) * (nr_max- nr_min) + nr_min
```

Python 的代码如下。

```
import numpy as np

np.random.seed(10)
x = [np.random.randint(10,25)*1.0 for i in range(10)]

def min_max_range(x,range_values):
    return [round( ((xx-min(x))/(1.0*(max(x)-min(x))))*(range_\
values[1]-range_values[0]) + range_values[0],2) for xx in x]

print min_max_range(x,(100,200))
```

range_values 是一个由两个元素组成的元组，第 0 个元素是新区间下限，第 1 个则是新区间的上限。调用这个函数处理输入的列表，生成的结果如下所示。

```
print min_max_range(x,(100,200))

[169.23, 200.0, 130.77, 100.0, 107.69, 184.62, 192.31, 169.23, 200.0,100.0]
```

最小值 10 现在被扩大到 100，最大值 23 则被扩大到 200。

3.11 数据标准化

数据标准化将输入的数值转换为平均值为 0，标准差为 1 的形式。

3.11.1 准备工作

如果给定一个向量 X，采用下面的等式可以将它转换为平均值为 0，标准差为 1 的形式。

标准化的 X=x-mean(value)/ standard deviation (X)

我们来看看如何在 Python 中实现这个功能。

3.11.2 操作方法

从载入所需的库开始，然后生成一些输入数据。

```
# 加载库
import numpy as np
from sklearn.preprocessing import scale

# 生成输入数据
np.random.seed(10)
x = [np.random.randint(10,25)*1.0 for i in range(10)]
```

现在演示如何进行标准化。

```
x_centered = scale(x,with_mean=True,with_std=False)
x_standard = scale(x,with_mean=True,with_std=True)

print x
print x_centered
print x_standard
print "Orginal x mean = %0.2f, Centered x mean = %0.2f, Std dev of \
        standard x =%0.2f"%(np.mean(x),np.mean(x_centered),np.std(x_\
standard))
```

3.11.3 工作原理

我们用 np.random 生成一些随机数据。

```
x = [np.random.randint(10,25)*1.0 for i in range(10)]
```

使用 scikit-learn 的 scale 函数执行标准化操作。

```
x_centered = scale(x,with_mean=True,with_std=False)
x_standard = scale(x,with_mean=True,with_std=True)
```

x_centered 只使用平均值进行缩放，你会注意到 with_mean 参数被设置为 True，with_std 被设置为 False。

x_standard 则使用平均值和标准差两者来对数据进行标准化。

我们来看看输出的结果。

先看看原始的数据。

```
[19.0, 23.0, 14.0, 10.0, 11.0, 21.0, 22.0, 19.0, 23.0, 10.0]
```

接着，我们打印 x_centered，它只使用了平均值。

```
[ 1.8 5.8 -3.2 -7.2 -6.2 3.8 4.8 1.8 5.8 -7.2]
```

最后，我们打印 x_standardized，它同时使用平均值和标准差。

```
[  0.35059022  1.12967961  -0.62327151  -1.4023609  -1.20758855  0.74013492
0.93490726 0.35059022 1.12967961 -1.4023609 ]
```

初始的 x 平均值为 17.20，标准化之后的 x 的平均值为 0.00，标准化差为 1.00。

3.11.4 更多内容

标准化也可以被推广到任意的基准和分布，公式如下。
标准化的 value=(value-level)/spread

把上面的公式分成两个部分：分子部分，被称为中心化，而整个公式称为标准化。使用平均值，中心在回归过程中扮演了一个非常重要的角色。如果一个数据集有两个属性：重量和高度，我们可以将数据中心化，使得自变量重量的平均值变成 0，这样让截距的概念容易理解：截距可以被理解为在自变量的值趋近于它们的平均值时的期望高度。

3.12 实施分词化

给定一些文本数据，首先要做的是将文本进行分词化，以满足需要解决的问题的格式要求。分词化是一个比较宽泛的概念，我们可以把文本分词化成以下几个级别的粒度。

- 段落级别。
- 语句级别。
- 词级别。

本节中，我们会讨论语句级别和词级别的分词化。它们的方法相类似，也很容易移植到段落级别或者目标任务所需要的其他粒度级别上。

3.12.1 准备工作

本节中，我们来看看如何执行语句级别和词级别的分词化操作。

3.12.2 操作方法

我们先演示语句级别的分词化。

```
# 加载所需的库
from nltk.tokenize import sent_tokenize
from nltk.tokenize import word_tokenize
from collections import defaultdict

# 1.用一个简单的文本来演示语句级别和词级别的分词化操作
# 这个例子在第 1 章中关于字典的小节中出现过，不同的是加入了一些标点

sentence = "Peter Piper picked a peck of pickled peppers. A peck of \
pickled peppers, Peter Piper picked !!! If Peter Piper picked a peck of \
pickled peppers, Wheres the peck of pickled peppers Peter Piper picked ?"

# 2.使用 nltk 的语句级别分词器，我们将给定的文本分词化成多个句子
```

```
# 同时用 print 语句输出结果进行检验

sent_list = sent_tokenize(sentence)

print "No sentences = %d"%(len(sent_list))
print "Sentences"
for sent in sent_list: print sent

# 3.获取了句子之后，我们接着从它们中抽取词
word_dict = defaultdict(list)
for i,sent in enumerate(sent_list):
    word_dict[i].extend(word_tokenize(sent))

print word_dict
```

快速浏览一下 NLTK 如何实施语句级别的分词化，代码如下。

```
def sent_tokenize(text, language='english'):
    """
    Return a sentence-tokenized copy of *text*,
    using NLTK's recommended sentence tokenizer
    (currently :class:'.PunktSentenceTokenizer'
    for the specified language).

    :param text: text to split into sentences
    :param language: the model name in the Punkt corpus
    """
    tokenizer = load('tokenizers/punkt/{0}.pickle'.format(language))
    return tokenizer.tokenize(text)
```

3.12.3　工作原理

第 1 步中，我们把带有段落标识的语句进行初始化，它和第 1 章中与字典相关的小节里的示例文本是一样的。第 2 步中，我们用 nltk 的 sent_tokenize 函数从给定的文本中抽取句子。请访问以下链接查看 nltk 的 sent_tokenize 函数的源代码。

http://www.nltk.org/api/nltk.tokenize.html#nltk.tokenize.sent_tokenize。

如你所见，sent_tokenize 加载了一个预置的分词化模型，通过这个模型把给定的文本分词化并返回输出结果。这个分词化模型是 nltk.tokenize.punkt 模块中 PunktSentenceTokenizer 的实例。包里还针对不同的语言预先训练了多种分词器实例。本例中你可以将语言参数设置为英语。

这一步的输出的结果如下。

```
No sentences = 3
Sentences
Peter Piper picked a peck of pickled peppers.
A peck of pickled            peppers, Peter Piper picked !!!
If Peter Piper picked a peck of pickled            peppers, Wheres
the peck of pickled peppers Peter Piper picked ?
```

如你所见，语句级分词器将输入的文本分成了 3 个句子。继续第 3 步，这些句子被继续分词化成词。我们使用的是 word_tokenize 函数，将每个句子中的词抽取出来并保存到一个字典中，这个字典的键是句子的编号，值则是这个句子里的词的列表。打印语句的输出结果如下所示。

```
defaultdict(<type 'list'>, {0: ['Peter', 'Piper', 'picked', 'a',
'peck', 'of', 'pickled', 'peppers', '.'], 1: ['A', 'peck', 'of',
'pickled', 'peppers', ',', 'Peter', 'Piper', 'picked', '!', '!', '!'],
2: ['If', 'Peter', 'Piper', 'picked', 'a', 'peck', 'of', 'pickled',
'peppers', ',', 'Wheres', 'the', 'peck', 'of', 'pickled', 'peppers',
'Peter', 'Piper', 'picked', '?']})
```

word_tokenize 函数使用了正则表达式来将句子分解为词。要加深理解，请访问以下链接查看 word_tokenize 的源代码。

http://www.nltk.org/_modules/nltk/tokenize/punkt.html#PunktLanguageVars.word_tokenize。

3.12.4 更多内容

我们介绍使用 NLTK 进行语句级别的分词化，还有一些其他的方法可以使用：nltk.tokenize.simple 模块提供了 line_tokenize 方法。我们用它来处理之前同样的语句。

```
# 加载所需的库
from nltk.tokenize import line_tokenize

sentence = "Peter Piper picked a peck of pickled peppers. A peck of \
pickled peppers, Peter Piper picked !!! If Peter Piper picked a peck of \
pickled peppers, Wheres the peck of pickled peppers Peter Piper picked ?"

sent_list = line_tokenize(sentence)
print "No sentences = %d"%(len(sent_list))
```

```
print "Sentences"
for sent in sent_list: print sent

# 加入了新的行特征
sentence = "Peter Piper picked a peck of pickled peppers. A peck of \
pickled\n peppers, Peter Piper picked !!! If Peter Piper picked a peck of \
pickled\n peppers, Wheres the peck of pickled peppers Peter Piper picked ?"

sent_list = line_tokenize(sentence)
print "No sentences = %d"%(len(sent_list))
print "Sentences"
for sent in sent_list: print sent
```

输出结果如下所示。

```
No sentences = 1
Sentences
Peter  Piper  picked  a  peck  of  pickled  peppers.  A  peck  of  pickled
peppers, Peter Piper picked !!! If Peter Piper picked a peck of
pickled             peppers, Wheres the peck of pickled peppers Peter
Piper picked ?
```

你会发现从输入中只返回了一个句子。

现在修改一下输入的文本以包含新的行特征。

```
sentence = "Peter Piper picked a peck of pickled peppers. A peck of \
pickled\n peppers, Peter Piper picked !!! If Peter Piper picked a peck of \
pickled\n peppers, Wheres the peck of pickled peppers Peter Piper picked ?"
```

增加了新的行特征后，我们再执行 `line_tokenize`，获得以下输出。

```
No sentences = 3
Sentences
Peter Piper picked a peck of pickled peppers. A peck of pickled
            peppers, Peter Piper picked !!! If Peter Piper picked a
peck of pickled
            peppers, Wheres the peck of pickled peppers Peter Piper
picked ?
```

你会发现我们新增的行被进行了分词化，现在返回的结果是 3 个句子。

NLTK 手册的第 3 章有更多的指南介绍语句级别和词级别的分词化，请访问以下链接。

http://www.nltk.org/book/ch03.html。

3.12.5 参考资料

第 1 章“Python 在数据科学中的应用”中 1.2 节“使用字典对象”的相关内容。

第 1 章“Python 在数据科学中的应用”中 1.6 节“写一个列表”的相关内容。

3.13 删除停用词

在文本处理过程中，我们更关注那些能帮助我们将给定的文本和语料中的其他文本区别开来的词和短语，它们可以被称为关键短语。所有的文本挖掘应用都必须找出文本中的关键短语，一个信息检索应用也需要找出关键短语来优化检索、评估检索结果，文本分类系统也需要关键短语来作为分类器所需的特征。

以下就是我们为什么要讨论停用词的原因。

“有时候，一些很常见的词在帮助选择文档匹配用户需求方面几乎毫无价值，它们必须从词表中彻底清除，这些词就称为停用词”——《信息检索入门》——Christopher D.Manning、Prabhakar Raghavan 和 Hinrich Schütze。

Python 的 NLTK 库提供了一个默认的停用词语料给我们使用，内容如下。

```
>>> from nltk.corpus import stopwords
>>> stopwords.words('english')
[u'i', u'me', u'my', u'myself', u'we', u'our', u'ours', u'ourselves',
u'you', u'your', u'yours', u'yourself', u'yourselves', u'he',
u'him', u'his', u'himself', u'she', u'her', u'hers', u'herself',
u'it', u'its', u'itself', u'they', u'them', u'their', u'theirs',
u'themselves', u'what', u'which', u'who', u'whom', u'this', u'that',
u'these', u'those', u'am', u'is', u'are', u'was', u'were', u'be',
u'been', u'being', u'have', u'has', u'had', u'having', u'do', u'does',
u'did', u'doing', u'a', u'an', u'the', u'and', u'but', u'if', u'or',
u'because', u'as', u'until', u'while', u'of', u'at', u'by', u'for',
u'with', u'about', u'against', u'between', u'into', u'through',
u'during', u'before', u'after', u'above', u'below', u'to', u'from',
u'up', u'down', u'in', u'out', u'on', u'off', u'over', u'under',
u'again', u'further', u'then', u'once', u'here', u'there', u'when',
u'where', u'why', u'how', u'all', u'any', u'both', u'each', u'few',
```

```
u'more', u'most', u'other', u'some', u'such', u'no', u'nor', u'not',
u'only', u'own', u'same', u'so', u'than', u'too', u'very', u's', u't',
u'can', u'will', u'just', u'don', u'should', u'now']
>>>
```

你看到的就是英文中的常见停用词列表。

3.13.1 操作方法

先加载必需的库，然后生成输入的文本。

```
# 加载所需的库
from nltk.corpus import stopwords
from nltk.tokenize import word_tokenize
import string

text = "Text mining, also referred to as text data mining, roughly \
equivalent to text analytics,\
refers to the process of deriving high-quality information from text. \
High-quality information is \
typically derived through the devising of patterns and trends through \
means such as statistical \
pattern learning. Text mining usually involves the process of \
structuring the input text \
(usually parsing, along with the addition of some derived linguistic \
features and the removal \
of others, and subsequent insertion into a database), deriving \
patterns within the structured data, \
and finally evaluation and interpretation of the output. 'High \
quality' in text mining usually \
refers to some combination of relevance, novelty, and interestingness. \
Typical text mining tasks \
include text categorization, text clustering, concept/entity \
extraction, production of granular \
taxonomies, sentiment analysis, document summarization, and entity \
relation modeling \
(i.e., learning relations between named entities).Text analysis \
involves information retrieval, \
lexical analysis to study word frequency distributions, pattern \
recognition, tagging/annotation, \
information extraction, data mining techniques including link and \
association analysis, \
visualization, and predictive analytics. The overarching goal is, \
essentially, to turn text \
```

```
into data for analysis, via application of natural language processing \
(NLP) and analytical \
methods.A typical application is to scan a set of documents written in \
a natural language and \
either model the document set for predictive classification purposes \
or populate a database \
or search index with the information extracted."
```

现在演示删除停用词的处理过程。

```
words = word_tokenize(text)
# 1.获取nltk的英文停用词语料的列表
stop_words = stopwords.words('english')

print "Number of words = %d"%(len(words))
# 2.将停用词过滤掉
words = [w for w in words if w not in stop_words]
print "Number of words,without stop words = %d"%(len(words))

words = [w for w in words if w not in string.punctuation]
print "Number of words,without stop words and punctuations =
%d"%(len(words))
```

3.13.2 工作原理

第 1 步先从 nltk 里加载必需的库。为了得到英文的停用词列表，还得加载相应的语料。我们还得引用 nltk.tokenize 模块里的 word_tokenize 函数将输入的文本分词化成词的组合。

我们的输入文本来自维基百科里关于文本挖掘的介绍，请访问以下链接查看详情。

http://en.wikipedia.org/wiki/Text_mining。

最后使用 word_tokenize 函数将这些输入的文本进行分词化，所有分出来的词被保存在一个列表中。我们来打印输出这个词列表的长度。

```
Number of words = 259
```

列表中有 259 个词。

第 2 步中我们编译产生了一个叫作 stop_words 的英文停用词列表。这一步同时通过列表推导得到一个最终词列表，里面的词都不在之前生成的停用词列表中。这样，停用词就从输入文本中被清除掉了。我们来看看删除停用词后的词列表的输出信息。

```
Number of words,without stop words = 195
```

你会发现，64个词被从输入文本中清除掉了，它们都是停用词。

3.13.3 更多内容

停用词并不仅限于英文词，它是上下文相关的，依赖于应用的控制和你想怎样定制你的系统。理论上来说，如果我们对某些方面的字符没兴趣，那就可以把它列入停用词列表。请看下面的代码。

```
import string
words = [w for w in words if w not in string.punctuation]
print "Number of words,without stop words and punctuations = 
%d"%(len(words))
```

我们执行了另一个列表推导来删除掉文本中的标点，现在的输出结果如下所示。

```
Number of words, without stop words and punctuations = 156
```

记住：删除停用词表是上下文相关的，也基于应用的需求。如果你在移动端或者聊天室文本中进行语义分析应用，表情符是非常有用的信息，你不能删除掉它们，它们对于后续的机器学习应用是良好的特征属性。
一般而言，停用词出现在文档中的频率非常高，因此，如果有一些其他的词在你的语料中频频出现，根据上下文，你也可以将它们添加到停用词列表中。

3.13.4 参考资料

第3章“数据分析——探索与争鸣”中3.12节“实施分词化”的相关内容。

第1章“Python在数据科学中的应用”中1.7节“从另一个列表创建列表——列表推导”的相关内容。

3.14 词提取

在这节里，我们讨论词提取。

3.14.1 准备工作

文本标准化是一个完全不同的难题，我们需要另辟蹊径来解决它。本节中，我们要研究如何将词转换成它们原本的形态，这样才能在处理过程中保持一致。我们从传统的解决方法开始，包括词提取和词形还原。英语的语法规定了词在句子中的不同用法，例如，"执行""正在执行""(第 3 人称单数）执行"标识的是相同的动作，但根据语法，它们在不同的句子中的形态并不相同。

"词提取和词形还原的目标都是为了减少变化形式和一些相关的派生形式，将其恢复到基础的共通的形态。"——《Introduction to Information Retrieval》，Christopher D.Manning、Prabhakar Raghavan 和 Hinrich Schütze。

我们来看看如何使用 Python 的 NLTK 库执行词提取，NLTK 提供了相当多的函数来帮助我们方便快捷地执行这个任务。

```
>>> import nltk.stem
>>> dir(nltk.stem)
['ISRIStemmer', 'LancasterStemmer', 'PorterStemmer', 'RSLPStemmer',
'RegexpStemmer', 'SnowballStemmer', 'StemmerI', 'WordNetLemmatizer',
'__builtins__', '__doc__', '__file__', '__name__', '__package__',
'__path__', 'api', 'isri', 'lancaster', 'porter', 'regexp', 'rslp',
'snowball', 'wordnet']
>>>
```

模块里的函数列表内容不少，我们关注的是和词提取相关的，如下所示。

- Porter——波特词提取器。
- Lancaster——兰开斯特词提取器。
- Snowball——雪球词提取器。

Porter 是最常用的词提取器，它的算法在词转换回它们的词根形态时不是很激进。

Snowball 是 Porter 的改良版，它的所需的计算时间比 Porter 快不少。

Lancaster 是最激进的词提取器，使用前两种词提取器时，最终的词的对于人类还可以阅读，而使用 Lancaster 则完全不可读。它也是三者中速度最快的。

本节中，我们将使用其中的一些功能来研究如何对文本执行词提取。

3.14.2 操作方法

首先我们得加载必需的库，然后声明一个数据集用来演示词提取。

```
# 加载库
from nltk import stem

#1. 少量的输入文本，用来演示3种词提取器如何执行
input_words = ['movies','dogs','planes','flowers','flies','fries','fry \
','weeks', 'planted','running','throttle']
```

下面列出了几种不同的词提取的算法。

```
#2.Porter 词提取
porter = stem.porter.PorterStemmer()
p_words = [porter.stem(w) for w in input_words]
print p_words

#3.Lancaster 词提取
lancaster = stem.lancaster.LancasterStemmer()
l_words = [lancaster.stem(w) for w in input_words]
print l_words

#4.Snowball 词提取器
snowball = stem.snowball.EnglishStemmer()
s_words = [snowball.stem(w) for w in input_words]
print s_words

wordnet_lemm = stem.WordNetLemmatizer()
wn_words = [wordnet_lemm.lemmatize(w) for w in input_words]
print wn_words
```

3.14.3 工作原理

在第1步中，我们从 `nltk` 中加载 `stem` 模块，并创建了一个词列表用来词提取。如果你仔细观察，你会发现这些词里特意挑选具有不同后缀的形态，例如带“s”“ies”“ed”“ing”等。另外，有些词已经是它们的词根形态，如“throttle”“fry”等。我们就来看看词提取算法如何处理它们。

第2步、第3步和第4步都是相类似的，分别调用了Porter、Lancaster和Snowball等3种词提取器来处理输入文本并输出结果，并使用列表推导来存放这些词的输入和输出结

果。我们来看看打印输出的结果以帮助理解词提取的效果。

```
[u'movi', u'dog', u'plane', u'flower', u'fli', u'fri', u'fri',u'week',
u'plant', u'run', u'throttl']
```

这是第 2 步产生的输出结果，对输入的语句应用了 Porter 词提取，我们能看到原来带着“ies”“s”“ed”“ing”等后缀的词已经被削减成它们的词根形态。

```
Movies - movi
Dogs - dog
Planes - plane
Running - run and so on.
```

有趣的是“throttle”被转换成了“throttl”。

第 3 步打印输出的是 Lancaster 的结果，如下所示。

```
[u'movy', 'dog', 'plan', 'flow', 'fli', 'fri', 'fry', 'week', 'plant',
'run', 'throttle']
```

“throttle”保持了原样，请注意“movies”发生的变化。

类似地，第 4 步输出的是 Snowball 产生的结果。

```
[u'movi', u'dog', u'plane', u'flower', u'fli', u'fri', u'fri',
u'week', u'plant', u'run', u'throttl']
```

这个输出结果和 Porter 的十分相似。

3.14.4 更多内容

这 3 种算法都相当复杂，研究它们的算法细节超出了本书的范围。推荐你到网上查询这些算法的更多细节。

要了解 Porter 和 Snowball 词提取器的更多细节，请参见：

http://snowball.tartarus.org/algorithms/porter/stemmer.html。

3.14.5 参考资料

第 1 章“Python 在数据科学中的应用”中 1.7 节“从另一个列表创建列表——列表推导”的相关内容。

3.15 执行词形还原

在这一节里，我们讨论词形还原。

3.15.1 准备工作

词提取是一个启发式的过程，为了获得词根形态努力探求消除词的后缀的方法。在上一节中，我们发现在消减派生词缀时，有时它会将正确的词形进行删减。

维基百科里对派生模式的相关介绍，请参见：

http://en.wikipedia.org/wiki/Morphological_derivation#Derivational_patterns。

另一方面，词形还原使用了变形分析和词表来获得词的词元。它只对词形变化的结尾进行转换，并从字典中获得词的基本形态。

维基百科里对词形变化的更多详情，请参见：

http://en.wikipedia.org/wiki/Inflection。

本节里，我们将使用 NLTK 库里的 WordNetLemmatizer。

3.15.2 操作方法

首先我们得加载必需的库，然后和上一节一样，准备一段输入文本来演示词形还原。我们接着用下面的方法实施词形还原。

```
# 加载库
from nltk import stem

#1.少量的输入文本，用来演示 3 中词提取器如何执行
input_words = ['movies','dogs','planes','flowers','flies','fries','fr\
y','weeks','planted','running','throttle']

#2.执行词形还原
wordnet_lemm = stem.WordNetLemmatizer()
wn_words = [wordnet_lemm.lemmatize(w) for w in input_words]
print wn_words
```

3.15.3 工作原理

第 1 步和上一节词提取中的内容十分相似，提供了一个输入文本。第 2 步里执行了词形还原，应用了 Wordnet 里内置的 morphy 函数。请参见：

https://wordnet.princeton.edu/man/morphy.7WN.html。

再看一下打印语句输出的结果。

```
[u'movie', u'dog', u'plane', u'flower', u'fly', u'fry', 'fry',
u'week', 'planted', 'running', 'throttle']
```

首先吸引我们的是单词“movie”，现在它是正确的形态，Porter 及其他的算法都曾把最后一个字母“e”误删。

3.15.4 更多内容

我们来看看使用词形还原工具的简单示例。

```
>>> wordnet_lemm.lemmatize('running')
'running'
>>> porter.stem('running')
u'run'
>>> lancaster.stem('running')
'run'
>>> snowball.stem('running')
u'run'
```

“running”这个词理论上基本形态应该是“run”，我们的词形还原工具本应能正确地完成转换。但是我们看到“running”没有发生任何变化，而启发式的词提取器却能正确地转换，那我们的词形还原工具出了什么问题呢？

默认情况下，词形还原工具会把输入当作一个名词，我们可以通过向它传递词的 POS 标签来进行调整，方法如下。

```
>>> wordnet_lemm.lemmatize('running','v')
u'run'
```

3.15.5 参考资料

第 3 章“数据分析——探索和争鸣”中 3.12 节“实施分词化”的相关内容。

3.16 词袋模型表示文本

在这节里，我们讨论如何用词袋模型来表示文本。

3.16.1 准备工作

为了使用机器学习来处理文本，我们必须将文本转化为数值特征的向量。本节将介绍词袋模型表示法，文本被转换为数值型的向量，列名是潜在的词，数值是以下之一。

- 二进制值，表示这个词在给定的文档中存在/不存在。
- 频率，表示这个词在给定的文档中出现的总次数。
- TFIDF，我们随后就会介绍的一种评估值。

词袋是一种最常用的的文本表示法，顾名思义，词的先后顺序被忽略了，这个词是否在语句中出现才是关键。它有两个处理流程，说明如下。

1．对于训练集里的文档中的每个词，我们给它分配一个整数，并保存为一个字典。

2．对于每个文档，我们创建一个向量，向量的列是这个词本身，它们构成了特征项，这些项的数值是二进制数、频率或者 TFIDF。

3.16.2 操作方法

首先我们加载必需的库，然后准备一个数据集来演示词袋模型。

```
# 加载库
from nltk.tokenize import sent_tokenize
from sklearn.feature_extraction.text import CountVectorizer
from nltk.corpus import stopwords

# 1.我们使用 3.13 节“删除停用词”中曾使用过的输入文本
text = "Text mining, also referred to as text data mining, roughly \
equivalent to text analytics,\
refers to the process of deriving high-quality information from text. \
High-quality information is \
typically derived through the devising of patterns and trends through \
means such as statistical \
pattern learning. Text mining usually involves the process of \
structuring the input text \
```

```
(usually parsing, along with the addition of some derived linguistic \
features and the removal \
of others, and subsequent insertion into a database), deriving \
patterns within the structured data, \
and finally evaluation and interpretation of the output. 'High \
quality' in text mining usually \
refers to some combination of relevance, novelty, and interestingness. \
Typical text mining tasks \
include text categorization, text clustering, concept/entity \
extraction, production of granular \
taxonomies, sentiment analysis, document summarization, and entity \
relation modeling \
(i.e., learning relations between named entities).Text analysis \
involves information retrieval, \
lexical analysis to study word frequency distributions, pattern \
recognition, tagging/annotation, \
information extraction, data mining techniques including link and \
association analysis, \
visualization, and predictive analytics. The overarching goal is, \
essentially, to turn text \
into data for analysis, via application of natural language processing \
(NLP) and analytical \
methods.A typical application is to scan a set of documents written in \
a natural language and \
either model the document set for predictive classification purposes \
or populate a database \
or search index with the information extracted."
```

我们快进到如何将这些文本转化为用词袋模型表示。

```
#2.将给定的文本划分为句子
sentences = sent_tokenize(text)

#3.生成特征向量的代码
count_v = CountVectorizer()
tdm = count_v.fit_transform(sentences)

# 在创建词的特征索引映射时，我们可以通过停用词列表将一些词忽略掉
stop_words = stopwords.words('english')
count_v_sw = CountVectorizer(stop_words=stop_words)
sw_tdm = count_v.fit_transform(sentences)

# 使用 ngrams 方法
```

```
count_v_ngram = CountVectorizer(stop_words=stop_words,ngram_range=(1,2))
ngram_tdm = count_v.fit_transform(sentences)
```

3.16.3 工作原理

第1步中定义了输入，我们使用3.13节“删除停用词”中曾使用过的输入文本。第2步里采用语句级的分词器将给定的文本分词化为句子。这里，我们把每个句子当作一个文档来进行处理。

随着应用的不同，文档的概念也非固定不变。本例中，我们把语句当作一个文档。另一些场景下，我们可以把段落当作一个文档。在网页挖掘中，一个单独的页面也能当作一个文档，甚至这个网页里被“<p>”标签分隔开的一部分也可以被当成一个文档。

```
>>> len(sentences)
6
>>>
```

打印语句列表的长度，我们得到的结果是6，这说明本例中我们有6个文档。

第3步中，我们从 scikitlearn.feature_extraction 文本处理包中导入了 CountVectorizer，它转换一些文档——本例中是一个句子的列表——成为矩阵，行是句子，列是这些句子中的词，这些词的次数被保存在这些单元格的数值中。

我们将使用 CountVectorizer 把这个句子列表转换为特征词-文档矩阵。我们来逐个分析输出的结果：先请看 count_v，它是一个 CountVectorizer 对象，我们在介绍部分曾提到过要构建一个包含所有给定文本中的词的字典，count_v 的 vocabulary_属性给我们提供了词的列表以及与之关联的IDs或者特征值索引，如图3-17所示。

使用 vocabulary_属性可以找回字典的内容，它是作为特征指标的词的映射。我们也可以使用下面这个函数来获取词（特征项）的列表。

```
>>> count_v.get_feature_names()
```

接着来看 tdm，这是我们用 CountVectorizer 转换给定的输入之后得到的对象。

```
>>> type(tdm)
<class 'scipy.sparse.csr.csr_matrix'>
>>>
```

```
>>> count_v.vocabulary_
{u'nlp': 65, u'named': 63, u'concept': 16, u'interpretation': 49,
3, u'classification': 13, u'text': 107, u'into': 50, u'within': 11
27, u'structuring': 98, u'via': 116, u'through': 109, u'statistica
': 101, u'quality': 81, u'linguistic': 56, u'clustering': 14, u'vi
117, u'categorization': 12, u'from': 37, u'to': 110, u'addition':
d': 97, u'relations': 86, u'removal': 88, u'granular': 39, u'entit
nally': 34, u'production': 79, u'tagging': 103, u'relevance': 87,
u'include': 42, u'mining': 60, u'combination': 15, u'means': 58, u
u'link': 57, u'devising': 21, u'parsing': 72, u'with': 118, u'asso
u'extracted': 31, u'document': 23, u'word': 120, u'overarching': 7
u'as': 9, u'either': 25, u'analytical': 4, u'including': 43, u'ref
and': 6, u'predictive': 76, u'set': 94, u'methods': 59, u'scan': 9
77, u'the': 108, u'is': 52, u'some': 95, u'purposes': 80, u'roughl
```

图 3-17

如你所见，tdm 是一个稀疏矩阵对象，要了解稀疏矩阵表示的更多信息，请参见：http://docs.scipy.org/doc/scipy-0.14.0/reference/generated/scipy.sparse.csr_matrix.html。我们可以观察这个对象的形态，也可以检视它的一些元素，详情如图 3-18 所示。

```
>>> tdm.get_shape()
(6, 122)
>>> tdm.indices
array([2, 2, 0, 4, 5, 5, 0, 4, 1, 2, 3, 4, 5, 4, 5, 0, 1, 4, 4, 4, 5, 4, 3,
       4, 0, 2, 4, 5, 2, 5, 1, 2, 0, 2, 1, 4, 4, 5, 5, 5, 4, 4, 0, 5, 2, 5,
       4, 2, 2, 5, 4, 0, 5, 4, 0, 1, 3, 3, 5, 4, 4, 5, 0, 1, 4, 5, 2, 2, 3,
       2, 2, 5, 2, 4, 1, 5, 5, 1, 4, 4, 2, 4, 1, 5, 0, 2, 3, 4, 5, 4, 4, 5,
       5, 3, 0, 1, 2, 3, 4, 5, 5, 2, 2, 5, 2, 1, 4, 1, 2, 5, 4, 5, 0, 2, 5,
       4, 5, 0, 1, 3, 4, 0, 0, 3, 4, 4, 3, 2, 4, 0, 5, 5, 4, 5, 2, 3, 1, 2,
       2, 4, 2, 1, 4, 4, 4, 4, 4, 0, 2, 3, 4, 5, 0, 1, 2, 5, 1, 0, 3, 4, 5,
       1, 5, 4, 5, 1, 2, 3, 5, 4, 2, 5, 2, 4, 5])
>>> tdm.data
array([1, 1, 1, 4, 1, 1, 1, 1, 1, 4, 1, 3, 2, 1, 2, 1, 1, 1, 1, 1, 1, 1, 1,
       1, 1, 1, 1, 1, 1, 1, 1, 1, 1, 1, 1, 1, 1, 1, 1, 1, 1, 2, 1, 1, 1, 1,
       2, 1, 1, 2, 1, 1, 1, 1, 1, 1, 1, 1, 1, 1, 1, 1, 1, 1, 2, 1, 1, 1, 1,
       1, 1, 1, 1, 1, 1, 2, 2, 1, 1, 1, 1, 1, 1, 1, 2, 1, 1, 2, 1, 1, 1, 2,
       1, 1, 1, 1, 4, 1, 1, 2, 2, 1, 1, 1, 1, 1, 1, 1, 1, 1, 1, 1, 1, 1, 1,
       1, 1, 1, 1, 1, 1, 1, 1, 1, 1, 1, 1, 1, 1, 1, 1, 1, 1, 2, 1, 1, 1, 1,
       1, 1, 1, 1, 1, 1, 1, 1, 1, 4, 2, 1, 4, 1, 1, 1, 6, 3, 2, 3, 1, 1, 2,
       1, 1, 1, 1, 1, 2, 1, 1, 1, 1, 1, 1, 1, 1], dtype=int64)
>>> tdm.indptr
array([  0,   1,   2,   3,   5,   6,   8,  13,  14,  15,  17,  18,  19,
        20,  21,  22,  23,  24,  28,  30,  32,  34,  35,  36,  38,  39,
        40,  41,  42,  43,  44,  45,  46,  47,  48,  49,  50,  51,  52,
        53,  54,  57,  59,  60,  61,  62,  66,  67,  68,  69,  70,  72,
        74,  76,  77,  79,  80,  81,  82,  83,  84,  88,  89,  90,  91,
        92,  93,  94, 100, 101, 102, 103, 104, 105, 107, 109, 110, 112,
       114, 115, 116, 117, 120, 121, 122, 124, 125, 126, 127, 128, 129,
       130, 131, 132, 133, 134, 136, 137, 138, 139, 140, 141, 142, 143,
       144, 145, 146, 147, 152, 156, 157, 161, 162, 163, 165, 166, 168,
       169, 170, 172, 173, 174, 175])
```

图 3-18

这个矩阵式的形态是 6×122 的，对应着我们的 6 个文档，即上下文中的句子，还有词表中收集的 122 个词。请注意这是个稀疏矩阵，也就是说所有的句子并不会都出现所有的词，大量的单元格的条目值为 0，因此，我们只打印输出那些非 0 的条目。

从 tdm.indptr 中我们知道文档 1 的条目在 tdm.data 和 tdm.indices 数据组中下标从 0 开始，到 18 结束。

```
>>> tdm.data[0:17]
array([4, 2, 1, 1, 3, 1, 1, 1, 1, 1, 1, 1, 1, 1, 1, 1, 1],
dtype=int64)
>>> tdm.indices[0:17]
array([107, 60, 2, 83, 110, 9, 17, 90, 28, 5, 84, 108, 77, 67, 20, 40, 81])
>>>
```

我们可以用下面的方式来进行验证。

```
>>> count_v.get_feature_names()[107]
u'text'
>>> count_v.get_feature_names()[60]
u'mining'
```

我们可以看到 107，代表了单词“text”，在第 1 个句子中出现了 4 次。类似地，“mining”出现了一次。就这样，本节里，我们将给定的文本转换成了一个特征向量，特征项就是词。

3.16.4　更多内容

CountVectorizer 类还有很多其他特性用来将文本转换为特征向量，我们对其中的一些进行讨论。

我们来看看使用词形还原工具的简单示例。

```
>>> count_v.get_params()
{'binary': False, 'lowercase': True, 'stop_words': None, 'vocabulary':
None, 'tokenizer': None, 'decode_error': u'strict', 'dtype': <type
'numpy.int64'>, 'charset_error': None, 'charset': None, 'analyzer':
u'word', 'encoding': u'utf-8', 'ngram_range': (1, 1), 'max_df': 1.0,
'min_df': 1, 'max_features': None, 'input': u'content', 'strip_
accents': None, 'token_pattern': u'(?u)\\b\\w\\w+\\b', 'preprocessor':
None}
>>>
```

第 1 个是 binary 参数，它被设置为 False，如果把它设为 True，最后的矩阵将不统计元素个数，特征项的值可以为 1 或者 0，取决于它是否出现在文档中。

默认情况下，lowercase 被设置为 True，这样输入的文本在被映射成特征指标之前会先转为小写。

在创建词到特征指标的映射时，我们可以用停用词列表将一些词忽略掉，请看下面的示例。

```
from nltk.corpus import stopwords
stop_words = stopwords.words('english')

count_v = CountVectorizer(stop_words=stop_words)
sw_tdm = count_v.fit_transform(sentences)
```

如果要打印出已经建好的词表大小，请使用下面的代码。

```
>>> len(count_v_sw.vocabulary_)
106
>>>
```

和之前看到的 122 不同，现在我们的词表大小为 106。

我们也可以给 CountVectorizer 设置一个固定的词表，最后生成的稀疏矩阵的列只能来自这个固定的表中，任何不在词表中的词将被忽略。

第 2 个有趣的参数是 ngram_range，你可能注意到元组(1,1)被传递给它。这是为了确保只有一个字或者词被用来创建特征项集合。例如，这个参数可以被改为(1,2)，这会让 CountVectorizer 创建单字和多字，请看下面的代码和输出。

```
count_v_ngram = CountVectorizer(stop_words=stop_words,ngram_range=(1,2))
ngram_tdm = count_v.fit_transform(sentences)
```

现在特征项集合中既有单字，也有多字。

请读者自行探索其他的参数，这些参数的文档在以下链接可以查看。

http://scikit-learn.org/stable/modules/generated/sklearn.feature_extraction.text.CountVectorizer.html

3.16.5 参考资料

第 1 章“Python 在数据科学中的应用”中有关使用字典的相关内容。

第 3 章“数据分析——探索和争鸣”中 3.13 节“删除停用词”、3.14“词提取”、3.15“执行词形还原”等相关内容。

3.17 计算词频和反文档频率

在这节里，我们讨论如何计算词频和反文档频率。

3.17.1 准备工作

出现次数可以作为很好的特征值，但也存在一些问题。假设我们有 4 篇不一样长度的文档，在篇幅较长的文档里的词比在较短篇幅文档里的词可能获得更高的权重。因此，我们不简单地直接采用出现次数，而是将它进行归一化，把一个词出现的次数除以这个文档中所有的词的总数，这样产生的度量值称为词频。词频也并非没有缺点：一些词出现在大多数文档中，这些词在特征向量中占了较大权重，但它们的信息量不足，难以区别语料中的文档。在引入新的度量值来避免上述问题之前，我们先来定义文档频率。和词频类似，为了体现文档在局部的重要性，我们计算一个称为文档频率的评估值，方法是将文内出现过某个词的文档总数除以语料中的文档总数。

我们最终采用的度量值是由词频和文档频率的倒数组成，这就是所谓 TDIDF 值。

3.17.2 操作方法

首先我们加载必需的库，然后准备一个数据集来演示 TFIDF 的应用。

```
# 加载库
from nltk.tokenize import sent_tokenize
from nltk.corpus import stopwords
from sklearn.feature_extraction.text import TfidfTransformer
from sklearn.feature_extraction.text import CountVectorizer

# 1.创建一个和上一节中一样的文档

text = "Text mining, also referred to as text data mining, roughly \
equivalent to text analytics,\
refers to the process of deriving high-quality information from text. \
High-quality information is \
typically derived through the devising of patterns and trends through \
means such as statistical \
pattern learning. Text mining usually involves the process of \
```

```
structuring the input text \
(usually parsing, along with the addition of some derived linguistic \
features and the removal \
of others, and subsequent insertion into a database), deriving \
patterns within the structured data, \
and finally evaluation and interpretation of the output. 'High \
quality' in text mining usually \
refers to some combination of relevance, novelty, and interestingness. \
Typical text mining tasks \
include text categorization, text clustering, concept/entity \
extraction, production of granular \
taxonomies, sentiment analysis, document summarization, and entity \
relation modeling \
(i.e., learning relations between named entities).Text analysis \
involves information retrieval, \
lexical analysis to study word frequency distributions, pattern \
recognition, tagging/annotation, \
information extraction, data mining techniques including link and \
association analysis, \
visualization, and predictive analytics. The overarching goal is, \
essentially, to turn text \
into data for analysis, via application of natural language processing \
(NLP) and analytical \
methods.A typical application is to scan a set of documents written in \
a natural language and \
either model the document set for predictive classification purposes \
or populate a database \
or search index with the information extracted."
```

现在来计算词频和反文档频率。

```
# 2.抽取句子
sentences = sent_tokenize(text)

# 3.创建一个矩阵保存词频和文档频率
stop_words = stopwords.words('english')

count_v = CountVectorizer(stop_words=stop_words)
tdm = count_v.fit_transform(sentences)

# 4.计算 TFIDF 值
tfidf = TfidfTransformer()
tdm_tfidf = tfidf.fit_transform(tdm)
```

3.17.3 工作原理

第 1、第 2 和第 3 步和上一节中是一样的。我们来看第 4 步，在这步里，第 3 步的输出被传递过来计算 TFIDF 值。

```
>>> type(tdm)
<class 'scipy.sparse.csr.csr_matrix'>
>>>
```

tdm 是一个稀疏矩阵对象，现在用 indices、data 和 indptr 等来看看这些矩阵的内容，如图 3-19 所示。

```
>>> tdm_tfidf.data
array([ 0.54849062,  0.26764689,  0.21947428,  0.26764689,  0.18529527,
        0.21947428,  0.31756793,  0.15878397,  0.18529527,  0.26764689,
        0.21947428,  0.15878397,  0.21947428,  0.26764689,  0.33332883,
        0.33332883,  0.33332883,  0.23076769,  0.27333441,  0.27333441,
        0.33332883,  0.27333441,  0.19775038,  0.23076769,  0.33332883,
        0.27333441,  0.19811475,  0.32491385,  0.20299896,  0.19811475,
        0.19811475,  0.19811475,  0.19811475,  0.16245693,  0.16245693,
        0.19811475,  0.19811475,  0.19811475,  0.11753339,  0.19811475,
        0.16245693,  0.19811475,  0.19811475,  0.19811475,  0.19811475,
        0.19811475,  0.19811475,  0.16245693,  0.16245693,  0.16245693,
        0.11753339,  0.19811475,  0.19811475,  0.31177054,  0.19478731,
        0.38020134,  0.31177054,  0.26321811,  0.38020134,  0.22555792,
        0.38020134,  0.26321811,  0.38020134,  0.12927948,  0.12927948,
        0.10601102,  0.26493333,  0.12927948,  0.12927948,  0.12927948,
        0.12927948,  0.12927948,  0.12927948,  0.12927948,  0.12927948,
        0.12927948,  0.12927948,  0.12927948,  0.12927948,  0.10601102,
        0.10601102,  0.12927948,  0.12927948,  0.15339247,  0.12927948,
        0.12927948,  0.10601102,  0.10601102,  0.15339247,  0.12927948,
        0.12927948,  0.12927948,  0.12927948,  0.25855896,  0.25855896,
        0.12927948,  0.10601102,  0.12927948,  0.07669623,  0.12927948,
        0.12927948,  0.12927948,  0.12927948,  0.12927948,  0.10601102,
        0.42404408,  0.15746858,  0.15746858,  0.12912649,  0.15746858,
        0.08067536,  0.31493717,  0.15746858,  0.15746858,  0.15746858,
        0.15746858,  0.12912649,  0.15746858,  0.15746858,  0.15746858,
        0.31493717,  0.15746858,  0.15746858,  0.31493717,  0.09341968,
        0.15746858,  0.15746858,  0.15746858,  0.15746858,  0.15746858,
        0.15746858,  0.12912649,  0.12912649,  0.09341968,  0.15746858,
        0.31493717,  0.15746858,  0.12912649])
>>> tdm_tfidf.indices
array([ 95,  80,  74,  73,  71,  67,  52,  39,  35,  25,  17,  14,   5,
         2,  99,  96,  85,  71,  64,  63,  50,  46,  39,  35,  18,  16,
       103, 100,  95,  89,  87,  86,  78,  67,  64,  62,  60,  59,  52,
        48,  44,  43,  41,  40,  31,  30,  27,  17,  16,  15,  14,   1,
         0, 100,  95,  77,  74,  71,  58,  52,  42,  35,  12, 104, 102,
        98,  95,  94,  93,  92,  91,  90,  88,  83,  79,  76,  75,  72,
        69,  66,  63,  55,  54,  52,  49,  47,  46,  44,  39,  37,  36,
        34,  32,  29,  24,  23,  20,  19,  14,  13,  11,   9,   8,   6,
         5,   3, 105, 101,  98,  97,  95,  84,  82,  81,  70,  68,  66,
        65,  61,  57,  56,  53,  51,  45,  39,  38,  33,  28,  26,  22,
        21,  20,  15,  14,  10,   7,   4,   3])
>>> tdm_tfidf.indptr
```

图 3-19

这些数据显示了数值，其中没有词出现的次数，而只有归一化后的词的 TFIDF 值。

3.17.4 更多内容

同样地，我们可以通过研究传递的参数更深入地钻研 TFIDF。

```
>>> tfidf.get_params()
{'use_idf': True, 'smooth_idf': True, 'sublinear_tf': False, 'norm':u'l2'}
>>>
```

这些参数的文档可以在以下链接查看，请参见：

http://scikit-learn.org/stable/modules/generated/sklearn.feature_extraction.text.TfidfTransformer.html。

第 4 章 数据分析——深入理解

在这一章里，我们将探讨以下主题。

- 抽取主成分
- 使用核 PCA
- 用奇异值分解抽取特征
- 用随机映射给数据降维
- 用非负矩阵分解（Non-negative Matrix Factorization，NMF）分解特征矩阵

4.1 简介

本章将介绍关于降维的多种途径。上一章里，我们学习了如何在数据中探索出它的特征使之更有应用意义，但只限于讨论二元变量的数据。想象一下，面对具有成百上千个特征的数据的时候，该怎么从如此高维的数据里分析出数据特征呢？克服这些数据带来的困难，我们需要一些高效的工具。

现在，到处都是高维数据。假定要给一个中等规模的电子商务网站开发商品推荐引擎，即使只有数千种商品，变量的数量也多得惊人。生物学是另一个高维数据的应用领域，基因表达式里包含着数以万计维度的微阵列数据集。

如果你当前的任务是探索数据或者给算法准备数据，超高的维度——常常被叫作维度灾难，是你的拦路虎。我们需要高效的方法来处理这些问题。此外，随着数据维度的升高，现有的许多数据挖掘算法的复杂度呈指数增长。因此，面对不断增长的维度，一些算法无法进行计算，在许多应用中不再适用。

降维技术在降低维度的时候要尽可能地保留数据的结构，这样，在降维后的特征空间里，算法的运行时间将大幅减少，仿佛我们在处理较低维度的数据，而数据的结构被保留下来，获得的结果是原始数据空间的可靠性近似。这有两层含义：其一是不要篡改原始数据中的变量，其二是在新的投射空间中，保持数据向量间的距离。

矩阵分解

矩阵分解催生了多种降维技术，我们的数据一般都是矩阵，行是实例，列是特征。本书前面的章节里经常用 `NumPy` 矩阵来保存数据。例如在 iris 数据集里，鸢尾花或者说数据实例就是用行来表示，特征项包括花萼和花瓣的宽度及长度，这些作为矩阵的列。

矩阵分解也是矩阵的一种表达式，假定 A 是另外两个矩阵 B 和 C 的乘积，矩阵 B 中包含了可以解释数据变化的向量，矩阵 C 包含了变化的量级，这样原来的 A 就可以表达为 B 和 C 的线性组合。

本章后面提到的技术利用矩阵分解来进行降维处理，一些方法要求基础向量必须相互正交，如主成分分析；而另一些则没有这样的要求，如字典学习。

请做好准备，我们将在本章学习使用这些技术进行实战。

4.2 抽取主成分

我们要介绍的第 1 种技术是主成分分析（Principal Component Analysis，PCA），它是一种无监督方法。对于多变量问题，PCA 在降维时只有很小的信息损失，换句话说，它保留了数据中的绝大部分变化，也就是数据分布的方向被最大程度地保留下来。我们来看看图 4-1。

这是两个变量 x1、x2 的散点图，对角线表明了最大变化方向。使用 PCA 的目的是捕捉到这个变化的方向。因此，不使用两个变量 x1、x2 的方向来表示数据，我们要找出如蓝色线条代表的向量来表示数据，而且是唯一的向量。我们的根本目的是将数据维度从二降为一。

我们要使用特征值和特征向量这两个数学工具来找到这条蓝线代表的向量。

前面的章节里曾用方差来衡量数据的分布或散布情况，不过我们看的示例是一维的。在多维的场景里，我们很容易将变量之间的相关性表示为矩阵，专业名词是协方差矩阵。用标准差对其数值进行归一化处理后，我们就得到了相关矩阵。本例中，它是一个 2×2 的矩阵，对应于两个变量 x1、x2，它衡量出这两个变量在同一个方向上的移动程度，或者说在同一时间的变化。

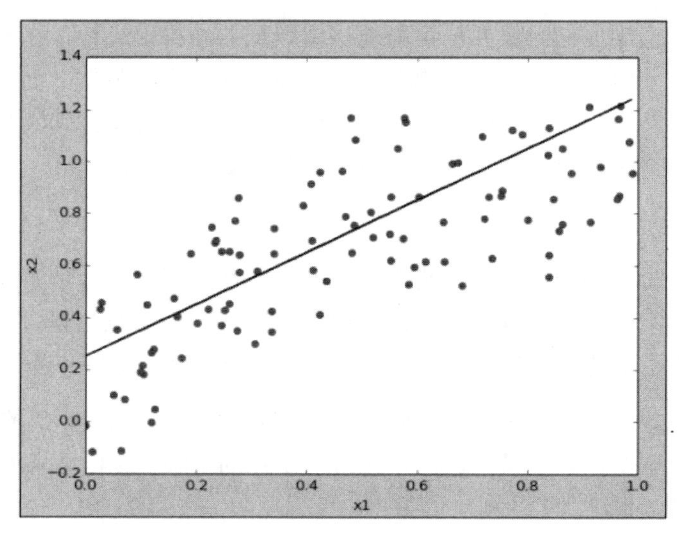

图 4-1

执行特征值分解的时候，先得获得协方差矩阵的特征向量和特征值。主特征向量，也就是具有最大的特征值的向量，指出了原始数据的最大变化方向。

在本示例中，它就是图中蓝线表示的向量。我们把输入数据投射到这个向量上，就可以降低维数。

一个数据集（n×m），有 n 个实例，m 个维度，PCA 将它投射成一个小得多的子空间（n×d），其中 d<<m。值得注意的是 PCA 的计算代价非常高昂。

PCA 可以用在协方差和相关矩阵上。请注意，如果对不均衡缩放的数据集的协方差矩阵采用 PCA 进行处理，得到的结果可用性可能不高。有好奇心的读者可以阅读由 Bernard Flury 所著的《A First Course in Multivariate Statistics》中“在 PCA 中使用相关或协方差矩阵”的相关主题。请参见：http://www.springer.com/us/book/9780387982069。

4.2.1 准备工作

我们使用 iris 数据集来学习如何高效使用 PCA 进行降维，这个数据集包含了 3 类共计 150 条鸢尾花的测量值。

iris 数据集里的 3 个类别如下所示。

- 山鸢尾。

- 维吉尼亚鸢尾。
- 变色鸢尾。

数据集里的 4 个特征如下所示。

- 花萼的长度（厘米）。
- 花萼的宽度（厘米）。
- 花瓣的长度（厘米）。
- 花瓣的宽度（厘米）。

能用两个列而不是 4 个列来表示数据的变化吗？我们的目标是降低数据的维度，在本例中，对应的实例有 4 个列。假设我们给一个新的实例构建一个分类器以预测它属于哪类花，我们能使用降维空间里的实例来完成这个任务吗？我们能在把列的数量从 4 降为 2 之后继续保持分类器的良好精度吗？

PCA 通过以下步骤来完成目标。

1. 将数据集标准化成均值为 0。
2. 找出数据集的相关矩阵和单位标准偏差值。
3. 将相关矩阵分解成它的特征向量和值。
4. 基于降序的特征值选择 Top-N 特征向量。
5. 投射输入的特征向量矩阵到一个新的子空间。

4.2.2 操作方法

我们先加载必需的库，然后调用 `scikit-learn` 库里的工具函数 `load_iris` 获得数据集。

```
import numpy as np
from sklearn.datasets import load_iris
from sklearn.preprocessing import scale
import scipy
import matplotlib.pyplot as plt

# 加载 Iris 数据集
data = load_iris()
x = data['data']
```

```
y = data['target']

# 因为 PCA 是一种无监督的方法，我们不必将目标变量 y 缩放成均值为 0，标准差为 1
x_s = scale(x,with_mean=True,with_std=True,axis=0)

# 计算相关矩阵
x_c = np.corrcoef(x_s.T)

# 从相关矩阵中找到特征值和特征向量
eig_val,r_eig_vec = scipy.linalg.eig(x_c)
print 'Eigen values \n%s'%(eig_val)
print '\n Eigen vectors \n%s'%(r_eig_vec)

# 选择最前两个特征向量
w = r_eig_vec[:,0:2]

# 用合适的特征向量将原来四维的数据集降为二维。
x_rd = x_s.dot(w)

# 画出新的二维的散点图
plt.figure(1)
plt.scatter(x_rd[:,0],x_rd[:,1],c=y)
plt.xlabel("Component 1")
plt.ylabel("Component 2")
```

现在我们先对数据进行标准化，使得平均值为 0，标准差为 1，然后调用 NumPy 的 corrcoef 函数来找到相关矩阵。

```
x_s = scale(x,with_mean=True,with_std=True,axis=0)
x_c = np.corrcoef(x_s.T)
```

接着，我们进行特征值分解，并将 iris 的数据投射到前两个主特征向量上。最后，把降维后的数据集图形绘制出来。

```
eig_val,r_eig_vec = scipy.linalg.eig(x_c)
print 'Eigen values \n%s'%(eig_val)
print '\n Eigen vectors \n%s'%(r_eig_vec)
# 选择前两个特征向量
w = r_eig_vec[:,0:2]

# 用合适的特征向量将原来四维的数据集降为二维
```

```
x_rd = x_s.dot(w)

# 画出新的二维的散点图
plt.figure(1)
plt.scatter(x_rd[:,0],x_rd[:,1],c=y)
plt.xlabel("Component 1")
plt.ylabel("Component 2")
```

这里使用了 scale 函数，它可以完成中心化、缩放和标准化等功能：中心化将单个的值减去平均值，缩放是将每个数值除以变量的标准差，最后标准化是先中心化然后进行缩放。搭配变量 with_mean 和 with_std，函数 scale 执行了全部 3 种归一化技术。

4.2.3 工作原理

iris 数据集有 4 个列，虽然不算多，但是足够用来说明我们的目的：把 iris 数据集从四维降为二维，并保留数据中的全部信息。

使用 scikit-learn 中的函数 load_iris，我们可以方便地将数据加载到变量 x 和 y 中，x 是一个矩阵，检视它的形态，结果如下。

```
>>>x.shape
(150, 4)
>>>
```

将数据矩阵 x 缩放成平均值为 0，标准差为 1。经验法则告诉我们，如果数据中所有的列尺度都一致，度量单位相同，就没有必要进行缩放，这样可以让 PCA 捕捉到最大变化的基本单位。

```
x_s = scale(x,with_mean=True,with_std=True,axis=0)
```

接着为输入数据构建相关矩阵。

n 维随机变量 $X_1 \cdots X_n$ 的相关矩阵是 $n \times n$ 矩阵，任意脚标为 i 和 j 的条目的相关系数为 $\mathrm{corr}(X_i,X_j)$——维基百科。

我们用 SciPy 库来计算矩阵的特征值和特征向量，打印输出这两者。

```
print Eigen values \n%s%(eig_val)
print \n Eigen vectors \n%s%(r_eig_vec)
```

输出结果如图 4-2 所示。

```
Eigen values
[ 2.91081808+0.j  0.92122093+0.j  0.14735328+0.j  0.02060771+0.j]

 Eigen vectors
[[ 0.52237162 -0.37231836 -0.72101681  0.26199559]
 [-0.26335492 -0.92555649  0.24203288 -0.12413481]
 [ 0.58125401 -0.02109478  0.14089226 -0.80115427]
 [ 0.56561105 -0.06541577  0.6338014   0.52354627]]
```

图 4-2

本例中，特征值以降序输出。关键问题在于，我们该选择几个成分呢？稍后我们会介绍一些选择成分数量的方法。

你也看到了，我们只选择了右边的特征向量中的前两列。在变量 y 上保留下来的成分所拥有的鉴别能力可以很好地测试出多少信息或变化被留存在这些数据里了。

我们将数据投射到降维后的维度上。

最后，在 x 轴和 y 轴上绘制出主要成分，并根据目标变量给它们区分颜色，如图 4-3 所示。

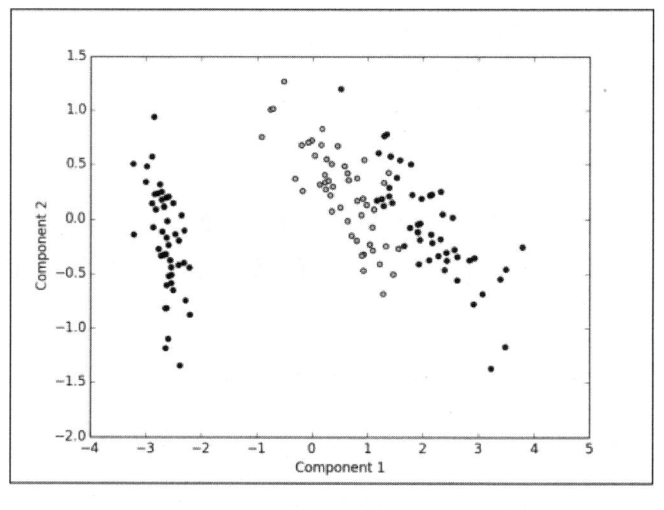

图 4-3

你会发现成分 1 和成分 2 能够区别出鸢尾花的 3 个类别。这样，我们就用 PCA 有效地将维度从 4 降为 2，并保持了区分鸢尾花不同的类别实例的能力。

4.2.4　更多内容

之前我们提到要介绍几个帮助我们确定该选择多少成分的方法。这个小节里，我们总结了两种，下面列出了一些关于选择成分的经验。

1. 特征值标准

特征值为 1，这意味着这个成分可以解释一个变量的变化价值。依据这个标准，一个成分应该至少解释一个变量的变化价值。我们必须采用值大于或等于 1 的特征值，你可以根据数据集来设置这个阈值。在一个维度非常高的数据集中，如果一个成分只能解释一个变量，那是远远不够的。

2. 变化的比例评判标准

我们先运行如下代码。

```
print "Component, Eigen Value, % of Variance, Cummulative %"
cum_per = 0
per_var = 0
for i,e_val in enumerate(eig_val):
    per_var = round((e_val / len(eig_val)),3)
    cum_per+=per_var
print ('%d, %0.2f, %0.2f, %0.2f')%(i+1, e_val, per_var*100,cum_per*100)
```

3. 输出结果

对于每个成分，我们打印出它的特征值、该成分可解释的变化所占的百分比以及累积的可解释变化百分比，如图 4-4 所示。例如，成分 1 特征值为 2.91，用 2.91 除以 4，得到的结果就是可解释的变化所占百分比，结果是 72.8%。现在选择前两个成分，我们就可以解释数据里 95.8%的变化。

```
Component, Eigen Value, % of Variance, Cummulative %
1, 2.91, 72.80, 72.80
2, 0.92, 23.00, 95.80
3, 0.15, 3.70, 99.50
4, 0.02, 0.50, 100.00
```

图 4-4

将相关矩阵分解成特征向量和特征值是一种通用的技术，可以应用到任意的矩阵。在本例中，我们将其应用到相关矩阵上，目的是了解数据分布的主轴，通过这条轴，我们能够观察到数据的最大变化。

PCA 既可以用来进行探索，也可以用来给后续的算法做准备。文档分类数据集的问题一般都有超高维度的特征向量，PCA 就可以用来降低数据集的维度，并只保留最相关的特征提供给分类算法。

PCA 的一个缺点是运算代价高昂。最后一点是关于 NumPy 里的 corrcoef 函数，这个函数在它的计算过程里内置进行数据标准化过程，为了将缩放过程的状态显露出来，我们在本节特意执行了标准化过程。

PCA 什么时候有效？

输入的数据集必须要有相关联的列，这样才能有效使用 PCA。若是输入的变量间没有相关性，PCA 起不到作用。

4.2.5 参考资料

第 4 章“数据分析——深入理解”中 4.4 节“使用奇异值分解抽取特征”的相关内容。

4.3 使用核 PCA

PCA 假定数据所有变化的主要方向都是直线，这对于大部分真实场景的数据集来说，是无法满足的。

PCA 仅限适用于这样的变量：它们数据中的变化落在一条直线上。换句话说，它只适合线性分布的数据。

这一节要讨论的是核 PCA，它能帮助我们为那些变化不是线性的数据集降维。我们特意生成了这样的一个数据集来应用核 PCA。

在核 PCA 过程里，所有的数据点会被核函数所应用，这将把输入数据转化到核空间上，然后在这个核空间上执行普通的 PCA 过程。

4.3.1 准备工作

本节中，我们不再采用 iris 数据集，而是生成一个变化非线性的数据集，不直接应用简单的 PCA 过程。请继续关注本节内容。

4.3.2 操作方法

先加载必需的库，然后使用 scikit-learn 库里的 make_circles 函数生成一个数据集，在其上执行普通 PCA 过程，并绘制其图形。

```
from sklearn.datasets import make_circles
import matplotlib.pyplot as plt
import numpy as np
from sklearn.decomposition import PCA
from sklearn.decomposition import KernelPCA

# 生成一个变化非线性的数据集
np.random.seed(0)
x,y = make_circles(n_samples=400, factor=.2,noise=0.02)

# 为生成的数据集绘制图形
plt.close('all')
plt.figure(1)
plt.title("Original Space")
plt.scatter(x[:,0],x[:,1],c=y)
plt.xlabel("$x_1$")
plt.ylabel("$x_2$")

# 试试用普通 PCA 处理这个数据集
pca = PCA(n_components=2)
pca.fit(x)
x_pca = pca.transform(x)
```

我们绘制出这个数据集的前两个主成分，然后只用其中第 1 个主成分绘出数据集的图形。

```
plt.figure(2)
plt.title("PCA")
plt.scatter(x_pca[:,0],x_pca[:,1],c=y)
plt.xlabel("$Component_1$")
plt.ylabel("$Component_2$")

# 应用普通 PCA，绘出第 1 个主成分
class_1_indx = np.where(y==0)[0]
class_2_indx = np.where(y==1)[0]

plt.figure(3)
plt.title("PCA- One component")
plt.scatter(x_pca[class_1_indx,0],np.zeros(len(class_1_ \
indx)),color='red')
plt.scatter(x_pca[class_2_indx,0],np.zeros(len(class_2_ \
indx)),color='blue')
```

最后执行核 PCA，并绘出各个成分。

```
# 用 Scikit-learn 创建一个 KernelPCA 对象,指定一个核类型作为参数
kpca = KernelPCA(kernel="rbf",gamma=10)
# 执行核 PCA
kpca.fit(x)
x_kpca = kpca.transform(x)

# 绘制前两个主成分
plt.figure(4)
plt.title("Kernel PCA")
plt.scatter(x_kpca[:,0],x_kpca[:,1],c=y)
plt.xlabel("$Component_1$")
plt.ylabel("$Component_2$")
plt.show()
```

4.3.3 工作原理

第 1 步里，我们用 scikit 库里的数据生成函数生成了一个数据集，本例中使用的是 make_circles 绘制的两个同心圆，大圆包含了小圆。这样每个同心圆分属于一个特定的类别，我们用这两个同心圆创建了一个两类问题。

首先，我们来看生成的数据，make_circles 函数生成的数据集大小为 400，维度为 2。初始数据的图形如图 4-5 所示。

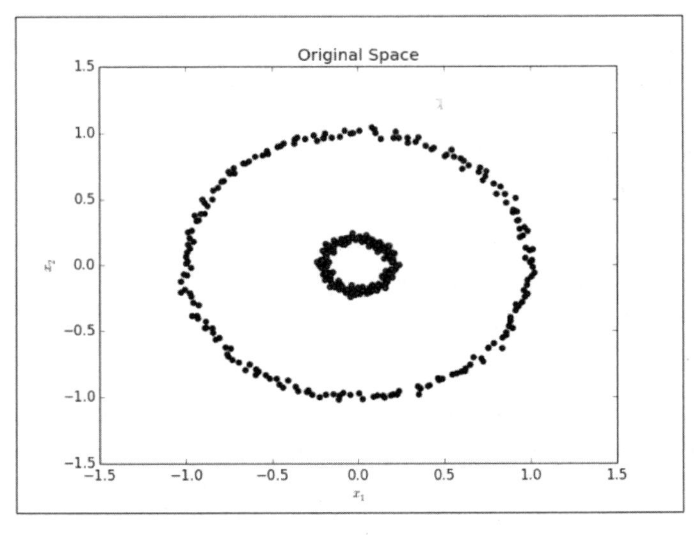

图 4-5

这个图显示了数据如何分布，外面的圆属于类别 1，内部的圆属于类别 2。我们能把这些数据应用到一个线性的分类器里吗？显然是不可能的。数据的变化是非线性的，我们无法应用普通 PCA。因此，我们得求助于核 PCA 来对数据进行转换。

在研究核 PCA 之前，我们看看如果在这个数据集上应用普通 PCA 会产生什么结果。

先看最前两个主成分的图形输出结果如图 4-6 所示。

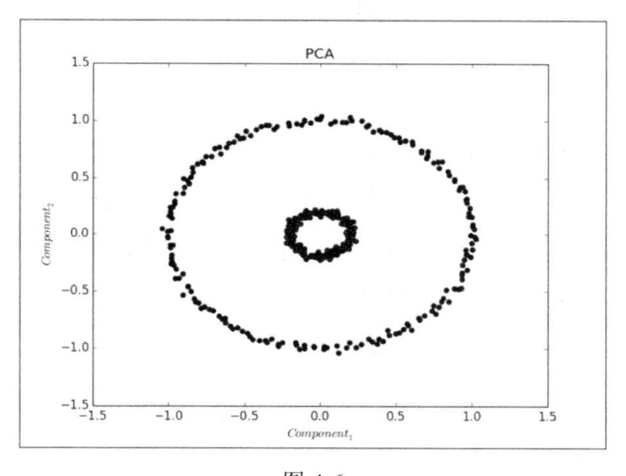

图 4-6

如你所见，PCA 的各个成分无法用线性形式将两个类别区分开来。

现在绘出第 1 个成分并了解它的类别区分能力。在图 4-7 中，我们只绘出了第 1 个成分，它解释了为什么 PCA 无法区分开数据。

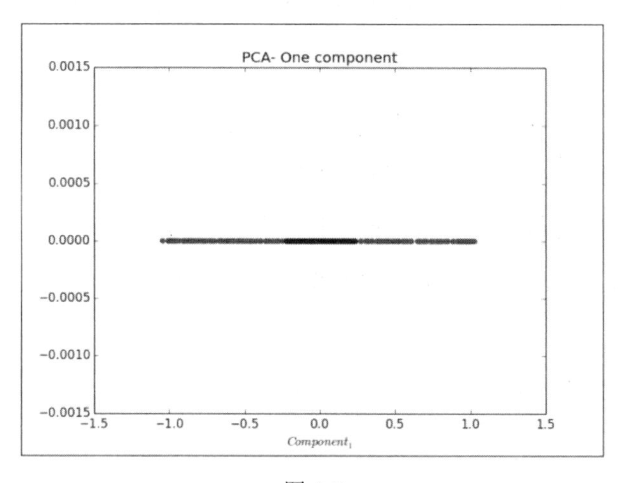

图 4-7

普通 PCA 方法是一个线性的投射技术，只对数据是线性分布的情形有效。在数据不是线性分布的时候，我们需要非线性技术来给数据集降维。

> 核 PCA 对于数据降维是一种非线性的技术。

现在用 scikit-learn 库创建一个核 PCA 对象，代码如下。

```
KernelPCA(kernel=rbf,gamma=10)
```

我们选择了径向基函数（Radial Basis Function，RBF）核，gamma 值为 10。gamma 是一个核（用来处理非线性）的参数——内核系数。

在进一步探索之前，让我们先了解一些关于核到底是什么的理论知识。有一个简要的定义是：核是一个计算点积的函数，两个向量之间的相似度将被传递给它作为输入。

RBF 高斯核定义于输入空间的两个点 x 和 x′之间，公式如下。

$$K(x,x')=\exp\left(\gamma\bullet\|x-x'\|^2\right)$$

其中，

$$\gamma=-\frac{1}{2\sigma^2}$$

RBF 减小了距离，使之介于 0～1，因此可以被解读为相似度度量。它的特征空间可以是无限维度的——维基百科。

上述内容可以从以下链接查阅，请参见：

http://en.wikipedia.org/wiki/Radial_basis_function_kernel。

现在可以将输入的特征空间转换为核空间，然后在核空间上执行 PCA。

最后，我们绘制出前两个主成分的散点图（见图 4-8），每个点根据它的类别值分为不同的颜色。

从图 4-8 中可以看出，在核空间里点是线性分布的。

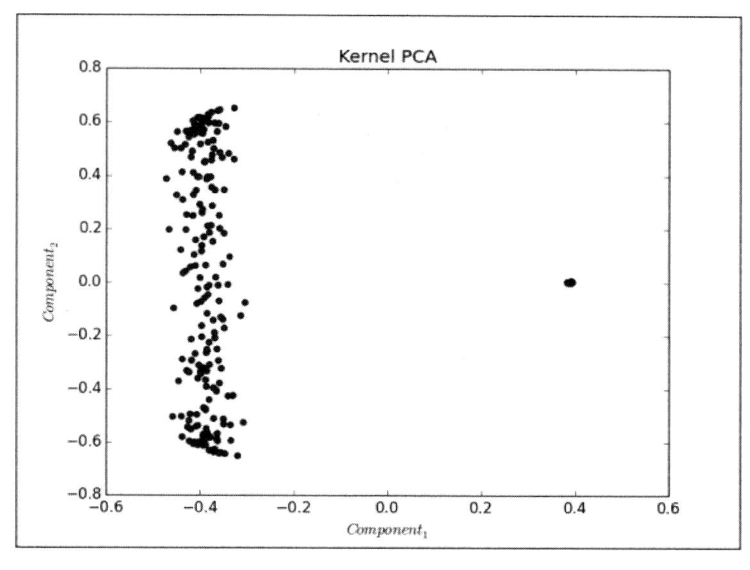

图 4-8

4.3.4 更多内容

scikit-learn 里的核 PCA 对象也可以使用其他类别的核，如下所示。

- 线性。
- 多项式。
- Sigmoid。
- 余弦值。
- 预先计算的。

scikit-learn 也提供了其他类别的非线性数据生成器，下面是另一个示例。

```
from sklearn.datasets import make_moons
x,y = make_moons(100)
plt.figure(5)
plt.title("Non Linear Data")
plt.scatter(x[:,0],x[:,1],c=y)
plt.xlabel("$x_1$")
plt.ylabel("$x_2$")
plt.savefig('fig-7.png')
plt.show()
```

这个数据的图形如图 4-9 所示。

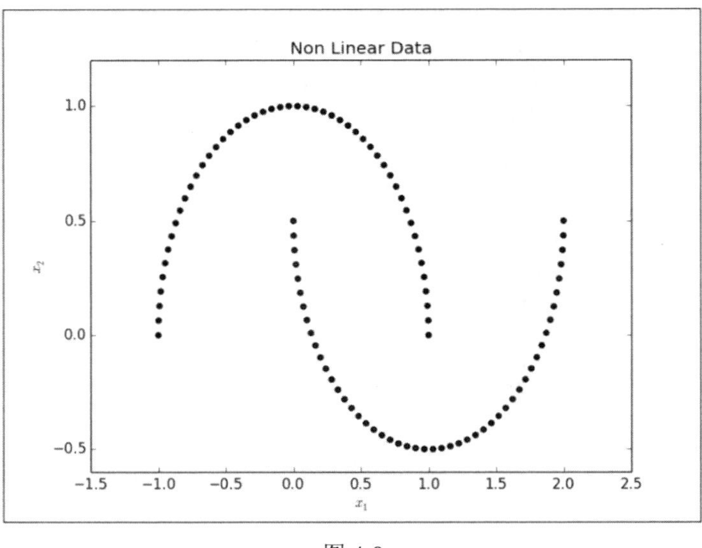

图 4-9

4.4 使用奇异值分解抽取特征

之前已经了解了 PCA 和核 PCA，我们现在可以介绍以下的降维方法。

- 将相关变量转换为一系列不相关的变量。这样，我们面对的数据中解释相关性的维数就减少了，而且没有丢失任何信息。
- 发现主轴，其上记录了数据的大部分变化。

奇异值分解（Singular Value Decomposition，SVD）是另一种矩阵分解技术，它可以用来解决维度问题带来的麻烦，它可以用较低的维数找到原始数据的最佳近似。和 PCA 不同，SVD 直接作用于原始数据矩阵。

> SVD 不需要一个协方差或者相关矩阵，它直接作用于原始数据矩阵。

SVD 把一个 m×n 的矩阵分解成 3 个矩阵的乘积。

$$A = U * S * V^T$$

这里的 U 是一个 m×k 的矩阵，V 是 n×k 矩阵，S 是 k×k 矩阵，U 的列被称为左奇异向量，V 的列则称为右奇异向量。

矩阵 S 的对角线值被称为奇异值。

4.4.1 准备工作

本节仍使用 iris 数据集，我们的任务是将它的维度从 4 降为 2。

4.4.2 操作方法

加载必需的库，获取 iris 数据集。

```
from sklearn.datasets import load_iris
import matplotlib.pyplot as plt
import numpy as np
from sklearn.preprocessing import scale
from scipy.linalg import svd

# 加载 Iris 数据集
data = load_iris()
x = data['data']
y = data['target']

# 接着根据它的平均值对变量 x 进行缩放
x_s = scale(x,with_mean=True,with_std=False,axis=0)

# 用 SVD 技术分解矩阵，我们用的是 scipy 中的 SVD 实现
U,S,V = svd(x_s,full_matrices=False)

# 选择最前两个奇异值来近似原始的矩阵
x_t = U[:,:2]

# 最后用降维的成分来绘制出数据集的图形
plt.figure(1)
plt.scatter(x_t[:,0],x_t[:,1],c=y)
plt.xlabel("Component 1")
plt.ylabel("Component 2")
plt.show()
```

现在演示如何在 iris 数据集上执行 SVD。

```
# 接着根据它的平均值对变量 x 进行缩放
x_s = scale(x,with_mean=True,with_std=False,axis=0)
# 用 SVD 技术分解矩阵，我们用的是 scipy 中的 SVD 实现
U,S,V = svd(x_s,full_matrices=False)

# 选择最前两个奇异值来近似原始的矩阵
x_t = U[:,:2]

# 最后用降维的成分来绘制出数据集的图形
plt.figure(1)
plt.scatter(x_t[:,0],x_t[:,1],c=y)
plt.xlabel("Component 1")
plt.ylabel("Component 2")
plt.show()
```

4.4.3　工作原理

iris 数据集有 4 个列，虽然不算多，但是足够用来说明我们的目的：把 iris 数据集从四维降为二维，并保留数据中的全部信息。

使用 scikit-learn 中的函数 load_iris，我们可以方便地将数据加载到变量 x 和 y 中，x 是一个矩阵，检视它的形态，结果如下。

```
>>>x.shape
(150, 4)
>>>
```

利用它的平均值，我们对数据矩阵 x 进行缩放。经验法则告诉我们，如果数据中所有的列尺度一致，度量单位相同，就没有必要进行缩放，这样可以让 PCA 捕捉到最大变化的基本单位。请注意我们调用 scale 函数时只用到了平均值。

```
x_s = scale(x,with_mean=True,with_std=False,axis=0)
```

1. 在缩放后的输入数据集上运行 SVD 方法。

2. 选择最大的两个奇异成分，这样就构成原始输入数据进行降维后的近似矩阵。

3. 最后，绘制出各个列，并用类别数值区分不同的颜色（见图 4-10）。

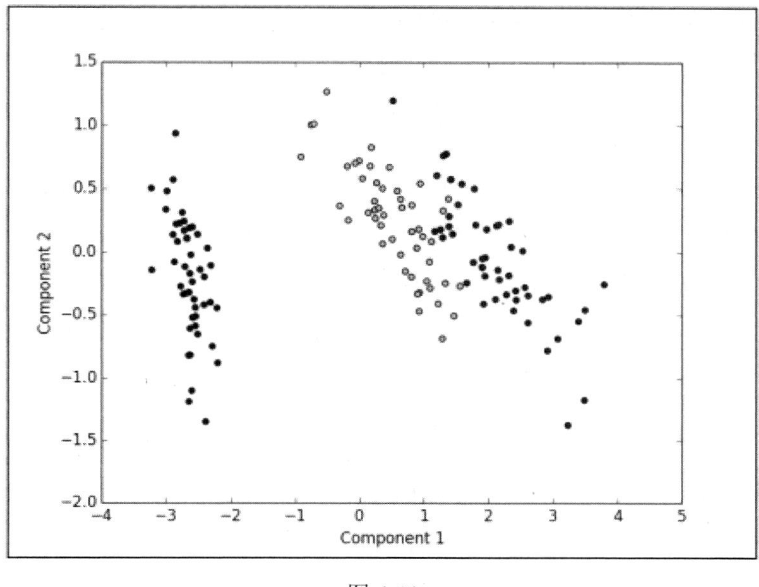

图 4-10

4.4.4 更多内容

SVD 是一种双模因子分析，过程是从一个具有两类实体的任意矩阵开始。这和之前的小节里 PCA 采用一个相关矩阵作为输入是不一样的，PCA 是一种单模因子分析方法，因为它的输入方阵里的行和列代表的是相同的实体。

在文本挖掘应用中，输入一般被表示成词-文档矩阵（Term-document Matrix，TDM）。在 TDM 里，行对应于词，而列对应于文档，单元格实体填充的是词频或者 TFIDF 分数。因此，这是一个两类实体的矩形阵：词和文档分别由行和列代表。

SVD 经常被应用在文本挖掘应用里，用来发现词和文档、文档与文档以及词与词之间隐藏的关联（语义关联）。

将 SVD 应用于一个词-文档矩阵，我们可以将它转为一个新的语义空间，在此空间中，一些未在同一文档中共现的词之间的距离可以十分接近。SVD 的目标是找到一条有效的路径，来给词和文档的关联关系建模。应用 SVD 后，每个文档和词都可以用因子值构成的向量来表示。我们可以将值很低的成分忽略掉，从而避免数据集里的噪音干扰。这引出了一种文本语料的近似表示方法，称为潜在语义分析（Latent Semantic Analysis，LSA）。

这种方法的一个分支对于文档为查找或检索建立索引具有很好的适应性。它不再为原始的词建立反向索引，而是为输出的 LSA 建立索引。这样就避免了同义词和一词多义的困扰。对于同义词，用户会倾向于使用不同的词表达相同的实体，这给普通索引带来了很大麻烦，因为文档可能只对常规使用的词进行了索引，对一些词无法返回正确的输出结果。例如，我们对一些金融类的文档进行索引，常见的词有“货币”“钱”以及一些类似的词等。“货币”和“钱”是同义词，当一个用户搜索“钱”的时候，按道理那些与“货币”有关的文档也应该被显示出来。然而，仅有常规索引的搜索引擎只能检索到那些包含“钱”的文档。而如果使用潜在语义索引，那些包含“货币”的文档也能被检索到了。在潜在语义空间中，“货币”和“钱”相互很接近，它们相邻的词在文档中也比较相似。

一词多义就是一个词有多重含义，例如，“bank”这个词可以解释成一种金融机构，也可以解释成河岸。和同义词类似，LSA也可以解决一词多义的问题。

关于LSA和潜在语义索引的详细信息，可以查阅Deerwester等人的论文，请参见：

http://citeseerx.ist.psu.edu/viewdoc/summary?doi=10.1.1.108.8490。

要更深入地研究特征值和奇异值，可以参阅Cleve Moler所著的《Numerical Computing with MATLAB》，虽然书中的例子是用MATLAB编程的，但在本书相关章节的帮助下，你可以用Python进行重写。请参见：https://in.mathworks.com/moler/eigs.pdf。

4.5 用随机映射给数据降维

我们之前介绍的几种降维方法运算代价都很高昂，速度都不是最快。随机映射也是一种降维的方法，它比之前那些方法的速度都要快。

随机映射是Johnson-Linden Strauss定理的推论，根据这个定理，从高维到低维的欧几里得空间的映射是存在的，这样点到点的距离被保持在一个ε方差内。因此，随机映射的目的就是保持数据中任意两点之间的距离，同时降低数据的维度。

假定在任意欧几里得空间里给定一个n维的数据，根据定理，我们可以将它映射成一个k维的欧几里得空间，这样所有点之间的距离被保持在（1-ε）和（1+ε）的乘法因子之间。

4.5.1 准备工作

本节我们将使用20个新闻组的数据，来自以下链接。

http://qwone.com/～jason/20Newsgroups/。

它收藏了大约20000个新闻组文档，大致均匀地分为20个类别，`scikit-learn`提供了方便的函数来加载这个数据集。

```
from sklearn.datasets import fetch_20newsgroups
data = fetch_20newsgroups(categories=cat)
```

你可以加载所有的库或者感兴趣的分类列表，它提供了分类的列表，本例中我们选择 sci.crypt 分类。

我们将输入文本作为词-文档矩阵加载进来，特征是独立的词。在这里，我们应用随机映射来降低数据维度，来看看文档间的距离在降维后的空间里是否能保留下来。对了，矩阵中的实例是文档。

4.5.2 操作方法

先加载必需的库，然后调用 scikit-learn 库里的工具函数 fetch20newsgroups 获得数据集，从中选择 sci.crypt 分类，将文本数据转换为向量表示。

```
from sklearn.datasets import fetch_20newsgroups
from sklearn.feature_extraction.text import TfidfVectorizer
from sklearn.metrics import euclidean_distances
from sklearn.random_projection import GaussianRandomProjection
import matplotlib.pyplot as plt
import numpy as np

# 加载 20 个新闻组数据集
# 我们只选用 sci.crypt 分类
# 其他分类还包括“sci.med”“sci.space”“soc.religion.Christian”等
cat =['sci.crypt']
data = fetch_20newsgroups(categories=cat)

# 从上面的数据集中创建一个词-文档矩阵，词频作为值
vectorizer = TfidfVectorizer(use_idf=False)
vector = vectorizer.fit_transform(data.data)

# 执行映射，本例我们将把维度降到 1000
gauss_proj = GaussianRandomProjection(n_components=1000)
gauss_proj.fit(vector)

# 将原始数据转换到新的空间中
vector_t = gauss_proj.transform(vector)

# 打印出转换后的向量的形态
```

```
print vector.shape
print vector_t.shape

# 为了验证转换过程是否保持了距离，我们计算新的和旧的两点间距离
org_dist = euclidean_distances(vector)
red_dist = euclidean_distances(vector_t)

diff_dist = abs(org_dist - red_dist)

# 计算出两个点之间的差别，并绘制出热图（只有前 100 个文档）
plt.figure()
plt.pcolor(diff_dist[0:100,0:100])
plt.colorbar()
plt.show()
```

接下来我们将解释随机映射的概念。

4.5.3　工作原理

加载了新闻组数据集之后，我们通过下面的语句将其转为矩阵的形式。

```
TfidfVectorizer(use_idf=False).
```

请注意 use_idf 被设置为 False，这意味着我们创建的输入矩阵行是文档，列是独立的词，单元格数值是词出现的次数。

使用 print vector.shape 命令，得到的输出结果如下。

```
(595, 16115)
```

可以看到输入的矩阵有 595 个文档，16115 个词，每个词就是一个特征，也是一个维度。

使用密集高斯矩阵来对数据进行映射，高斯随机矩阵是从正态分布 N（0,1/成分总数）中采样获取元素而生成的。本例中，成分总数为 1000，目标是将维度从 16115 降低到 1000。随后我们会打印出原始的和降维后的数据来进行验证。

最后要验证一下数据的特征在映射之后是否保留下来，方法是计算向量间的欧几里得距离。分别记录下在原始空间和映射空间里的距离，然后像第 7 步中那样计算出它们之间的差异，并把这些差异以热图的形式绘制出来（见图 4-11）。

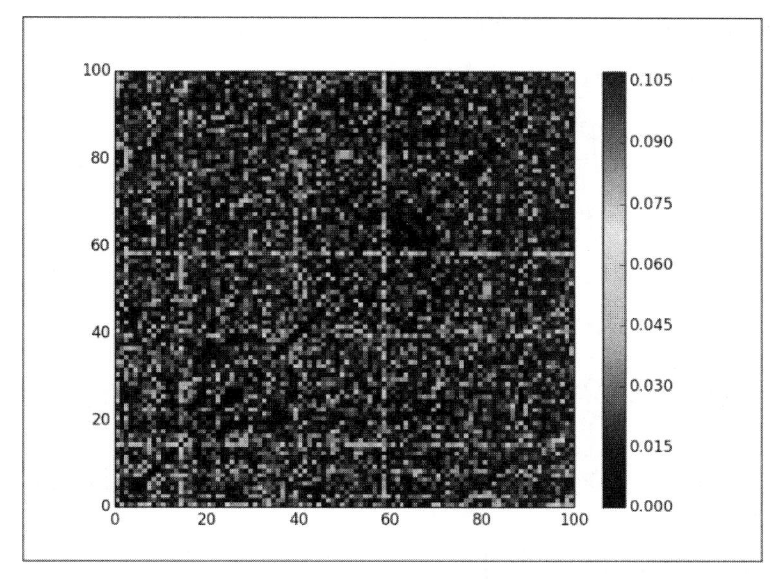

图 4-11

如你所见，表明原始空间和降维空间的向量距离差异的渐变范围介于 0.000～0.105 之间，两者的差异几乎都在一个很小的范围内。

4.5.4 更多内容

现在有很多关于随机映射的指南，对这个领域的研究十分活跃，有兴趣的读者可以从下面的链接中找到一些相关的论文。请参见：

《Experiments with random projections》详见 http://dl.acm.org/citation.cfm?id=719759；

《Experiments with random projections for machine learning》详见 http://citeseerx.ist.psu.edu/viewdoc/summary?doi=10.1.1.13.9205。

本节我们采用了高斯随机映射，高斯随机矩阵是从正态分布 N（0,1/1000）中采样生成的，1000 就是我们要降到的空间维度。

然而，采用密集矩阵可能在处理过程中导致严重的内存相关问题。为了避免这些问题，Achlioptas 提议采用稀疏随机映射，不从标准的正态分布，而是从区间{-1.0,1}中选择实体，采用的概率是{1/6,2/3,1/6}。如你所见，选择 0 的概率是 2/3，因此结果矩阵将是一个稀疏阵。读者可以参考 Achlioptas 的首创论文《Dimitris Achlioptas, Database-friendly random projections: Johnson-Lindenstrauss with binary coins》，计算机与系统科学杂志第 66（4）卷，671～687 页，2003 年出版。

scikit 实现过程中允许用户选择结果矩阵的密度，如果我们指定密度为 d，s 为 $1/d$，那么将根据下面的公式来选择矩阵的元素。

$$-\sqrt{\frac{d}{No\ components}}, 0, +\sqrt{\frac{d}{No\ components}}$$

采用的概率如下。

$$\left\{\frac{1}{2s}, 1-\frac{1}{s}, \frac{1}{2s}\right\}$$

4.5.5 参考资料

第 4 章“数据分析——深入理解”中 4.3 节“使用核 PCA”的相关内容。

4.6 用 NMF 分解特征矩阵

前面几节里介绍了一些为数据降维而采用的矩阵分解技术，现在我们来讨论一种更有趣的技术，它是从协同过滤角度出发的。虽然降维是我们的追求，不过采用协同过滤算法的非负矩阵分解（Non-negative Matrix Factorization，NMF)）常常被用在推荐系统中。

假定我们的输入矩阵 A 是 $m \times n$ 维度的，NMF 将它分解成两个矩阵 A_{dash} 和 H。公式如下。

$$A = A_{dash} * H$$

假定我们要将矩阵 A 的维度降为 d，也就是将 $m \times n$ 矩阵分解为 $m \times d$，其中 d 远小于 n。

矩阵 A_{dash} 是 $m \times d$ 的，矩阵 H 是 $d \times m$，NMF 把它转化为一个优化问题，即最小化以下函数。

$$| A - A_{dash} * H |^2$$

NMF 解决了著名的 Nefflix 挑战，请访问以下链接了解详情。

Gábor Takács 等人在 2008 年 10 月 23～25 日瑞士洛桑举办的 ACM 推荐系统大会上发表的文章《Matrix factorization and neighbor based algorithms for the Netflix prize problem》，第 267～274 页，发布链接为：http://dl.acm.org/citation.cfm?id=1454049。

4.6.1 准备工作

为了解释 NMF，我们得准备一个模拟的推荐问题。在标准的推荐系统，如有着大群用户和大量项目（电影）的 MovieLens 或 Netflix 那样，每个用户对一些电影做出了评价，我们将预测他们如何对尚未评价的电影进行评价。先假定这些用户还没观看过他们未评价的电影，我们的预测算法输出对这些电影的评价，然后推荐引擎推荐其中评价较高的影片给这些用户。

我们的模拟数据是一些电影，具体信息如表 4-1 所示。

表 4-1

电影 ID	电影名
1	星球大战
2	黑客帝国
3	盗梦空间
4	哈利波特
5	霍比特人
6	纳瓦隆大炮
7	拯救大兵瑞恩
8	兵临城下
9	血染雪山堡
10	胜利大逃亡

总共 10 部电影，通过它们的电影 ID 进行区别。然后 10 个用户对它们的评价情况如表 4-2 所示。

表 4-2

	电影 ID									
用户 ID	1	2	3	4	5	6	7	8	9	10
1	5.0	5.0	4.5	4.5	5.0	3.0	2.0	2.0	0.0	0.0
2	4.2	4.7	5.0	3.7	3.5	0.0	2.7	2.0	1.9	0.0

续表

	电影 ID									
用户 ID	1	2	3	4	5	6	7	8	9	10
3	2.5	0.0	3.3	3.4	2.2	4.6	4.0	4.7	4.2	3.6
4	3.8	4.1	4.6	4.5	4.7	2.2	3.5	3.0	2.2	0.0
5	2.1	2.6	0	2.1	0	3.8	4.8	4.1	4.3	4.7
6	4.7	4.5	0	4.4	4.1	3.5	3.1	3.4	3.1	2.5
7	2.8	2.4	2.1	3.3	3.4	3.8	4.4	4.9	4	4.3
8	4.5	4.7	4.7	4.5	4.9	0	2.9	2.9	2.5	2.1
9	0	3.3	2.9	3.6	3.1	4	4.2	0	4.5	4.6
10	4.1	3.6	3.7	4.6	4	2.6	1.9	3	3.6	0

4.6.2 操作方法

我们先加载必需的库，然后生成数据集，并保存成一个矩阵。

```
import numpy as np
from collections import defaultdict
from sklearn.decomposition import NMF
import matplotlib.pyplot as plt

# 在 Python 中加载评价矩阵
ratings = [
[5.0, 5.0, 4.5, 4.5, 5.0, 3.0, 2.0, 2.0, 0.0, 0.0],
[4.2, 4.7, 5.0, 3.7, 3.5, 0.0, 2.7, 2.0, 1.9, 0.0],
[2.5, 0.0, 3.3, 3.4, 2.2, 4.6, 4.0, 4.7, 4.2, 3.6],
[3.8, 4.1, 4.6, 4.5, 4.7, 2.2, 3.5, 3.0, 2.2, 0.0],
[2.1, 2.6, 0.0, 2.1, 0.0, 3.8, 4.8, 4.1, 4.3, 4.7],
[4.7, 4.5, 0.0, 4.4, 4.1, 3.5, 3.1, 3.4, 3.1, 2.5],
[2.8, 2.4, 2.1, 3.3, 3.4, 3.8, 4.4, 4.9, 4.0, 4.3],
[4.5, 4.7, 4.7, 4.5, 4.9, 0.0, 2.9, 2.9, 2.5, 2.1],
[0.0, 3.3, 2.9, 3.6, 3.1, 4.0, 4.2, 0.0, 4.5, 4.6],
[4.1, 3.6, 3.7, 4.6, 4.0, 2.6, 1.9, 3.0, 3.6, 0.0]
]

movie_dict = {
```

```
1:"Star Wars",
2:"Matrix",
3:"Inception",
4:"Harry Potter",
5:"The hobbit",
6:"Guns of Navarone",
7:"Saving Private Ryan",
8:"Enemy at the gates",
9:"Where eagles dare",
10:"Great Escape"
}
A = np.asmatrix(ratings,dtype=float)

# 对数据进行非负矩阵转换
max_components = 2
reconstruction_error = []
nmf = None
nmf = NMF(n_components = max_components,random_state=1)
A_dash = nmf.fit_transform(A)

# 检查降维的矩阵
for i in range(A_dash.shape[0]):
    print "User id = %d, comp1 score = %0.2f, comp 2 score = \
%0.2f"%(i+1,A_dash[i][0],A_dash[i][1])

plt.figure(1)
plt.title("User Concept Mapping")
x = A_dash[:,0]
y = A_dash[:,1]
plt.scatter(x,y)
plt.xlabel("Component 1 Score")
plt.ylabel("Component 2 Score")

# 检查成分矩阵 F
F = nmf.components_
plt.figure(2)
plt.title("Movie Concept Mapping")
x = F[0,:]
y = F[1,:]
plt.scatter(x,y)
plt.xlabel("Component 1 score")
plt.ylabel("Component 2 score")
for i in range(F[0,:].shape[0]):
```

```
    plt.annotate(movie_dict[i+1],(F[0,:][i],F[1,:][i]))
plt.show()
```

现在演示非负矩阵转换。

```
# 对数据进行非负矩阵转换
max_components = 2
reconstruction_error = []
nmf = None
nmf = NMF(n_components = max_components,random_state=1)
A_dash = nmf.fit_transform(A)

# 检查降维的矩阵
for i in range(A_dash.shape[0]):
    print "User id = %d, comp1 score = %0.2f, comp 2 score = \
%0.2f"%(i+1,A_dash[i][0],A_dash[i][1])
plt.figure(1)
plt.title("User Concept Mapping")
x = A_dash[:,0]
y = A_dash[:,1]
plt.scatter(x,y)
plt.xlabel("Component 1 Score")
plt.ylabel("Component 2 Score")

# 检查成分矩阵 F
F = nmf.components_
plt.figure(2)
plt.title("Movie Concept Mapping")
x = F[0,:]
y = F[1,:]
plt.scatter(x,y)
plt.xlabel("Component 1 score")
plt.ylabel("Component 2 score")
for i in range(F[0,:].shape[0]):
    plt.annotate(movie_dict[i+1],(F[0,:][i],F[1,:][i]))
plt.show()
```

4.6.3 工作原理

我们从列表中将数据加载到 NumPy 的矩阵 A，然后通过变量 max_commponents 设置将维度降到 2，接着初始化一个 NMF 对象，并设定它的成分数量，最后应用算法来得到降维后的矩阵 A_dash。

输入矩阵 A 被转换为降维的矩阵 A_dash，它的形态如下所示。

```
A_dash = nmf.fit_transform(A)
```

以上步骤是我们所必需的，scikit 库隐藏了其中的许多细节，我们来看看后台都发生了什么。形式上，NMF 把原始矩阵分解成两个矩阵，它们相乘就得到原始矩阵的近似。请看如下的代码。

```
>>>A_dash.shape
(10, 2)
```

原始矩阵有 10 个列，降维后的矩阵只有两个列，这就是降维后的空间。从数据投射的角度来看，我们可以认为算法已经将初始的 10 个电影划分成两类。单元格里的数值表示用户对每一类别的喜好程度。

我们将喜好程度进行打印输出，代码如下。

```
for i in range(A_dash.shape[0]):
print User id = %d, comp1 score = %0.2f, comp 2 score =%0.2f%(i+1,A_dash \
[i][0],A_dash[i][1])
```

输出结果如图 4-12 所示。

```
User id = 1, comp1 score = 2.14, comp 2 score = 0.00
User id = 2, comp1 score = 1.92, comp 2 score = 0.00
User id = 3, comp1 score = 0.77, comp 2 score = 2.14
User id = 4, comp1 score = 1.95, comp 2 score = 0.46
User id = 5, comp1 score = 0.30, comp 2 score = 2.45
User id = 6, comp1 score = 1.39, comp 2 score = 1.36
User id = 7, comp1 score = 0.99, comp 2 score = 2.10
User id = 8, comp1 score = 2.02, comp 2 score = 0.43
User id = 9, comp1 score = 0.80, comp 2 score = 1.86
User id = 10, comp1 score = 1.75, comp 2 score = 0.60
```

图 4-12

请看用户 1，上图的第 1 行表明用户 1 给分类 1 评价分数为 2.14，分类 2 分数为 0，这表明用户 1 更偏好分类 1。

用户 3 也偏好分类 1，我们把输入的数据集降到了二维，这样在图形里很容易观察到一些结果。

x 轴上是成分 1，y 轴是成分 2，我们把多个用户的散点图绘制出来，如图 4-13 所示。

你会发现用户被分成了两组：对成分 1 的评分大于 1.5 的和小于 1.5 的。这样我们就在降维特征空间中将用户分到了两个簇里。

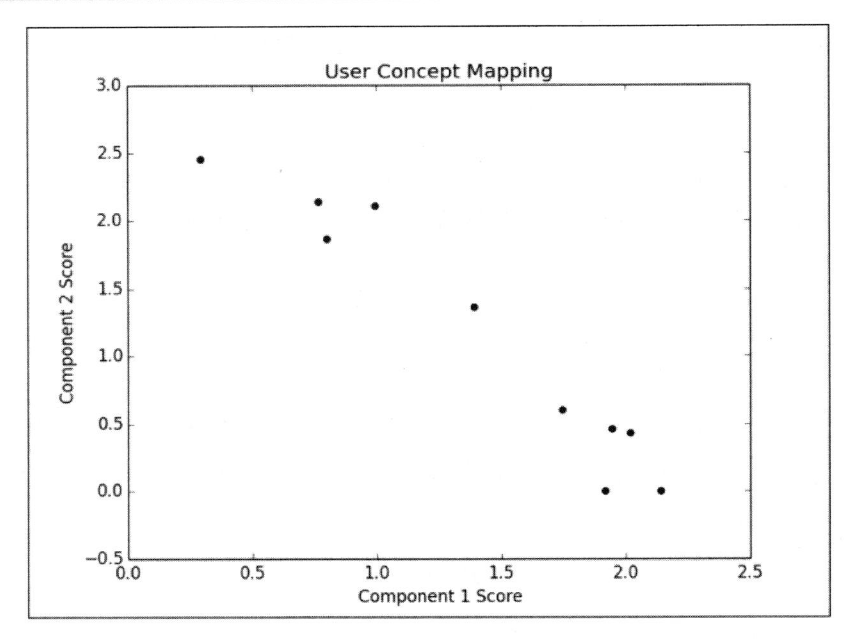

图 4-13

请看另一个矩阵 F。

```
F = nmf.components_
```

矩阵 F 有两行 10 列，每行代表了成分组成，每列代表一个电影的 ID。它的用途是表示对于不同类别电影的偏好程度。我们可以把这个矩阵的图形绘制出来。

你能看到，x 轴是第 1 行，y 轴是第 2 行。在第 1 步里，我们声明了一个字典，现在用这个字典来给每个点注释出电影名。

```
for i in range(F[0,:].shape[0]):
plt.annotate(movie_dict[i+1],(F[0,:][i],F[1,:][i]))
```

annotate 方法把字符串（用来注释）作为第 1 个参数，x 和 y 坐标作为一个元组。

输出的图形如图 4-14 所示。

你会发现有两个明显的组：所有的战争片在成分 1 里的得分都很低，而在成分 2 的得分都很高，而神幻类电影则与之相反。我们可以肯定地说，成分 2 由战争片组成，给成分 2 打高分的用户更偏好战争电影，类似的结论也适用于神幻电影。

这样，我们通过 NMF 发现了输入的电影矩阵中隐藏的特征。

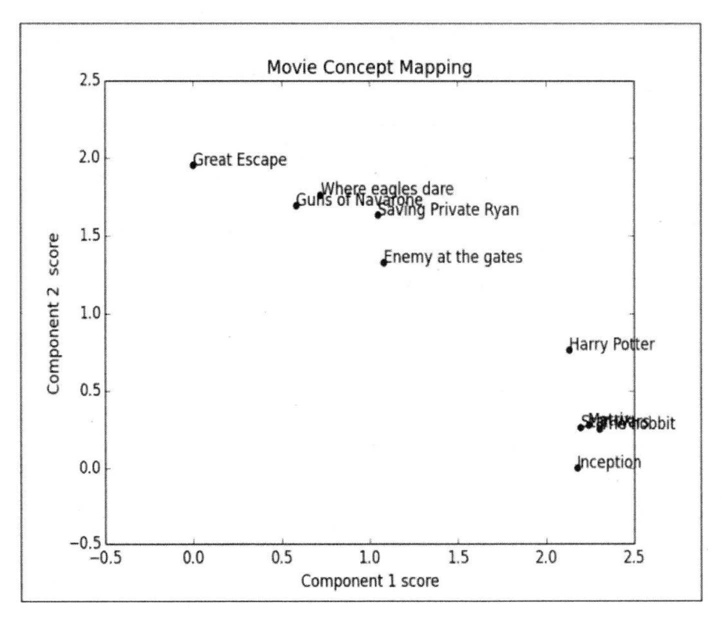

图 4-14

4.6.4 更多内容

我们知道了如何为用户将特征空间从十维降到二维，现在把它应用到推荐引擎中，我们先把原始矩阵重构为两个矩阵。

```
reconstructed_A = np.dot(W,H)
np.set_printoptions(precision=1)
print reconstructed_A
```

重构后的矩阵如图 4-15 所示。

```
[[ 4.7  4.8  4.7  4.6  4.9  1.3  2.2  2.3  1.5  0. ]
 [ 4.2  4.3  4.2  4.1  4.4  1.1  2.   2.1  1.4  0. ]
 [ 2.2  2.3  1.7  3.3  2.3  4.1  4.3  3.7  4.3  4.2]
 [ 4.4  4.5  4.2  4.5  4.6  1.9  2.8  2.7  2.2  0.9]
 [ 1.3  1.3  0.6  2.5  1.3  4.3  4.3  3.6  4.5  4.8]
 [ 3.4  3.5  3.   4.   3.6  3.1  3.7  3.3  3.4  2.7]
 [ 2.7  2.8  2.2  3.7  2.8  4.1  4.5  3.9  4.4  4.1]
 [ 4.6  4.7  4.4  4.6  4.8  1.9  2.8  2.8  2.2  0.8]
 [ 2.2  2.3  1.7  3.1  2.3  3.6  3.9  3.3  3.9  3.6]
 [ 4.   4.1  3.8  4.2  4.2  2.   2.8  2.7  2.3  1.2]]
```

图 4-15

它和原始矩阵有什么区别呢？请看原始矩阵，请注意加粗显示的行，如表 4-3 所示。

表 4-3

	电影 ID									
用户 ID	1	2	3	4	5	6	7	8	9	10
1	5.0	5.0	4.5	4.5	5.0	3.0	2.0	2.0	0.0	0.0
2	4.2	4.7	5.0	3.7	3.5	0.0	2.7	2.0	1.9	0.0
3	2.5	0.0	3.3	3.4	2.2	4.6	4.0	4.7	4.2	3.6
4	3.8	4.1	4.6	4.5	4.7	2.2	3.5	3.0	2.2	0.0
5	2.1	2.6	0	2.1	0	3.8	4.8	4.1	4.3	4.7
6	4.7	4.5	0	4.4	4.1	3.5	3.1	3.4	3.1	2.5
7	2.8	2.4	2.1	3.3	3.4	3.8	4.4	4.9	4	4.3
8	4.5	4.7	4.7	4.5	4.9	0	2.9	2.9	2.5	2.1
9	0	3.3	2.9	3.6	3.1	4	4.2	0	4.5	4.6
10	4.1	3.6	3.7	4.6	4	2.6	1.9	3	3.6	0

对于用户 6 和电影 3，现在有了一个评分，这有助于我们决定是否向还没有看过这部电影的用户进行推荐。请记住，这只是一个模拟的数据集，真实世界的场景拥有的是巨量的电影和用户。

4.6.5 参考资料

第 4 章“数据分析——深入理解”中 4.4 节“使用奇异值分解抽取特征”的相关内容。

第 5 章
数据挖掘——海底捞针

在这一章里，我们将探讨以下主题。

- 使用距离度量
- 学习和使用核方法
- 用 k-means 进行数据聚类
- 学习向量量化
- 在单变量数据中找出异常点
- 使用局部异常因子方法发现异常点

5.1 简介

本章主要关注一些无监督的数据挖掘算法。我们先从介绍几种距离度量开始，了解不同的距离度量和空间对于构建数据科学应用是非常关键的。任何数据集都是一系列的点，这些点都属于某个特定空间。我们可以把空间定义为一个普遍的点的集合，数据集里的点就落在这个集合中。最常用的空间是欧几里德空间，在欧氏空间里，点是实数向量，向量的长度就是它的维度数。

接着介绍的是核方法，它是机器学习中非常重要的一个主题，帮助我们使用线性方法解决非线性数据问题。我们主要介绍核映射的概念。

再接着是对一些聚类算法的讲解，聚类是将一系列点分隔到不同的逻辑组里的处理过程。例如一个超市的场景，商品被定性地按种类进行分组，而我们要研究的是如何进行定量处理。k-means 算法是本节特别关注的专题，我们将仔细研究它的缺点和优点。

下一个要介绍的是学习向量量化，它是一种无监督技术，能用来完成聚类和分类两种不同的任务。

最后我们关注的是异常点检测方法。异常点就是数据集里和其他点明显看起来不一样的点，对它们进行研究十分重要，因为它们可能代表着在生成数据的过程中出现了不寻常的现象或者错误。当机器学习模型匹配了数据之后，在将数据传递给算法前了解如何处理异常点是非常重要的。本章我们会集中介绍一些异常点检测的经验。

本章的各节都十分依赖 Python 的 `NumPy`、`SciPy`、`SciPy`、`matplotlib` 和 `scikit-learn` 等库，我们的代码风格也将从脚本型转为大量编写过程和类。

5.2　使用距离度量

对于很多数据挖掘任务，计算距离和相似度度量非常关键。本节将研究一些距离度量的实践，下一节则讨论相似度度量。在研究距离度量之前，我们先定义一下距离测度。

作为数据科学家，我们经常接触不同维度的点或向量。在数学层面上，一系列的点定义了一个空间，一个空间里的距离度量被定义为函数 $d(x,y)$，它把空间里的 x 和 y 两个点作为参数，返回一个实数作为输出，这个距离函数输出的实数，要满足以下几点规则。

1．距离函数的输出必须是非负的，$d(x,y)\geqslant 0$。

2．仅当 $x=y$ 的时候，函数的输出为 0。

3．距离是对称的，即 $d(x,y)= d(y,x)$。

4．距离应遵循三角不等式，即 $d(x,y)\leqslant d(x,z)+ d(z,y)$。

认真研究以上第 4 条原理，我们可以推论出距离是两个点最短路径的长度。

以上几条规则的详细信息可以在以下链接查看，请参见：

http://en.wikipedia.org/wiki/Metric_%28mathematics%29。

5.2.1　准备工作

本节将研究在欧氏空间和非欧氏空间里的距离度量。我们从前者开始，先定义一个 Lr-Norm 距离，这是欧氏空间的系列距离度量家族中的一员，然后介绍余弦距离。对于非欧空间，我们将介绍 Jaccard 距离和 Hamming 距离。

5.2.2 操作方法

我们定义几种计算距离度量的函数。

```
import numpy as np

def euclidean_distance(x,y):
    if len(x) == len(y):
        return np.sqrt(np.sum(np.power((x-y),2)))
    else:
        print "Input should be of equal length"
    return None

def lrNorm_distance(x,y,power):
    if len(x) == len(y):
        return np.power(np.sum (np.power((x-y),power)),(1/(1.0*power)))
    else:
        print "Input should be of equal length"
    return None

def cosine_distance(x,y):
    if len(x) == len(y):
        return np.dot(x,y) / np.sqrt(np.dot(x,x) * np.dot(y,y))
    else:
        print "Input should be of equal length"
    return None

def jaccard_distance(x,y):
    set_x = set(x)
    set_y = set(y)
    return 1 - len(set_x.intersection(set_y)) / len(set_x.union(set_y))

def hamming_distance(x,y):
    diff = 0
    if len(x) == len(y):
        for char1,char2 in zip(x,y):
            if char1 != char2:
                diff+=1
        return diff
    else:
        print "Input should be of equal length"
    return None
```

现在我们编写主函数来调用这几种距离度量函数。

```
if __name__ == "__main__":
    # 样例数据，两个三维的向量
    x = np.asarray([1,2,3])
    y = np.asarray([1,2,3])
    # 打印输出欧氏距离
    print euclidean_distance(x,y)
    # r 值为 2，调用 lr_norm 距离函数打印欧氏空间距离
    print lrNorm_distance(x,y,2)
    # 曼哈顿或者城市街区距离
    print lrNorm_distance(x,y,1)

    # 计算余弦距离的样例数据
    x =[1,1]
    y =[1,0]
    print 'cosine distance'
    print cosine_distance(x,y)

    #计算 Jaccard 距离的样例数据
    x = [1,2,3]
    y = [1,2,3]
    print jaccard_distance(x,y)

    #计算 Hamming 距离的样例数据
    x =[11001]
    y =[11011]
    print hamming_distance(x,y)
```

5.2.3 工作原理

先来看看主函数，我们创建了一个样例数据集——两个三维的向量，然后调用 euclidean_distance 函数。

这是欧氏空间里最常用的距离度量，它属于 Lr-Norm 距离家族。如果一个空间里的点是由实数数值组成的向量，那么这个空间就是欧氏空间，其中的距离也被称为 L2-Norm 距离。欧氏距离的公式如下。

$$d([x_1,x_2,\cdots,x_n]),[y_1,y_2,\cdots,y_n]=\sqrt{\sum_{i=1}^{n}(x_i-y_i)^2}$$

如你所见，欧氏距离是通过计算每个维度的距离推导出来的（对应维度相减），求平方，

最后取平方根。

上面的代码里，我们调用了 NumPy 的平方根和幂函数来完成上述公式计算。

```
np.sqrt(np.sum(np.power((x-y),2)))
```

欧氏距离绝对都是正数，只有 x 和 y 相等时才为 0，我们调用下面的代码就能很清楚地看出这一点。

```
x = np.asarray([1,2,3])
y = np.asarray([1,2,3])

print euclidean_distance(x,y)
```

如你所见，我们定义了两个 NumPy 数组 x 和 y，并让它们相等，现在用这些参数来调用 euclidean_distance 函数，输出的结果就是 0。

现在我们调用 L2-Norm 函数 lrNorm_distance。

Lr-Norm 距离度量是一系列距离度量族中的一员，欧氏距离也只是这个族中的一个。我们从公式中可以清楚地看出这一点。

$$d([x_1,x_2,\cdots,x_n]),[y_1,y_2,\cdots,y_n]=\left(\sum_{i=1}^{n}|x_i-y_i|^r\right)^{\frac{1}{r}}$$

公式里有一个参数 r，我们把 2 代入 r，上面的公式就成了欧几里德公式。因此，欧氏距离也被称为 L2-Norm 距离。

```
lrNorm_distance(x,y,power):
```

除了两个向量，我们还传递了 power 参数，这就是公式里定义的 r。把 power 的数值设置为 2，我们就得到欧氏距离，运行下面的代码可以验证一下。

```
print lrNorm_distance(x,y,2)
```

和欧氏距离函数一样，这将返回 0 值。

现在定义两个一样的向量 x 和 y，然后调用 cosine_distance 函数。

在空间里，向量也可以被认为是方向，余弦距离返回给定的两个向量之间夹角的余弦值作为距离值。欧氏空间以及由整数或布尔值组成的向量构成的空间都可以应用余弦距离函数。输入向量间角度的余弦值是两个向量的点积与向量的 L2-Norm 乘积的比值。

```
np.dot(x,y) / np.sqrt(np.dot(x,x) * np.dot(y,y))
```

分子的计算方法是两个输入向量的点积。

```
np.dot(x,y)
```

我们采用 NumPy 的 dot 函数来计算点积，两个向量 x 和 y 的点积计算公式定义如下。

$$\sum_{i=1}^{n} x_i \times y_i$$

再看分母部分。

```
np.sqrt(np.dot(x,x) * np.dot(y,y))
```

我们仍使用 dot 函数来计算输入向量的 L2-Norm 值。

```
# np.dot(x,x)和以下代码等价

tot = 0
for i in range(len(x)):
tot+=x[i] * x[i]
```

这样，我们就可以计算两个输入向量间夹角的余弦值了。

接下来介绍 Jaccard 距离。和前面的讲解类似，我们先定义样例向量，然后调用 jaccard_distance 函数。

之前涉及的是实数构成的向量，现在我们换成集合。给定输入向量集合，它们的交集和并集大小的比值通常被称为 Jaccard 系数。1 减去这个系数，得到的就是 Jaccard 距离。在实践中，我们会先将输入的列表转换为集合，这样就可以通过 Python 提供的集合数据类型进行交集和并集操作。

```
set_x = set(x)
set_y = set(y)
```

最后计算距离的代码如下。

```
1 - len(set_x.intersection(set_y)) / (1.0 * len(set_x.union(set_y)))
```

我们得使用集合数据类型的交集和并集操作来进行计算。

最后一个介绍的距离度量是 Hamming 距离。对于两个位类型的向量，Hamming 距离

就是这两个向量间不同的位的数量。

```
for char1,char2 in zip(x,y):
    if char1 != char2:
        diff+=1
return diff
```

我们使用了 zip 函数来检查每个位，统计不同的位的总数。Hamming 距离常常搭配分类变量使用。

5.2.4 更多内容

记住，将距离值减去 1 就可以得到相似度值。

还有一个被广泛应用的距离我们还没有谈及——Manhattan 距离，也称城市街区距离。它是一个 L1-Norm 距离。把 1 作为参数 r 的值传递给 Lr-Norm 函数，就得到 Manhattan 距离。

对于不同数据类型组成的空间，我们得选择合适的距离度量。在算法中使用这些距离时，我们要注意它们给空间计算带来的影响。例如，在 k-means 算法中，每一步都要把相近的所有点的平均中心计算出来作为聚类中心。欧氏空间有一个良好的特性：空间里存在一个点，这个点是所有点的平均中心。不过对于 Jaccard 距离来说，输入是集合，而集合没有平均值概念。

使用余弦距离的时候，首先得检查空间是不是欧氏空间。如果向量的元素是实数，那它是欧氏空间；如果是整数，则不是欧氏空间。余弦距离常常用于文本挖掘，此时，词被当作轴，文档则是这个空间里的一个向量，两个文档向量夹角的余弦值就代表了这两个文档之间的相似度。

SciPy 实现了上述所有的距离，以下链接列出了更多的详细信息，请参见：

http://docs.scipy.org/doc/scipy/reference/spatial.distance.html。

上面的链接展示了 SciPy 支持的所有距离类型。

此外，scikit-learn 的子模块 pairwise 提供了一个 pairwise_distance 方法，用它可以从输入的记录中计算出距离矩阵。请参见：

http://scikitlearn.org/stable/modules/generated/sklearn.metrics.pairwise.pairwise_distances.html。

我们曾提到过 Hamming 距离常常搭配分类变量，值得注意的一点是：独热编码也常常当作分类变量使用。在进行独热编码之后，Hamming 距离可以直接用来当作输入的向量之间的相似度/距离。

5.2.5 参考资料

第 4 章“数据分析——深入理解”中 4.5 节“用随机映射给数据降维”的相关内容。

5.3 学习和使用核方法

本节要讨论的是在数据处理过程中应用核方法，掌握了它能帮你处理非线性问题。本节将引你入门。

一般而言，线性模型可以用一条直线或一个超平面将数据分隔开，是比较容易解释和理解的。数据若是非线性的就无法使用线性模型，但要是数据能被转换成线性相关性的空间，则可以使用线性模型。然而，满足上述条件需要进行代价高昂的数学运算。幸亏核函数给了我们一条便捷之道。

核函数是一种相似度函数，它需要两个输入参数，这两个输入之间的相似度即核函数的输出结果。本节将研究如何计算这个相似度，还将讨论核技巧。

核函数 K 的正式定义是一个相似度函数：$k(x_1,x_2)>0$ 表示 x_1 和 x_2 间的相似度。

5.3.1 准备工作

讨论各种核函数之前，我们先在数学上对它进行定义：

$$k(x_i, j_i)\left\langle \varphi(x_i), \varphi(x_j)\right\rangle$$

这里的 x_i 和 x_j 即输入向量。

$$\varphi(x_i), \varphi(x_j)$$

上面的映射函数用来将输入向量转换成一个新的空间。例如，输入的向量是 n 维空间，转换函数把它转换为 m 维空间，且 $m>>n$。

$$\left\langle \varphi(x_i), \varphi(x_j)\right\rangle$$

$$\langle \square \rangle$$

上面的式子表示点积。

$$\langle \varphi(x_i), \varphi(x_j) \rangle$$

上面的式子表示 x_i、x_j 的点积现在被映射函数转换成一个新的空间。

这里我们先来看看实践中的一种简单的核函数。

先设定如下的映射函数。

$$\varphi(x_1, x_2, x_3) = (x_1^2, x_2^2, x_3^2, x_1x_2, x_1x_3, x_2x_1, x_2x_3, x_3x_1, x_3x_2)$$

将原始输入数据提供给这个映射函数，它就能将其转换为新的空间。

5.3.2 操作方法

我们先创建两个输入向量，再定义一个如上小节所述的映射函数。

```
import numpy as np
# 一个简单阐述核函数概念的示例
# 三维的输入向量
x = np.array([10,20,30])
y = np.array([8,9,10])

# 定义一个映射函数来转换空间
# phi(x1,x2,x3) = (x1x2,x1x3,x2x3,x1x1,x2x2,x3x3)
# 上面这个函数把输入向量转换成六维

def mapping_function(x):
    output_list  =[]
    for i in range(len(x)):
        output_list.append(x[i]*x[i])

    output_list.append(x[0]*x[1])
    output_list.append(x[0]*x[2])
    output_list.append(x[1]*x[0])
    output_list.append(x[1]*x[2])
    output_list.append(x[2]*x[1])
    output_list.append(x[2]*x[0])
```

```
    return np.array(output_list)
```

现在来看看调用核转换的主函数，我们在主函数中先定义一个核函数，向它传递输入变量，然后打印出结果。

$$k(x,y)=\langle x,y\rangle^2$$

```
if __name_ == "__main__"
    # 应用映射函数。
    tranf_x = mapping_function(x)
    tranf_y = mapping_function(y)
    # 打印输出结果
    print tranf_x
    print np.dot(tranf_x,tranf_y)

    # 打印输出等价于核函数的转换输出结果
    output = np.power((np.dot(x,y)),2)
    print output
```

5.3.3 工作原理

现在从主函数开始解释程序代码。我们先创建输入向量 x 和 y，二者都是三维。

然后我们定义了映射函数，它应用了输入向量的值，并把输入向量升维成一个新的空间。本例中，维度从 3 升到了 9。

现在应用映射函数把维度升高到 9。

打印输出 `tranf_x`，得到的结果如下。

```
[100 400 900 200 300 200 600 600 300]
```

如你所见，输入向量 x 从三维被转换成一个九维的向量。

现在把转换后的空间进行点积运算，并打印输出。

输出的结果是 313600，一个标量值。

现在简要重述一下：先把两个输入向量转换成高维的九维向量，然后计算它们的点积，用来产生一个标量输出。

上述步骤的运算过程需要大量计算开销。

我们也可以采用一个核函数，它能获得同样的标量结果，但不需要显式地将原始空间转换为新空间。

这个新核函数定义如下。

$$k(x,y)=\langle x,y\rangle^2$$

这个核函数计算出输入的 x 和 y 向量的点积，然后求平方值。将结果打印出来，也是313600。

我们没有进行转换过程，但得到了和转换后的空间点积运算相同的结果，这就是所谓的核技巧。

选择核并没有特殊技巧，对核进行扩展，就能获得映射函数。参阅以下链接可以获得更多扩展信息，请参见：

http://en.wikipedia.org/wiki/Polynomial_kernel。

5.3.4 更多内容

核的类型很多，取决于数据特征和算法的需要，我们要做的是选择合适的核。下面列出了一部分核类型。

线性核：这是核函数中最简单的一类，对于两个给定的输入，它返回输入的点积。

$$K(x,y)=x^{\mathrm{T}}y$$

多项式核：定义如下。

$$K(x,y)=(\gamma x^{\mathrm{T}}y+c)^d$$

这里的 x 和 y 是输入向量，d 是多项式的度，c 是一个常量。本节我们取度为 2 的多项式核。

下面的链接讲述的是 `scikit` 中的线性核和多项式核的具体实现，请参见：http://scikit-learn.org/stable/modules/generated/sklearn.metrics.pairwise.linear_kernel.html#sklearn.metrics.pairwise.linear_kernel 和 http://scikit-learn.org/stable/modules/generated/sklearn.metrics.pairwise.polynomial_kernel.html#sklearn.metrics.pairwise.polynomial_kernel。

5.3.5 参考资料

第 4 章“数据分析——深入理解”中 4.3 节“使用核 PCA”的相关内容。

第 4 章“数据分析——深入理解”中 4.5 节“用随机映射给数据降维”的相关内容。

5.4 用 k-means 进行数据聚类

本节将介绍 k-means 算法。它是一种搜寻中心的无监督算法，是一种迭代的不确定方法。所谓迭代，是指算法的步骤不断重复，直到达到收敛的那一步；不确定则指的是算法的初值不同，得到的最终聚类结果可能不同。k-means 需要指定簇的数量 k 来作为算法的输入参数，至于如何选择 k 的值，目前还没有什么好方法，只能通过多次运行算法比较结果来确定。

对于任一种聚类算法来说，输出结果的质量取决于簇内的内聚和簇间的分散：在同一个簇里的点相互靠近，而不同簇里的点相互远离。

5.4.1 准备工作

在介绍使用 Python 实现 k-means 算法之前，我们得先了解两个关键性的概念，它们能帮我们更好地理解算法输出结果的质量优劣。首先是关于簇的质量的定义，其次是用来衡量簇质量的指标。

k-means 产生的每个簇都可以用以下的指标来进行评估。

1．簇的位置：簇中心的坐标。k-means 初始化的时候随机选择一个点作为中心点，然后每个步骤迭代找到一个新的中心，在这个新的中心附近的点都相似，并被划分到同一个组。

2．簇的半径：簇内每个点到簇中心的距离的平均差。

3．簇的规模：簇内点的总数。

4．簇的密度：簇的规模和簇的半径的比值。

现在可以衡量输出的簇的质量了。之前提过，它是无监督问题，无法给出如精度、召回率、准确率、F1 分数或其他类似指标那样的衡量方法，我们将采用所谓的轮廓系数来评估 k-means 的结果。它的值介于−1～1，负值说明簇的半径大于簇之间的距离，也就是说，两个簇之间有重叠，这说明聚类结果很差；而值越大，越接近 1，则表明聚类结果越好。

轮廓系数是定义在簇的所有点之上的，在一个簇 C 里，x_i 是点 i 到簇内其他点的距离的平均值。

然后计算这个点 i 到其他簇 D 的所有点的距离的平均值，选择其中的最小值 y_i。

$$S_i = \frac{y_i - x_i}{\max(x_i, y_i)}$$

每个簇里所有点的轮廓系数的平均值可以用来衡量这个簇的质量。所有点的轮廓系数的平均值可以用来衡量聚类分簇的质量。

我们先生成一些随机数据。

```
import numpy as np
import matplotlib.pyplot as plt

def get_random_data():
    x_1 = np.random.normal(loc=0.2,scale=0.2,size=(100,100))
    x_2 = np.random.normal(loc=0.9,scale=0.1,size=(100,100))
    x = np.r_[x_1,x_2]
    return x
```

我们从正态分布中采样两组数据，第 1 组的平均值为 0.2，标准差为 0.2；第 2 组平均值为 0.9，标准差为 0.1。每个数据集是一个 100×100 的矩阵——这样就有 100 个 100 维的实例。最后，我们使用 NumPy 里的行堆叠函数将它们合并，现在数据集的大小是 200×100。

画出数据的散点图，如图 5-1 所示。

```
x = get_random_data()

plt.cla()
plt.figure(1)
plt.title("Generated Data")
plt.scatter(x[:,0],x[:,1])
plt.show()
```

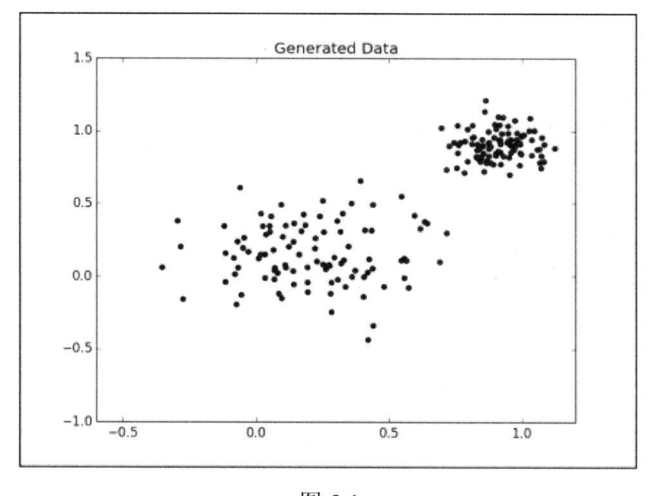

图 5-1

虽然只绘出了第 1 个和第 2 个维度，仍可以清晰地看出有两个簇。下面我们将介绍如何写 k-means 聚类算法的代码。

5.4.2　操作方法

我们定义一个函数来执行 k-means 算法。给它参数 k，就能对给定数据进行聚类，并返回全局轮廓系数。

```
from sklearn.cluster import KMeans
from sklearn.metrics import silhouette_score

def form_clusters(x,k):
    """
    Build clusters
    """
    # k是划分出的簇的个数
    no_clusters = k
    model = KMeans(n_clusters=no_clusters,init='random')
    model.fit(x)
    labels = model.labels_
    print labels
    # 计算轮廓系数
    sh_score = silhouette_score(x,labels)
    return sh_score
```

给定不同的 k 值来调用上面的函数，并记录返回的轮廓系数。

```
sh_scores = []
for i in range(1,5):
    sh_score = form_clusters(x,i+1)
    sh_scores.append(sh_score)

no_clusters = [i+1 for i in range(1,5)]
```

最后，绘制不同的 k 值时生成的轮廓系数图形。

```
no_clusters = [i+1 for i in range(1,5)]

plt.figure(2)
plt.plot(no_clusters,sh_scores)
plt.title("Cluster Quality")
plt.xlabel("No of clusters k")
```

```
plt.ylabel("Silhouette Coefficient")
plt.show()
```

5.4.3 工作原理

如前所述，k-means 是一种迭代的算法，大致上，它的步骤如下。

1．从数据集中随机选择 k 个点作为簇的初始中心点。

2．执行以下步骤直到收敛的那步。

a．将点分配给最近的簇中心，一般用欧氏距离来算出这个点和簇中心的距离。

b．基于本次迭代过程中分配的点重新计算簇中心。

c．如果分配的点和上一次迭代过程里的都一样，则算法收敛到一个最优解，退出循环。

3．我们从 scikit-learn 库中调用 k-means 实现聚类，用 k 值和数据集作为参数，调用的代码如下。

```
model = KMeans(n_clusters=no_clusters,init='random')
model.fit(x)
```

我们给函数传递了 no_clusters 参数，并采用 init 参数把初始的中心点设置为随机点。这样，scikit-learn 对数据的平均值和方差进行评估，然后从高斯分布中取样 k 个中心。

最后，调用 fit 方法来对数据集执行 k-means 算法。

```
labels = model.labels_
sh_score = silhouette_score(x,labels)
return sh_score
```

我们能得到一些结果标签，它用来给每个点分配簇，以及计算簇里的所有点的轮廓系数。

在实际场景里，我们对数据集使用 k-means 算法时，并不知道数据里有多少个簇，也就没法给出一个完美的 k 值。本例我们生成的数据适合两个簇，因此我们设置 k=2。不过，我们也会尝试使用不同的 k 值。

```
sh_scores = []
for i in range(1,5):
sh_score = form_clusters(x,i+1)
```

```
sh_scores.append(sh_score)
```

我们把不同 k 值运行产生的轮廓系数结果保存下来，绘制出 k 与轮廓系数对应的图形，如图 5-2 所示，以此揭示最适合数据集的 k 值。

```
no_clusters = [i+1 for i in range(1,5)]

plt.figure(2)
plt.plot(no_clusters,sh_scores)
plt.title("Cluster Quality")
plt.xlabel("No of clusters k")
plt.ylabel("Silhouette Coefficient")
plt.show()
```

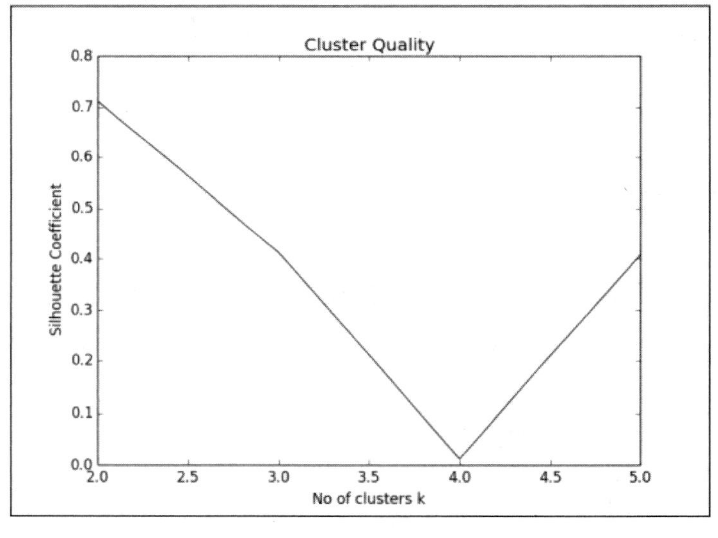

图 5-2

和预计的一样，在 k=2 的时候轮廓系数最高。

5.4.4 更多内容

应用 k-means 要注意，不能用它来对数据集进行分类，要使用 k 中心点算法。k 中心点算法不是对所有的点求平均距离来找出簇中心，而是找出一个点，使得它和簇里的所有点的平均距离最小。

分配初始簇的时候要注意，要是数据稠密而且分布广泛，如果初始的随机中心分布在同一个簇内，k-means 就不能正常运行。

一般来说，k-means 对于具有星形凸起的数据集十分有效，访问以下链接可以了解更多星形凸起数据点的细节，请参见：http://mathworld.wolfram.com/StarConvex.html。

对于嵌套着其他复杂的簇的数据集，k-means 的输出结果十分糟糕。

数据中存在异常点也会导致不好的结果，因此在运行 k-means 之前，最好先做一次彻底的数据探索以鉴别数据的特征。

k-means++算法在开始进行初始化簇中心的时候，不是随机设置簇中心，而是采用了另一种方法。请参阅下面的 k-means++论文：《k-means++: the advantages of careful seeding》，2007 年 ACM-SIAM 离散算法会议。

5.4.5 参考资料

第 5 章“数据挖掘——海底捞针”中 5.2 节“使用距离度量”的相关内容。

5.5 学习向量量化

本节将介绍一种无模型的数据点聚类方法——学习向量量化（Learning Vector Quantization，LVQ），LVQ 可以用来执行分类任务。使用这种技术时，很难在目标变量和预测变量之间做出合适的推断。和其他方法不同，它很难搞清楚反应变量 y 和预测器 x 之间存在什么样的联系。因而在许多现实场景中，它是作为一种黑箱方法来加以应用的。

5.5.1 准备工作

LVQ 是一种在线学习算法，每次只处理一个数据点，它产生很直观的效果。假定我们有一些原型向量用来鉴别数据集中的不同类别，那些被训练的点将被相似的类所吸引而被其他类排斥。

LVQ 的主要步骤如下。

为数据集里的每个类别选择 k 个初始的原型向量，如果是一个两分类问题，并且每个分类中有两个原型向量，那我们就需要设置 4 个初始的原型向量，它们是从输入的数据集中随机选取的。

接着进行循环，直到 ε 值变为 0 或者预先设定的阈值。我们得确定一个 ε 值并在每次循环中都使之减小。

每次循环中，我们都要采样一个输入点（带替换），采用欧氏距离找出离它最近的原型向量，然后按下面的操作更新最邻近点的原型向量。

如果它的原型向量的类别标签和输入数据点的相同，则在原型向量上增加原型向量和数据点的差异。

如果类别标签不同，则在原型向量上减去原型向量和数据点的差异。

本节使用 iris 数据集来演示 LVQ 如何工作。和前面几节一样，我们使用 scikit-learn 里的数据加载函数方便地加载 iris 数据集，用来展示 LVQ 的能力。LVQ 处理的数据集可以不带类别标签。由于采用的是欧氏距离，我们将对数据进行最小最大缩放。

```
from sklearn.datasets import load_iris
import numpy as np
from sklearn.metrics import euclidean_distances

data = load_iris()
x = data['data']
y = data['target']

# 对变量进行缩放
from sklearn.preprocessing import MinMaxScaler
minmax = MinMaxScaler()
x = minmax.fit_transform(x)
```

5.5.2 操作方法

1．先声明 LVQ 的参数。

```
R = 2
n_classes = 3
epsilon = 0.9
epsilon_dec_factor = 0.001
```

2．定义一个类来保存原型向量。

```
class prototype(object):
    """
    Class to hold prototype vectors
    """
    def __init__(self,class_id,p_vector,eplsilon):
        self.class_id = class_id
```

```
        self.p_vector = p_vector
        self.epsilon = epsilon

    def update(self,u_vector,increment=True):
        if increment:
            # 将原型向量向输入向量靠近
            self.p_vector = self.p_vector + self.epsilon*(u_vector \
- self.p_vector)
        else:
            # 使原型向量远离输入向量
            self.p_vector = self.p_vector - self.epsilon*(u_vector \
- self.p_vector)
```

3．下面这个函数找出离给定向量最近的原型向量。

```
def find_closest(in_vector,proto_vectors):
    closest = None
    closest_distance = 99999
    for p_v in proto_vectors:
        distance = euclidean_distances(in_vector,p_v.p_vector)
        if distance < closest_distance:
            closest_distance = distance
            closest = p_v
    return closest
```

4．下面这个函数能快速找出最近的原型向量的类别 ID。

```
def find_class_id(test_vector,p_vectors):
    return find_closest(test_vector,p_vectors).class_id
```

5．选择初始化的 k×原型向量类别数。

```
# 为每个类选择 R 个原型
p_vectors = []
for i in range(n_classes):
    # 选择一个类
    y_subset = np.where(y == i)
    # 为选中的类选择元组
    x_subset  = x[y_subset]
    # 获得 R 个随机下标，介于 0～50
    samples = np.random.randint(0,len(x_subset),R)
    # 选择 p_vectors
    for sample in samples:
```

```
        s = x_subset[sample]
        p = prototype(i,s,epsilon)
        p_vectors.append(p)

print "class id \t Initial protype vector\n"
for p_v in p_vectors:
    print p_v.class_id,'\t',p_v.p_vector
       print
```

6. 利用已有的数据点，执行循环调整原型向量，对新的点进行分类/聚类。

```
while epsilon >= 0.01:
    # 随机采样一个训练实例
    rnd_i = np.random.randint(0,149)
    rnd_s = x[rnd_i]
    target_y = y[rnd_i]

    # 为下一次循环减小 ε
    epsilon = epsilon - epsilon_dec_factor
    # 查找与给定点最相近的原型向量
    closest_pvector = find_closest(rnd_s,p_vectors)

    # 更新最相近的原型向量
    if target_y == closest_pvector.class_id:
        closest_pvector.update(rnd_s)
    else:
        closest_pvector.update(rnd_s,False)
    closest_pvector.epsilon = epsilon

print "class id \t Final Prototype Vector\n"
for p_vector in p_vectors:
    print p_vector.class_id,'\t',p_vector.p_vector
```

7. 下面是一段测试代码来检查方法是否正确。

```
predicted_y = [find_class_id(instance,p_vectors) for instance in x ]

from sklearn.metrics import classification_report

print
print classification_report(y,predicted_y,target_names=['Iris- \
Setosa','Iris-Versicolour', 'Iris-Virginica'])
```

5.5.3 工作原理

第 1 步先为算法准备初始化参数，我们把 R 值设为 2，即每个类别标签有两种原型向量。iris 数据集是三维问题，因此总共有 6 个原型向量。我们还得选定 ε 的值和它的缩减因子。

接着第 2 步中定义一个结构来保存原型向量的各个细节，我们用一个类为数据集里所有的点保存以下内容。

```
self.class_id = class_id
self.p_vector = p_vector
self.epsilon = epsilon
```

原型向量所属的类别标签就是向量自己和 ε 值，类还有一个 update 函数用来更改原型的值。

```
def update(self,u_vector,increment=True):
        if increment:
            # 将原型向量向输入向量靠近
            self.p_vector = self.p_vector + self.epsilon*(u_vector \
- self.p_vector)
        else:
            # 使原型向量向远离输入向量
            self.p_vector = self.p_vector - self.epsilon*(u_vector \
- self.p_vector)
```

第 3 步定义了一个函数，它把所有给定的向量作为输入，还列出了所有的原型向量，从中选择与给定的向量最相近的一个作为函数返回值。

```
for p_v in proto_vectors:
        distance = euclidean_distances(in_vector,p_v.p_vector)
        if distance < closest_distance:
            closest_distance = distance
            closest = p_v
```

如你所见，代码循环遍历所有的原型向量来找出最相近的那个，它使用欧氏距离来判断相似度。

第 4 步的小函数用来返回与给定的向量最相近的原型向量的类别 ID。

完成以上步骤，LVQ 算法的前置处理过程都已就绪，现在可以进入第 5 步中的算法核心部分。每个类别都要选择一个初始的原型向量，然后从每个类别中选择 R 个随机点。外重循环针对每个类别，在此随机选择 R 个样本，创建原型对象，代码如下。

```
samples = np.random.randint(0,len(x_subset),R)
# 选择 p_vectors
for sample in samples:
    s = x_subset[sample]
        p = prototype(i,s,epsilon)
        p_vectors.append(p)
```

第 6 步里，我们反复增加或减小原型向量，不断循环直到 ε 小于阈值 0.01。

随后我们从数据集中随机选择一个点，代码如下。

```
# 随机采样一个训练实例
   rnd_i = np.random.randint(0,149)
   rnd_s = x[rnd_i]
   target_y = y[rnd_i]
```

这个点和它对应的类别 ID 都被检索出来了。

这样我们就能找出和它最相近的原型向量了，代码如下。

```
closest_pvector = find_closest(rnd_s,p_vectors)
```

如果当前点的类别 ID 和原型的类别一致，我们就把 increament 参数设为 True 调用 update 方法，否则把 increament 参数设为 False 来调用。

```
  # 更新最相近的原型向量
   if target_y == closest_pvector.class_id:
       closest_pvector.update(rnd_s)
   else:
       closest_pvector.update(rnd_s,False)
```

最后，我们将最相近的原型向量的 ε 值进行更新。

```
closest_pvector.epsilon = epsilon
```

我们可以把原型向量打印输出来查看。

```
print "class id \t Final Prototype Vector\n"
for p_vector in p_vectors:
   print p_vector.class_id,'\t',p_vector.p_vector
```

第 7 步把原型向量应用到实践里来做预测。

```
predicted_y = [find_class_id(instance,p_vectors) for instance in x ]
```

我们把一个点和所有学习过的原型向量传递给 find_class_id 函数，用它来获取预测的类别 ID。

最终，我们输出预测结果来生成分类报告。

```
print classification_report(y,predicted_y,target_names=['Iris-\
Setosa','Iris-Versicolour', 'Iris-Virginica'])
```

scikit-learn 库提供的 classification_report 函数可以方便地查看分类准确度分数，如图 5-3 所示。

	precision	recall	f1-score	support
Iris-Setosa	1.00	1.00	1.00	50
Iris-Versicolour	0.92	0.98	0.95	50
Iris-Virginica	0.98	0.92	0.95	50
avg / total	0.97	0.97	0.97	150

图 5-3

分类结果相当准确，不过请记住我们并没有保留一个独立的测试集。千万不要在训练数据上测试模型的精度，而要采用与训练方法无关的测试集。本文的做法只是出于说明目的。

5.5.4 更多内容

记住，这个技术不像其他分类方法那样包含任何优化条件，因此对于生成的原型向量，很难判断其好坏。

本节采用随机数来初始化原型向量，我们也可以使用 k-means 算法来初始化原型向量。

5.5.5 参考资料

第 5 章“数据挖掘——海底捞针”中 5.4 节“用 k-means 进行数据聚类”的相关内容。

5.6　在单变量数据中找出异常点

数据集中远离大部分数据点的点就是异常点。数据科学的应用十分重视这些异常点，如果算法受到它们的影响，可能会产生错误的结果或推论。处理它们十分重要，选对合适的算法也很重要。

“异常点检测对于许多领域的应用都是非常重要的，包括欺诈检测（Bolton，2002），计算机网络入侵和瓶颈的鉴别（Lane，1999），电子商务中的犯罪行为和检测可疑行为（Chiu，2003）。”——出自 Jayakumar 和 Thomas 的《A New Procedure of Clustering Based on Multivariate Outlier Detection》，发表于《Journal of Data Science》2013 年 11 期，第 69～84 页。

本节先介绍在单变量数据中检测异常点，后面再介绍多变量和文本数据中的异常点检测。

5.6.1　准备工作

本节将介绍以下几种在单变量数据中检测异常点的方法。

- 绝对中位差。
- 平均值加或减 3 倍标准差。

我们将介绍如何利用这些方法找出单变量数据中的异常点。开始之前，先创建一个带异常点的数据集，用来体验算法。

```
import numpy as np
import matplotlib.pyplot as plt

n_samples = 100
fraction_of_outliers = 0.1
number_inliers = int ( (1-fraction_of_outliers) * n_samples )
number_outliers = n_samples - number_inliers
```

创建的 100 个数据点中，其中有 10%是异常点。

```
# 从正态分布中采样一些数据
normal_data = np.random.randn(number_inliers,1)
```

用 NumPy 的 random 模块中的 randn 函数来产生有效数据，它的分布是平均值为 0，标准差为 1，下面的代码可以验证这一点。

```
# 打印输出平均值和标准差来确认输入数据的状态
mean = np.mean(normal_data,axis=0)
std = np.std(normal_data,axis=0)
print "Mean =(%0.2f) and Standard Deviation (%0.2f)"%(mean[0],std[0])
```

用 NumPy 的函数计算出平均值和标准差，并打印输出结果，显示如下。

```
Mean =(0.24) and Standard Deviation (0.90)
```

如你所见，平均值接近 0，标准差接近 1。

现在来制作一些异常点，大小为 100 的数据集的 10%，即 10 个数据点。我们在-9 到 9 之间的均匀分布中进行采样，此区间内的点被选中的几率是一样的。把有效数据和异常点连接起来，并在运行异常点检测程序之前绘制出它们的散点图。

```
# 创建异常点数据
outlier_data = np.random.uniform(low=-9,high=9,size=(number_outliers,1))
total_data = np.r_[normal_data,outlier_data]
print "Size of input data = (%d,%d)"%(total_data.shape)
# 请仔细查看数据
plt.cla()
plt.figure(1)
plt.title("Input points")
plt.scatter(range(len(total_data)),total_data,c='b')
```

生成的图形如图 5-4 所示。

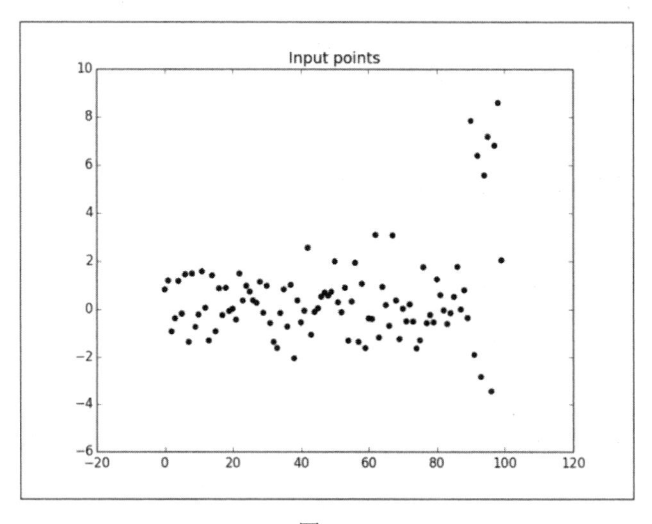

图 5-4

y 轴是我们产生的真实数据，x 轴是运行数。你可以试着从图中挑出你认为的异常点，并和我们稍后的程序结果比对一下。

5.6.2 操作方法

1．先从绝对中位差开始，绘出数据图，并将异常点标为红色。

```
# 绝对中位差
median = np.median(total_data)
b = 1.4826
mad = b * np.median(np.abs(total_data - median))
outliers = []
# 绘图实用技巧
outlier_index = []
print "Median absolute Deviation = %.2f"%(mad)
lower_limit = median - (3*mad)
upper_limit = median + (3*mad)
print "Lower limit = %0.2f, Upper limit = %0.2f"%(lower_
limit,upper_limit)
for i in range(len(total_data)):
    if total_data[i] > upper_limit or total_data[i] < lower_limit:
        print "Outlier %0.2f"%(total_data[i])
        outliers.append(total_data[i])
        outlier_index.append(i)

plt.figure(2)
plt.title("Outliers using mad")
plt.scatter(range(len(total_data)),total_data,c='b')
plt.scatter(outlier_index,outliers,c='r')
plt.show()
```

2．接着是平均值加或减 3 倍标准差，绘出数据图，并将异常点标为红色。

```
# 标准差
std = np.std(total_data)
mean = np.mean(total_data)
b = 3
outliers = []
outlier_index = []
lower_limt = mean-b*std
upper_limt = mean+b*std
print "Lower limit = %0.2f, Upper limit = %0.2f"%(lower_
```

```
limit,upper_limit)
for i in range(len(total_data)):
    x = total_data[i]
    if x > upper_limit or x < lower_limt:
        print "Outlier %0.2f"%(total_data[i])
        outliers.append(total_data[i])
        outlier_index.append(i)

plt.figure(3)
plt.title("Outliers using std")
plt.scatter(range(len(total_data)),total_data,c='b')
plt.scatter(outlier_index,outliers,c='r')
plt.savefig("B04041 04 10.png")
plt.show()
```

5.6.3　工作原理

第 1 步我们采用绝对中位差来检测数据里的异常点。

```
median = np.median(total_data)
b = 1.4826
mad = b * np.median(np.abs(total_data - median))
```

我们先用 NumPy 的 median 函数计算数据集的中位值，然后定义一个值为 1.4826 的变量，用它来乘以绝对中位差的值，最后得到每个数据点进行上述计算的结果。

如果一个点大于或小于 3 倍的绝对中位差，那它就被视为异常点。

```
lower_limit = median - (3*mad)
upper_limit = median + (3*mad)

print "Lower limit = %0.2f, Upper limit = %0.2f"%(lower_limit,upper_limit)
```

这样我们就算出绝对中位差的上限和下限，然后采用下面的代码把所有的点分为有效数据点或异常点。

```
for i in range(len(total_data)):
    if total_data[i] > upper_limit or total_data[i] < lower_limit:
        print "Outlier %0.2f"%(total_data[i])
        outliers.append(total_data[i])
        outlier_index.append(i)
```

最终我们得到一个名为 outliers 的列表，里面存着所有的异常点。此外还需要另一个独立的列表 outlier_index，用来保存它们的索引，这是为了让后续步骤的绘图比较方便。

绘制出来的图里包括原始的点和异常点，如图 5-5 所示。

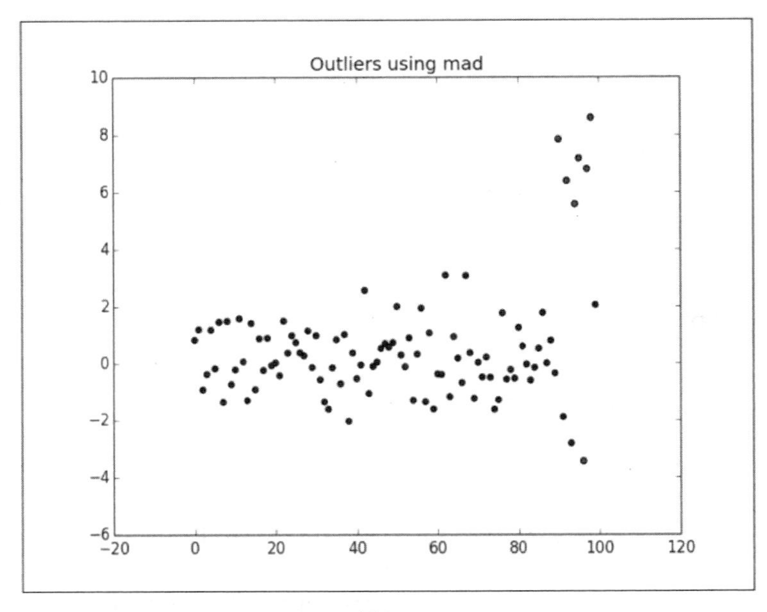

图 5-5

图中红色的点就是算法归类为异常点的数据。

第 2 步中，我们写了第 2 种算法：平均值加或减 3 倍的标准差。

```
std = np.std(total_data)
mean = np.mean(total_data)
b = 3
```

我们计算得到数据集的标准差和平均值，然后设置 b=3，从算法的名字可以看出，这就构成所需的 3 倍标准差。

```
lower_limt = mean-b*std
upper_limt = mean+b*std

print "Lower limit = %0.2f, Upper limit = %0.2f"%(lower_limit,upper_limit)

for i in range(len(total_data)):
```

```
    x = total_data[i]
    if x > upper_limit or x < lower_limt:
        print "Outlier %0.2f"%(total_data[i])
        outliers.append(total_data[i])
        outlier_index.append(i)
```

这样就通过平均值减去或加上 3 倍标准差得到上限和下限的值，用这些值在 for 循环体中把所有的点分为有效数据点或异常点，并分别保存到 outliers 和 outlier_index 这两个列表中，用来绘制图形。

最后绘出的异常点图形如图 5-6 所示。

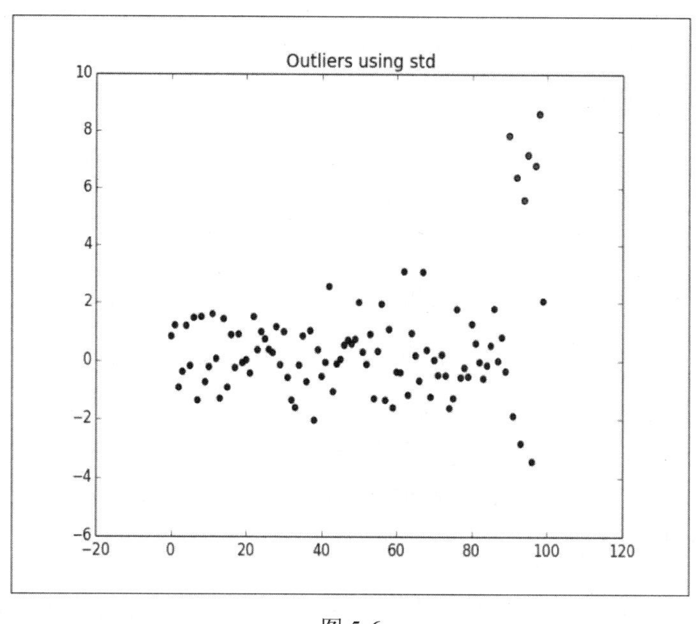

图 5-6

5.6.4　更多内容

按照异常点的定义——在数据源中远离其他点的那些点，评估数据集的中心及其分布将有助于检测异常点。之前介绍过的方法采用平均值和中位值作为数据集的大致中心，采用标准差和绝对中位差作为数据集的分布。数据的分布也被称为数据范围。

我们来推理下为什么前述的方法能检测出异常点，从使用标准差的方法开始。对于高斯分布数据，68.27%的数据集中在一个标准差的范围内，95.45%在两个标准差的范围内，99.73%在 3 个标准差的范围内。因此，根据这个判据，和平均值相差超过 3 倍标准差的点被归类到异常点。不过，这个方法并非无懈可击，我们来看一个小示例。

从正态分布中采样 8 个数据点，让它们的平均值为 0，标准差为 1。

我们可以用 NumPy 中的 random 函数来快速生成这些数。

```
np.random.randn(8)
```

返回的数如下。

```
-1.76334861, -0.75817064, 0.44468944, -0.07724717,
0.12951944,0.43096092, -0.05436724, -0.23719402
```

现在手工加入两个异常点到列表中，例如 45 和 69。

现在数据集如下所示。

```
-1.763348607322289, -0.7581706357821458, 0.4446894368956213,
-0.07724717210195432, 0.1295194428816003, 0.4309609200681169,
-0.05436724238743103, -0.23719402072058543, 45, 69
```

这个数据集的平均值为 11.211，标准差为 23.523。

根据上限的算法，平均值加 3 倍标准差，结果是 11.211+3×23.523=81.78。

按照前述的上限规则，45 和 69 这两个点都不是异常点！平均值和标准差对于评估数据集的中心和范围都不够强壮，它们太容易受异常点干扰了。如果我们每次用一个极端的值替换掉一个点，进行 n 次之后，平均值和标准差对数据集的评估会发生巨大偏差。这种评估特性叫作有限样本击穿点。

有限样本击穿点的定义是一个比例值，对超过这个比例值的样本进行替换，评估方法将无法对数据进行精确描述。

因此，对于平均值和标准差的方法，有限样本击穿点是 0%，因为即使只用一个超大的样本替换掉数据集中的一个点，对数据集的评估也会发生巨大变化。

相比来说，中位值作为评估值要健壮得多，它是在升序排序的多个观察值中位于中间的观察值。要想彻底改变中位值，我们要替换掉远离中位值的一半观察值，有限样本击穿点是 50%。

下面的论文归纳了绝对中位差的一些方法，请参见如下内容。

Leys.C 等人于 2013 年发表在《Journal of Experimental Social Psychology》上的《Detecting outliers: Do not use standard deviation around the mean, use absolute deviation around the median》，链接地址：http://dx.doi.org/10.1016/j.jesp.2013.03.013。

5.6.5 参考资料

第 3 章“数据分析——探索和争鸣”中 3.6 节“实施概要统计及绘图”的相关内容。

5.7 使用局部异常因子方法发现异常点

局部异常因子（Local Outlier Factor，LOF）也是一种异常检测算法，它对数据实例的局部密度和邻居进行比较，判断这个数据是否属于相似的密度区域，它适合从那些簇个数未知，簇的密度和大小各不相同的数据中筛选异常点。这种算法从 K 最近邻（K-Nearest Neighbors，KNN）启发而来。

5.7.1 准备工作

上一节讨论的是在单变量数据中检测异常点，这节则要讨论如何从多变量数据中检测异常点。我们使用一个小型数据集来帮助大家理解 LOF 算法。

我们先创建一个 5×2 的矩阵，注意，最后一个元组是异常点，请看绘制的散点图。

```
from collections import defaultdict
import numpy as np

instances = np.matrix([[0,0],[0,1],[1,1],[1,0],[5,0]])

import numpy as np
import matplotlib.pyplot as plt

x = np.squeeze(np.asarray(instances[:,0]))
y = np.squeeze(np.asarray(instances[:,1]))

plt.cla()
plt.figure(1)
plt.scatter(x,y)
plt.show()
```

绘制的图形如图 5-7 所示。

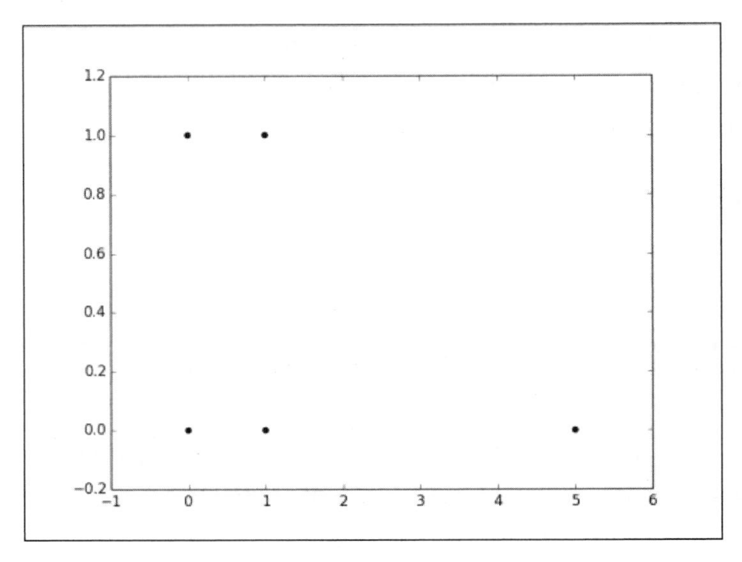

图 5-7

LOF 计算出每个点的局部密度，通过它与 K 最近邻的点的距离来评估点的局部密度，并与邻居的密度进行比较，以此找出异常点——异常点比邻居的密度要低得多。

为了理解 LOF，我们得先了解一些术语的定义。

- 对象 P 的 K 距离：对象 P 与它第 K 个最近邻的距离，K 是算法的参数。
- P 的 K 距离邻居：到 P 的距离小于或等于 P 到第 K 个最近邻的距离的所有对象的集合 Q。
- 从 P 到 Q 的可达距离：P 与它的第 K 个最近邻的距离和 P 与 Q 之间的距离中的最大者。下面的符号可以帮助理解。

```
Reachability distance (PßQ) = > maximum(K-Distance(P), Distance(P,Q))
```

- P 的局部可达密度（Local Reachability Density of P，LRD（P））：K 距离邻居和 K 与其邻居的可达距离之和的比值。
- P 的局部异常因子（Local Outlier Factor of P，LOF（P））：P 与它的 K 最近邻的局部可达性的比值的平均值。

5.7.2 操作方法

1. 获取点两两之间的距离 pairwise_distances。

```
k = 2
```

```
distance = 'manhattan'

from sklearn.metrics import pairwise_distances
dist = pairwise_distances(instances,metric=distance)
```

2. 计算 K 距离，使用 heapq 来获得 K 最近邻。

```
# 计算 K 距离
import heapq
k_distance = defaultdict(tuple)
# 对每个点进行计算
for i in range(instances.shape[0]):
    # 获得它和所有其他点之间的距离
    # 为了方便，将数组转为列表
    distances = dist[i].tolist()
    # 获得 K 最近邻
    ksmallest = heapq.nsmallest(k+1,distances)[1:][k-1]
    # 获取它们的索引号
    ksmallest_idx = distances.index(ksmallest)
    # 记录下每个点的第 K 个最近邻以及到它的距离
    k_distance[i]=(ksmallest,ksmallest_idx)
```

3. 计算 K 距离邻居。

```
def all_indices(value, inlist):
       out_indices = []
      idx = -1
      while True:
          try:
              idx = inlist.index(value, idx+1)
              out_indices.append(idx)
          except ValueError:
              break
     return out_indices
# 计算 K 距离邻居
import heapq
k_distance_neig = defaultdict(list)
#对每个点进行计算
for i in range(instances.shape[0]):
    # 获得它到所有邻居点的距离
    distances = dist[i].tolist()
    print "k distance neighbourhood",i
    print distances
```

```
    # 获得从第 1 到第 K 的最近邻
    ksmallest = heapq.nsmallest(k+1,distances)[1:]
    print ksmallest
    ksmallest_set = set(ksmallest)
    print ksmallest_set
    ksmallest_idx = []
    # 获取 K 里最小的元素的索引号
    for x in ksmallest_set:
            ksmallest_idx.append(all_indices(x,distances))
    # 将列表的列表转为列表
    ksmallest_idx = [item for sublist in ksmallest_idx for item in sublist]
    # 对每个点保存其 K 距离邻居
    k_distance_neig[i].extend(zip(ksmallest,ksmallest_idx))
```

4．计算可达距离和 LRD。

```
# 局部可达密度
local_reach_density = defaultdict(float)
for i in range(instances.shape[0]):
    # LRD 的分子，K 距离邻居的个数
    no_neighbours = len(k_distance_neig[i])
    denom_sum = 0
    # 可达距离求和
    for neigh in k_distance_neig[i]:
        # P 的 K 距离和 P 与 Q 的距离中的最大者
        denom_sum+=max(k_distance[neigh[1]][0],neigh[0])
    local_reach_density[i] = no_neighbours/(1.0*denom_sum)
```

5．计算 LOF。

```
lof_list =[]
# 计算局部异常因子
for i in range(instances.shape[0]):
    lrd_sum = 0
    rdist_sum = 0
    for neigh in k_distance_neig[i]:
        lrd_sum+=local_reach_density[neigh[1]]
        rdist_sum+=max(k_distance[neigh[1]][0],neigh[0])
    lof_list.append((i,lrd_sum*rdist_sum))
```

5.7.3　工作原理

第 1 步中，我们选择了 Manhattan 距离作为度量，设置 K 值为 2，即找到数据点的第 2

个最近邻。

接着要计算元组中的两两距离，两两距离的相似度被保存在 `dist` 矩阵中，它的形态如下所示。

```
>>> dist.shape
(5, 5)
>>>
```

这是一个 5×5 的矩阵，行和列都是独立的元组，单元格的值则是它们间的距离。

第 2 步中导入了 `heapq`。

```
import heapq
```

`heapq` 是一种数据结构，也称为优先队列。它和普通队列很相似，除了每个元素都关联着一个优先级，高优先级的元素比低优先级的要优先操作。

请查看维基百科中关于优先队列的详细介绍，参见：

http://en.wikipedia.org/wiki/Priority_queue。

Python 的 `heapq` 文档请参见：https://docs.python.org/2/library/heapq.html。

```
k_distance = defaultdict(tuple)
```

接着我们定义了一个字典，键是元组 ID，值则是元组到它的第 K 个最近邻的距离。本示例中，要计算到第 2 个最近邻。

然后进入 for 循环来计算所有点的第 K 个最近邻的距离。

```
distances = dist[i].tolist()
```

从距离矩阵中抽取出第 i 行，你会发现，第 i 行包含了对象 i 到所有其他点的距离。记住，单元格值（i,i）表示它到自己的距离，在下一个步骤中要忽略掉这个值。为了方便，我们把数组转换为列表。请看示例以帮助理解，距离矩阵如下。

```
>>> dist
array([[ 0.,  1.,  2.,  1.,  5.],
       [ 1.,  0.,  1.,  2.,  6.],
       [ 2.,  1.,  0.,  1.,  5.],
       [ 1.,  2.,  1.,  0.,  4.],
       [ 5.,  6.,  5.,  4.,  0.]])
```

假定我们正处于 for 循环的第 1 次循环中，此时 i=0（记住 Python 的索引从 0 开始）。

这时，距离列表应如下所示。

```
[ 0.,  1.,  2.,  1.,  5.]
```

我们需要的是第 K 个最近邻，也就是第 2 个，因为程序开始的地方设置了 K=2。

注意，索引号 1 和 3 的值都是 1，它们都有可能是我们的第 K 个最近邻。

现在我们要使用 heapq.nsmallest 函数，记住 heapq 是普通的队列，但每个元素都关联着一个优先级。本例中，元素的值就是它们的优先级。当我们需要最小的 n 个时，heapq 将返回给我们最小的那些元素。

```
# 获得第 K 个最近邻
ksmallest = heapq.nsmallest(k+1,distances)[1:][k-1]
```

我们来看看 heapq.nsmallest 函数都做了些什么。

```
>>> help(heapq.nsmallest)
Help on function nsmallest in module heapq:

nsmallest(n, iterable, key=None)
   Find the n smallest elements in a dataset.

   Equivalent to:  sorted(iterable, key=key)[:n]
```

它从给定的数据集中返回最小的 n 个元素，本例中为第 2 个最近邻。此外，之前提到过要避免（i,i）。因此，我们得将 n=3 传给 heapq.nsmallest，这让它返回 3 个最小的元素。然后对列表求子集以排除第 1 个元素（注意 nsmallese 函数调用后面的[1:]），最后检索出第 2 个最近邻（注意[1:]之后的[k-1]）。

我们还得获取第 2 个最近邻的索引号，并将它保存到字典中。

```
# 获取索引号
ksmallest_idx = distances.index(ksmallest)
# 记录下每个点的第 K 个最近邻以及到它的距离
k_distance[i]=(ksmallest,ksmallest_idx)
```

打印输出字典的结果如下。

```
print k_distance
```

```
defaultdict(<type 'tuple'>, {0: (1.0, 1), 1: (1.0, 0), 2: (1.0, 1), 3:
(1.0, 0), 4: (5.0, 0)})
```

元组中有两个元素：距离及其矩阵中的元素索引号。对于实例 0，它的第 2 近邻是索引号为 1 的元素。

计算出所有数据点的 K 距离后，我们才能继续查找 K 距离邻居。

第 3 步找出了每个数据点的 K 距离邻居。

```
# 计算 K 距离邻居
import heapq
k_distance_neig = defaultdict(list)
```

和之前步骤类似，我们导入了 heapq 模块，声明了一个字典来存放 K 距离邻居的详细内容。我们再复习一下什么是 K 距离邻居。

P 的 K 距离邻居即：到 P 的距离小于或等于 P 到第 K 个最近邻的距离的所有对象的集合 Q。

```
distances = dist[i].tolist()
#  获得从第 1 到第 K 的最近邻
ksmallest = heapq.nsmallest(k+1,distances)[1:]
ksmallest_set = set(ksmallest)
```

前两行看起来有点熟悉，它和前面步骤里的操作是一样的。请看第 2 行，我们用 n=3（本例中即 K+1）调用了 nsmallest 函数，但选择的是输出列表里除了第 1 个之外的所有元素（这是为什么？答案在前面的步骤中说明过了）。

现在看看实际打印出来的结果，和之前一样，我们假定在循环中 i=0 的情形下查看第 1 个数据点或者说元组。

输出的距离结果如下。

```
[0.0, 1.0, 2.0, 1.0, 5.0]
```

heapq.nsmallest 函数返回的结果如下。

```
[1.0, 1.0]
```

这就是第 1 到第 K 个最近邻的距离，我们还需要知道它们以简单列表形式保存的索引号。index 函数只返回第 1 个匹配的结果，因此，我们编写了 all_indices 函数来检索所有的索引号。

```
def all_indices(value, inlist):
    out_indices = []
    idx = -1
    while True:
        try:
            idx = inlist.index(value, idx+1)
            out_indices.append(idx)
        except ValueError:
            break
    return out_indices
```

all_indices 使用 value 和 list 参数返回 value 在列表里出现时的所有索引号。然后我们将 ksmallest 转换为集合。

```
ksmallest_set = set(ksmallest)
```

这样，[1.0,1.0]转为了集合（[1.0]），现在使用 for 循环，即可找出元素的所有索引号。

```
# 查找 K 个最小元素的索引号
for x in ksmallest_set:
ksmallest_idx.append(all_indices(x,distances))
```

我们找到两个对应于元素值 1.0 的索引号：1 和 2。

```
ksmallest_idx = [item for sublist in ksmallest_idx for item in sublist]
```

第 2 重的 for 循环将列表的列表转换为列表。我们要把 all_indices 函数返回的列表追加到 ksmallest_idx 列表上，因而使用了第 2 重 for 循环。

最后把 K 个最小邻居添加到字典中。

```
k_distance_neig[i].extend(zip(ksmallest,ksmallest_idx))
```

接着添加元组，它的第 1 个条目是距离，第 2 个是最近邻的索引号，我们把这个 K 距离邻居的字典打印出来。

```
defaultdict(<type 'list'>, {0: [(1.0, 1), (1.0, 3)], 1: [(1.0, 0),
(1.0, 2)], 2: [(1.0, 1), (1.0, 3)], 3: [(1.0, 0), (1.0, 2)], 4: [(4.0,
3), (5.0, 0)]})
```

第 4 步中，我们用可达距离计算出 LRD，复习下这两个概念。

- 从 P 到 Q 的可达距离：P 与它第 K 个最近邻的距离和 P 与 Q 之间的距离中的最大者。下面的符号可以帮助理解。

```
Reachability distance (PßQ) = > maximum(K-Distance(P), Distance(P,Q))
```

- P 的局部可达密度 LRD：K 距离邻居和 K 与其邻居的可达距离之和的比值。

```
#Local reachable density
local_reach_density = defaultdict(float)
```

先声明一个字典来保存 LRD。

```
for i in range(instances.shape[0]):
    # LRD 的分子，K 距离邻居的个数
    no_neighbours = len(k_distance_neig[i])
    denom_sum = 0
    # 可达距离求和
    for neigh in k_distance_neig[i]:
    # P 的 K 距离和 P 与 Q 的距离中的最大者
    denom_sum+=max(k_distance[neigh[1]][0],neigh[0])
        local_reach_density[i] = no_neighbours/(1.0*denom_sum)
```

对于每个点，我们先找出它的 K 距离邻居。例如，当 `i=0` 时，分子即 `len(k_distance_neig[0])`，值为 2。

接着在内层 for 循环里进行分母的计算。我们算出每个 K 距离邻居的可达距离，得到的比值保存在 `local_reach_density` 字典中。

最后的第 5 步，我们算出每个点的 LOF。

```
for i in range(instances.shape[0]):
    lrd_sum = 0
    rdist_sum = 0
    for neigh in k_distance_neig[i]:
        lrd_sum+=local_reach_density[neigh[1]]
        rdist_sum+=max(k_distance[neigh[1]][0],neigh[0])
    lof_list.append((i,lrd_sum*rdist_sum))
```

对每个数据点，我们计算出它的邻居的 LRD 和值，以及它和它邻居间的可达距离和值，然后把两者相乘来算出 LOF。

一个点的 LOF 值很高，则认为它是一个异常点。打印输出 lof_list 结果如下。

```
[(0, 4.0), (1, 4.0), (2, 4.0), (3, 4.0), (4, 18.0)]
```

如你所见，最后一个点的 LOF 值特别高，它就是异常点。

5.7.4 更多内容

请参考以下论文来加深对 LOF 的理解。

Markus M. Breunig,、Hans-Peter Kriegel、Raymond T、Ng、Jörg Sander 等著的《LOF: Identifying Density-Based Local Outliers》发表在 2000 年于美国德克萨斯州达拉斯举办的 ACM SIGMOD 2000 年数据管理国际会议上。

第 6 章 机器学习 1

在这一章中，我们将探讨以下主题。

- 为建模准备数据
- 查找最近邻
- 用朴素贝叶斯分类文档
- 构建决策树解决多类问题

6.1 简介

上一章介绍了一些无监督技术如聚类、学习向量量化等，本章主要关注有监督的学习技术。我们从分类问题开始，然后再研究回归。下一章再讨论输入为一系列记录或实例的情形下的分类问题。

对于每个记录或者实例，它可以表示成集合(x,y)，其中 x 是一系列属性，y 则是相应的类别标签。

学习一个目标函数 F，然后把每个记录的属性集合映射到一个预定义的类别标签 y 上，这就是分类算法。

分类算法的大致步骤如下。

1．找到一个合适的算法。

2．从训练集中学习一种模型，然后用测试集验证这个模型。

3．应用这个模型来预测未知的实例或记录。

第 1 步是要找到合适的分类算法，这并没有定式，可能要经历反复的试验和失败。在此之后，创建一个训练集和测试集用来给算法学习提供一个模型，也即预定义的目标函数 F。用训练集生成模型后，再用测试集数据对模型进行验证。通常，我们会在这个过程中使用混淆矩阵，本章的 6.3 节“查找最近邻”会更详细地讲解混淆矩阵。

本章将学习如何把数据集分为训练集和测试集，我们采用一种适合懒人的分类算法——K 近邻算法，随后介绍朴素贝叶斯分类器，同时详细描述如何用决策树解决多分类问题。本节涉及的各种算法可不是随机选择的，以上 3 种算法不但能处理二元问题，也都能处理多分类问题——实例可以属于两个或多个类别标签。

6.2 为建模准备数据

本节将介绍在分类问题里给定的数据集中如何创建训练集和测试集，测试集对于模型应该是透明的。在实践场景中，我们一般会另设一个 dev 数据集，dev 代表开发数据集——我们在成功建模后用它对模型进行调优。模型是从训练集中训练出来的，然后用 dev 数据集来度量它的指标如准确度等。基于上述过程的结果，如果需要进一步提高，模型会被更深入地调优。在后面的章节里，我们会介绍更复杂的数据分割——不仅仅是简单地分为训练集和测试集。

6.2.1 准备工作

本节将采用 iris 数据集，它很适合演示相关的概念，我们在前面的章节中已多次使用它，对它很熟悉。

6.2.2 操作方法

```
# 加载必需的库
from sklearn.cross_validation import train_test_split
from sklearn.datasets import load_iris
import numpy as np

def get_iris_data():
    """
    Returns Iris dataset
    """
    # 加载 iris 数据集
    data = load_iris()
```

```
    # 抽取依赖变量和独立变量
    # y是类别标签
    # x是实例/记录
    x    = data['data']
    y    = data['target']

    # 为了方便起见，我们将其合并
    # 列合并
    input_dataset = np.column_stack([x,y])

    # 把数据搅乱
    # 我们希望在测试集和训练集中的记录随机分布

    np.random.shuffle(input_dataset)

    return input_dataset

# 我们采用80/20分布
# 80%的记录用来训练
# 20%的剩余记录用来做测试
train_size = 0.8
test_size  = 1-train_size

# 获取数据
input_dataset = get_iris_data()
# 分割数据
train,test = train_test_split(input_dataset,test_size=test_size)

# 打印出原始数据集的大小
print "Dataset size ",input_dataset.shape
# 打印出训练/测试集的大小
print "Train size ",train.shape
print "Test  size",test.shape
```

这个步骤很简单，我们要检测一下训练集和测试集里的类别标签分布是否符合相应的比例，这是一个常见的类别不平衡问题。

```
def get_class_distribution(y):
    """
    Given an array of class labels
    Return the class distribution
    """
```

```
    distribution = {}
    set_y = set(y)
    for y_label in set_y:
            no_elements = len(np.where(y == y_label)[0])
            distribution[y_label] = no_elements
    dist_percentage = {class_label: count/(1.0*sum(distribution.\
values())) for class_label,count in distribution.items()}
    return dist_percentage

def print_class_label_split(train,test):
   """
   Print the class distribution
   in test and train dataset
   """
     y_train = train[:,-1]

     train_distribution = get_class_distribution(y_train)
     print "\nTrain data set class label distribution"
     print "=========================================\n"
     for k,v in train_distribution.items():
         print "Class label =%d, percentage records =%.2f"%(k,v)

     y_test = test[:,-1]

     test_distribution = get_class_distribution(y_test)

     print "\nTest data set class label distribution"
     print "=========================================\n"

     for k,v in test_distribution.items():
         print "Class label =%d, percentage records =%.2f"%(k,v)

print_class_label_split(train,test)
```

我们来看看如何在训练集和测试集里均匀地分布类别标签。

```
# 执行数据分割
stratified_split = StratifiedShuffleSplit(input_dataset[:,-1],test_
size=test_size,n_iter=1)

for train_indx,test_indx in stratified_split:
    train = input_dataset[train_indx]
    test =  input_dataset[test_indx]
```

```
print_class_label_split(train,test)
```

6.2.3 工作原理

载入必需的库之后，我们编写了一个函数 get_iris_data，方便用来加载 iris 数据集；然后将 x 和 y 数组链接到 input_dataset 数组里；接着把数据集的数据搅乱使得记录能随机地分布到测试集和训练集中，这个函数返回一个包含了实例和类别标签的单独的数组。

我们打算把 80%的记录归入训练集，剩余的 20%作为测试集，用 train_size 和 test_size 这两个变量即可控制训练集和测试集的比例。

我们先调用 get_iris_data 函数获得输入数据，然后调用 scikit-learn 里 cross_validation 模块中的 train_test_split 函数把输入数据分为两块。

最后，我们把原始数据集、训练集和测试集的大小都打印出来，如图 6-1 所示。

```
Compare Data Set Size
======================

Original Dataset size  (150, 5)
Train size  (120, 5)
Test  size (30, 5)
```

图 6-1

原始数据有 150 个行和 5 个列，注意！其实只有 4 个属性，第 5 个列是类别标签，我们将 x 和 y 的列合并起来了。

如你所见，150 行中的 80%，也就是 120 条记录被分配到训练集，分割训练集和测试集就是这么简单。

别忘了这是一个分类问题，对于给定的未知示例或记录，算法要训练并预测出它的正确分类标签。为了完成这个目标，我们得找到算法并在训练中均匀分布各个类别。iris 里共有 3 种类别，它们必须平衡地出现，我们来看看算法是否能完成这点。

首先定义 get_class_distribution 函数，它采用 y 的类别标签作为参数，返回一个字典，键是类别标签，值是这类记录数占总数的百分比分布。这样，返回的这个字典就提供了类别标签的分布情况，我们在随后的函数里调用这个函数，就可以了解训练集和测试集里的类别分布。

print_class_label_split 函数是自解释的，我们把训练集和测试集作为参数传给它。由于之前把 x 和 y 进行了合并，最后一列是类别标签，所以我们可以抽取出训练集 y_train 和测试集 y_test，然后将它俩传递给 get_class_distribution 函数，这样就能得到一个包含着类别标签及其分布的字典，最后把结果打印出来。

最后调用 print_class_label_split，输出结果如图 6-2 所示。

仔细看看这个结果，你会发现训练集的类别标签分布和测试集的并不一致，测试集里刚好有 40%的实例属于类别标签 1，这说明我们之前的数据分割方式不太合适，因为训练集和测试集里的类别分布本该是一致的。

最后一段代码里我们调用了 scikit-learn 里的 StratifiedShuffleSplit 函数，用它使得训练集和测试集里分类分布一致，请仔细看看它的参数。

```
stratified_split = StratifiedShuffleSplit(input_dataset[:,-1],test_\
size=test_size,n_iter=1)
```

第 1 个参数是输入的数据集，所有的行和最后一列都被传递进去。test_size 变量定义了测试集的大小，我们之前已经声明过。采用 n_iter 变量，我们可以定义只进行一次分割。接着，我们调用 print_class_label_split 来打印输出类别标签分布情况，输出如图 6-3 所示。

```
Train data set class label distribution
=========================================

Class label =0, percentage records =0.36
Class label =1, percentage records =0.32
Class label =2, percentage records =0.33

Test data set class label distribution
=========================================

Class label =0, percentage records =0.23
Class label =1, percentage records =0.40
Class label =2, percentage records =0.37
```

图 6-2

```
Train data set class label distribution
=========================================

Class label =0, percentage records =0.33
Class label =1, percentage records =0.33
Class label =2, percentage records =0.33

Test data set class label distribution
=========================================

Class label =0, percentage records =0.33
Class label =1, percentage records =0.33
Class label =2, percentage records =0.33
```

图 6-3

现在训练集和测试集的类别分布是一致的。

6.2.4　更多内容

在把数据用于机器学习的算法之前，必须认真地准备数据，提供类别分布一致的训练集和测试集对于成功的分类模型是十分重要的。

在实际场景中，除了训练集和测试集，我们还会另外创建一个 dev 集。第 1 次迭代很可能无法构建正确的模型，此时我们不能把测试集应用到模型上，以避免误导二次建模的过程。我们为此创建了 dev 集，将它应用到建模的迭代过程中。

本节采用的 80/20 经验法则是一种理想场景，其实在许多实际应用中，数据量不足以分配那么多实例给测试集。此类情况下，一些实用的技术如交叉验证等就能发挥作用，下一章里我们将会介绍几种交叉验证技术。

6.3 查找最近邻

开始之前，我们先花点时间来了解如何检查分类模型是否令人满意。在本章的简介部分，我们曾介绍过一个叫作混淆矩阵的术语。

混淆矩阵就是类别标签的真实值与预测值的对应排列矩阵。假定我们面对的是一个两类问题，即变量 y 只能取 T 或者 F 两个值，再假定我们训练了一个分类器来对 y 进行预测。在测试集中，我们已知 y 的真实值，同时有模型产生的 y 的预测值，这样就能填写混淆矩阵中的值了，如表 6-1 所示。

表 6-1

		预测值	
		T	F
真实值	T	TP	FN
	F	FP	TN

这个表列出了测试集里的结果情况。注意，我们已经知道了测试集里的分类标签情况，因此，我们可以将分类模型的输出结果和真实情况做个比较。

- TP：True Positive（真正类）的缩写。测试集里真实标签为 T，预测值也为 T 的总数。
- FN：False Negative（漏报）的缩写。测试集里真实标签为 T，预测值却为 F 的总数。
- FP：False Positive（误报）的缩写。测试集里真实标签为 F，预测值却为 T 的总数。
- TN：True Negative（真负类）的缩写。测试集里真实标签为 F，预测值也为 F 的总数。

知道了混淆矩阵，我们就可以对分类模型的质量采用指标进行评估，这里先介绍准确度和错误率，在后面的小节里会介绍更多的指标。

准确度是正确的预测和总数的比值，从混淆矩阵中，我们知道 TP 与 TN 之和就是正确的预测数。

$$Accuracy = \frac{Correct\ Predictions}{Total\ Predictions}$$

训练集的准确度总是比较乐观，但我们应该看测试集的准确度指标来判断这个模型的真正效果。

了解了这些知识，我们可以言归正传，开始介绍K近邻分类算法，它的简写为KNN。详细讲解之前，先看一个简单的分类算法——机械分类算法，这种算法把所有的训练数据都加载到内存里记住，当需要对一个未知的训练实例进行分类时，在内存里比对所有的训练实例，将每个属性都进行匹配，找到匹配结果时，就将相应的分类标签赋予这个测试实例。

可以看得出来，如果测试实例和内存里的任意训练实例都不相似的话，分类器就失效了。

KNN和机械分类算法很相似，除了不查找完全匹配项，而是采用相似度量这一点。和机械分类算法一样，KNN也把所有的训练集数据都加载到内存中，当它需要对测试实例进行分类时，它衡量这个实例和所有训练实例之间的距离，基于距离，它选择训练集里的K个最近的实例。测试集的分类预测值就基于这K个最近邻的主体分类情况。

例如，假定我们面对的是二元分类问题，我们选择K值为3，如果给定的测试记录的3个最近邻的类别标签号分别是“1”，“1”和“0”，则测试实例的分类号就是“1”——近邻们的主体分类。

KNN是基于实例学习算法一族，此外，对测试实例的分类决定在最后才产生，所以它也被称为懒惰的学习者。

6.3.1 准备工作

本节我们使用`scikit`的`make_classification`方法创建一些数据——4个列/属性/特征和100个实例的矩阵。

```
from sklearn.datasets import make_classification

import numpy as np
import matplotlib.pyplot as plt
import itertools

from sklearn.ensemble import BaggingClassifier
from sklearn.neighbors import KNeighborsClassifier

def get_data():
    """
```

```
    Make a sample classification dataset
    Returns : Independent variable y, dependent variable x
    """
    x,y = make_classification(n_features=4)
    return x,y

def plot_data(x,y):
    """
    Plot a scatter plot fo all variable combinations
    """
    subplot_start = 321
    col_numbers = range(0,4)
    col_pairs = itertools.combinations(col_numbers,2)

    for col_pair in col_pairs:
        plt.subplot(subplot_start)
        plt.scatter(x[:,col_pair[0]],x[:,col_pair[1]],c=y)
        title_string = str(col_pair[0]) + "-" + str(col_pair[1])
        plt.title(title_string)
        x_label = str(col_pair[0])
        y_label = str(col_pair[1])
        plt.xlabel(x_label)
        plt.xlabel(y_label)
        subplot_start+=1

    plt.show()

x,y = get_data()
plot_data(x,y)
```

get_data 函数内部调用了 make_classification 函数来给任意分类任务生成测试数据。

在最后把数据应用给算法之前，对数据进行可视化，我们用 plot_data 函数给所有变量绘制了散点图，如图 6-4 所示。

我们绘出了所有的变量组合，上面两个图是第 0 列和第 1 列的组合，接着是第 0 列和第 2 列的组合。数据点根据类别标签的不同用不同颜色进行了标记，这能帮助我们对这些变量组合在分类任务中所需的信息有一个大致的了解。

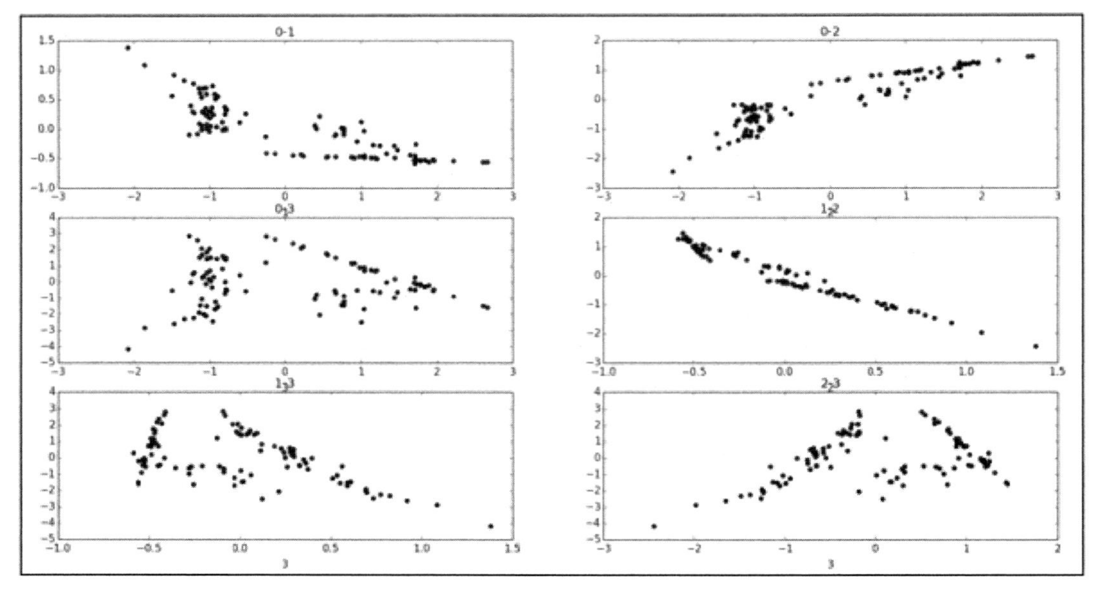

图 6-4

6.3.2 操作方法

我们把数据集分割和模型训练分为两个不同的方法：get_tarin_test 用来获取训练集和测试集，build_model 用来建模，最后用 test_model 来验证模型的可用性。

```
from sklearn.cross_validation import StratifiedShuffleSplit
from sklearn.neighbors import KNeighborsClassifier
from sklearn.metrics import classification_report

def get_train_test(x,y):
    """
    Perpare a stratified train and test split
    """
    train_size = 0.8
    test_size = 1-train_size
    input_dataset = np.column_stack([x,y])
    stratified_split = StratifiedShuffleSplit(input_dataset[:,-\
1],test_size=test_size,n_iter=1)

    for train_indx,test_indx in stratified_split:
        train_x = input_dataset[train_indx,:-1]
        train_y = input_dataset[train_indx,-1]
        test_x =  input_dataset[test_indx,:-1]
```

```
        test_y = input_dataset[test_indx,-1]
    return train_x,train_y,test_x,test_y


def build_model(x,y,k=2):
    """
    Fit a nearest neighbour model
    """
    knn = KNeighborsClassifier(n_neighbors=k)
    knn.fit(x,y)
    return knn


def test_model(x,y,knn_model):
    y_predicted = knn_model.predict(x)
    print classification_report(y,y_predicted)


if __name__ == "__main__":
    # 加载数据
    x,y = get_data()

    # 绘制数据的散点图
    plot_data(x,y)

    # 将数据分为训练集和测试集
    train_x,train_y,test_x,test_y = get_train_test(x,y)

    # 建模
    knn_model = build_model(train_x,train_y)

    # 测试模型
    print "\nModel evaluation on training set"
    print "================================\n"
    test_model(train_x,train_y,knn_model)

    print "\nModel evaluation on test set"
    print "================================\n"
    test_model(test_x,test_y,knn_model)
```

6.3.3 工作原理

我们从主函数开始，和上一节的方式一样，先调用 get_data 函数，再用 plot_data

绘制图形。

之前提到过，必须从训练集中分割一部分数据作为测试集来评估模型，我们调用 get_train_test 函数来完成这个任务。它先得确定两者的大小，我们选用标准的 80/20，这样，80%的数据用来训练模型。在进行分割之前，我们用 NumPy 的 column_stack 方法将 x 和 y 组合成一个单独的矩阵。

然后调用 StratifiedShuffleSplit 让训练集和测试的类别标签分布一致，上一节我们曾介绍过这个函数。

准备好训练集和测试集，现在可以开始构建分类器了。建模的时候要用到训练集的属性 x 和类别标签 y，这个函数同时也需要指定 K 值，即近邻的数量作为参数，我们设置默认值为 2。

我们使用 scikit-learn 里的 KNN 实现 KNeighborsClassifier 函数，先创建一个分类器对象，然后用 fit 方法建模。

现在要测试一下用训练集构建的模型效果如何，方法是将训练集数据（x 和 y）和模型传给 test_model 函数。

真实的类别标签（y）是已知的，我们用 x 参数调用预测函数来获得标签预测值，然后打印出一部分模型评估指标。先来看模型的准确度，我们用混淆矩阵来追查，最后用 classification_report 展示结果输出。这个函数是 scikit-learn 的指标模块提供的，能输出多种模型评价指标。

模型的指标输出结果如图 6-5 所示。

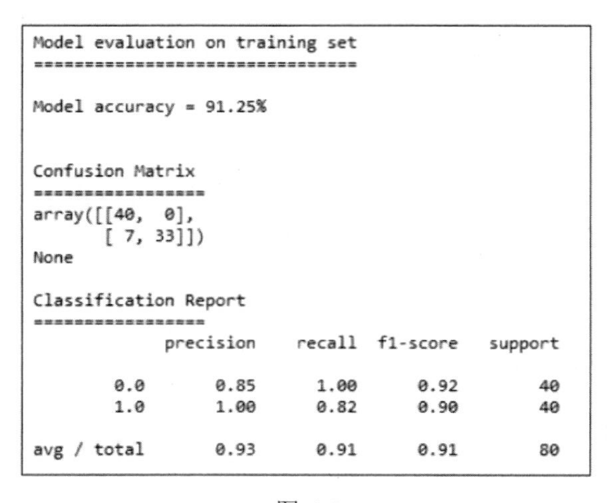

图 6-5

准确度指标为 91.25%，准确度的定义我们不再赘述，请参考本章简介部分。

现在来看混淆矩阵，左上的单元是真正类数量，漏报数为 0，误报数为 7（第 2 行的第 1 个单元）。

最后，分类报告里还有精度、召回率和 F1 值等指标，请看下面的定义。

- 精度（Precision）：真正类数和真正类数与漏报数之和的比值。
- 准确率（Accuracy）：真正类数和真正类数与误报数之和的比值。
- F1 值：精度和准确率的调和平均数。

后面将有一个独立的章节专门介绍这些指标，目前我们得到的结论是精度和召回率都很高。

模型的准确率大约为 91%，这是让人满意的结果，但真正的考验在模型应用于测试集的时候。我们来看一下测试数据的结果指标，如图 6-6 所示。

```
Model evaluation on test set
=================================

Model accuracy = 95.00%


Confusion Matrix
=================
array([[ 9,  1],
       [ 0, 10]])
None

Classification Report
=================
             precision    recall  f1-score   support

        0.0       1.00      0.90      0.95        10
        1.0       0.91      1.00      0.95        10

avg / total       0.95      0.95      0.95        20
```

图 6-6

模型在测试集数据上运行后的准确率为 95%，这结果相当好，说明模型效果良好。

6.3.4 更多内容

更深入地观察我们建好的模型，如图 6-7 所示。

我们调用了 `get_params` 函数，它返回所有传递给模型的参数，下面对每个参数进行仔细分析。

第 1 个参数引用了 KNN 实现过程中的基础数据结构，因为训练集里的每条记录都要和其他记录进行比较，这样粗暴的实现方法会消耗大量的运算资源。因此，我们选择 kd_tree 或 ball_tree 作为数据结构，让每条记录都以这样粗暴的方法循环于所有的记录。

```
>>> pprint.pprint(knn_model.get_params())
{'algorithm': 'auto',
 'leaf_size': 30,
 'metric': 'minkowski',
 'n_neighbors': 2,
 'p': 2,
 'weights': 'uniform'}
```

图 6-7

leaf_size 是传递给 kd_tree 或 ball_tree 方法的参数。

metric 是用来查找邻居的距离度量，p 的值是 2，它将明可夫斯基距离降为欧几里德距离。

最后是 weight 参数。KNN 根据 K 个最近邻的情况来决定测试实例的类别标签，多数投票情况决定了测试实例的取值。不过，如果给距离设置权重，每个邻居的权重反比于它们的距离。这样，确定测试实例的类别标签采用的是加权投票，而不仅是简单投票。

6.3.5 参考资料

第 6 章“机器学习 1”中 6.2 节“为建模准备数据”的相关内容。

第 5 章“数据挖掘——大海捞针”中 5.2 节“使用距离度量”的相关内容。

6.4 用朴素贝叶斯分类文档

本节介绍文本分类问题，我们将使用朴素贝叶斯分类器，这种算法的驱动力来自贝叶斯规则，公式如下。

$$P(X \mid Y) = \frac{P(Y \mid X) \times P(X)}{P(Y)}$$

这个公式展示了我们已知事件 Y 发生的情况时，事件 X 发生的可能性有多大。本节介绍的文本分类目标是二元分类：给定一个电影评价，把它归于正面或负面。

在贝叶斯术语里，必须先定义条件概率：给定评价条件下评价为正面的概率和给定评价条件下评价为负面的概率，写成等式如下。

$P(class{=}positive|review)$和 $P(class{=}negative|review)$

对于任意一条评价，如果有了上面的这两个概率值，我们即可通过比较它们来将这条评价归类到正面或负面：如果负面的条件概率大于正面的条件概率，则评价是负面分类，反之亦然。

现在来看看使用贝叶斯规则的概率公式。

$$P(positive \mid review) = \frac{P(review \mid positive) \times P(positive)}{P(review)}$$

$$P(negative \mid review) = \frac{P(review \mid negative) \times P(negative)}{P(review)}$$

要比较这两个等式来决定最终结果，我们可以忽略分母，因为它只是简单的缩放因子。

等式的左边称为后验概率，我们来看看等式右边的分子部分。

$$P(review \mid positive) \times P(positive)$$

$P(positive)$是正面评价的先验概率，它是我们从训练集中获得的正面分类标签的分布信仰，我们通过下面的公式从训练集中把它计算出来。

$$P(positive) = \frac{No\ of\ reviews\ with\ positive\ class\ label}{Total\ reviews\ in\ the\ corpus}$$

$P(review|positive)$是一种可能性，它回答了这个问题：给定这个类别是正面的，这个评价是正面的可能性有多大？我们仍然得从训练集中进行计算。

在深入了解概率公式之前，先介绍下独立假定的概念，这个算法之所以冠以“贝叶斯”的前缀，就是因为这个假定。和现实情况相反，我们假定文档里出现的词是相互独立的，并基于此假定来计算概率。

评价文本是一些词的列表，用数学的方式表达如下。

$$review = \{word_1, word_2, \cdots, word_n\}$$

基于独立假定，我们可以推断出这些词在一条评价中同时出现的概率就是这些作为句子成分的词的独立概率的乘积。

这个概率计算公式如下所示。

$$P(review = \{word_1, word_2, \cdots, word_n\} \mid positive) = \prod_{i=1}^{n} P(word_i \mid positive)$$

这样，给定一个新的评价，我们就能用这两个等式中的先验概率来计算出它是属于正面还是负面。

希望你没有被弄糊涂，现在还剩下一个问题：我们怎么计算独立的词的概率呢？

$$P(word_i \mid positive) = \frac{No\ of\ times\ word_i\ occurs\ in\ reviews\ classified\ as\ positive}{Total\ number\ of\ words\ in\ all\ the\ reviews\ classified\ as\ positive}$$

这个式子指导如何训练模型。

我们从训练集中获取每一条评价，了解它的标签，然后对这个评价里的每个词，计算出条件概率，并保存到一个表中。这样，我们就能用这些计算值来预测后面的测试实例了。

理论的东西说得太多了，下面我们要深入实践。

6.4.1 准备工作

本节将使用 NLTK 库来处理数据和算法。在安装 NLTK 时，系统也会下载数据集，其中有一个电影评价数据集。电影评价被分为了正面和负面两类，每个分类都有一个词的列表，评价已经被预先分好词了。

```
from nltk.corpus import movie_reviews
```

如上所示，我们加载了 NLTK 的语料模块中的影评数据集。

然后调用 NLTK 中定义的 NaiveBayesClassifier 类来建模，方法是将训练集传递给 train() 函数。

6.4.2 操作方法

首先加载必需的函数，我们用到了两个功能函数，第 1 个是检索影评数据，第 2 个是把数据集分割为训练集和测试集。

```
from nltk.corpus import movie_reviews
from sklearn.cross_validation import StratifiedShuffleSplit
import nltk
from nltk.corpus import stopwords
from nltk.collocations import BigramCollocationFinder
from nltk.metrics import BigramAssocMeasures

def get_data():
    """
    Get movie review data
    """
    dataset = []
```

```
    y_labels = []
    # 抽取分类
    for cat in movie_reviews.categories():
        # 对于每个类别下的文件
        for fileid in movie_reviews.fileids(cat):
                # 获取属于这个分类的词语
                words = list(movie_reviews.words(fileid))
                dataset.append((words,cat))
                y_labels.append(cat)
        return dataset,y_labels

def get_train_test(input_dataset,ylabels):
    """
    Perpare a stratified train and test split
    """
    train_size = 0.7
    test_size = 1-train_size
    stratified_split = StratifiedShuffleSplit(ylabels,test_size=test\
size,n_iter=1,random_state=77)

    for train_indx,test_indx in stratified_split:
        train = [input_dataset[i] for i in train_indx]
        train_y = [ylabels[i] for i in train_indx]

        test = [input_dataset[i] for i in test_indx]
        test_y = [ylabels[i] for i in test_indx]
    return train,test,train_y,test_y
```

现在介绍 3 个函数，主要是特征生成函数：为了分类，我们需要提供特征或者属性。给定一个评价，这些函数能从中生成一系列特征。

```
def build_word_features(instance):
    """
    Build feature dictionary
    Features are binary, name of the feature is word iteslf
    and value is 1. Features are stored in a dictionary
    called feature_set
    """
    # 用字典来保存特征
    feature_set = {}
    # 词列表的实例元组里的第 1 个子项
    words = instance[0]
    # 把特征保存到字典中
```

```
        for word in words:
            feature_set[word] = 1
        # 实例元组里的第 2 个子项是类别标签
        return (feature_set,instance[1])

    def build_negate_features(instance):
        """
        If a word is preceeded by either 'not' or 'no'
        this function adds a prefix 'Not_' to that word
        It will also not insert the previous negation word
        'not' or 'no' in feature dictionary
        """
        # 对词进行检索，即实例元组中的第 1 个子项
        words = instance[0]
        final_words = []
        # 用一个布尔变量追踪上一个词是不是负面词
        negate = False
        # 生成负面词的列表
        negate_words = ['no','not']
        # 对词进行循环的时候，遇到一个负面词，负面标识变量值变为 True
        # 否定词不会加入到特征字典中
        # 当负面标识变量值为 True 时，词的前面加上一个“Not_”前缀
        for word in words:
            if negate:
                word = 'Not_' + word
                negate = False
            if word not in negate_words:
                final_words.append(word)
            else:
                negate = True
        # 特征字典
        feature_set = {}
        for word in final_words:
            feature_set[word] = 1
        return (feature_set,instance[1])

    def remove_stop_words(in_data):
        """
        Utility function to remove stop words
        from the given list of words
        """
        stopword_list = stopwords.words('english')
        negate_words = ['no','not']
```

```
        # 我们不希望删除负面词
        # 我们创建一个新的停用词列表来排除负面词
        new_stopwords = [word for word in stopword_list if word not innegate_words]
        label = in_data[1]
        # 删除停用词
        words = [word for word in in_data[0] if word not in new_stopwords]
        return (words,label)

def build_keyphrase_features(instance):
        """
        A function to extract key phrases
        from the given text.
        Key Phrases are words of importance according to a measure
        In this key our phrase of is our length 2, i.e two words or
bigrams
        """
        feature_set = {}
        instance = remove_stop_words(instance)
        words = instance[0]

        bigram_finder = BigramCollocationFinder.from_words(words)
        # 我们采用二元特征的原始频率计数
        # 例如，二元特征按出现的频率降序排序， 选择前 400 个
        bigrams = bigram_finder.nbest(BigramAssocMeasures.raw_freq,400)
        for bigram in bigrams:
            feature_set[bigram] = 1
        return (feature_set,instance[1])
```

现在编写建模的函数，然后测试模型是否有效。

```
def build_model(features):
        """
        Build a naive bayes model
        with the gvien feature set.
        """
        model = nltk.NaiveBayesClassifier.train(features)
        return model

def probe_model(model,features,dataset_type = 'Train'):
        """
        A utility function to check the goodness
        of our model.
        """
```

```
    accuracy = nltk.classify.accuracy(model,features)
    print "\n" + dataset_type + " Accuracy = %0.2f"%(accuracy*100) +"%"

def show_features(model,no_features=5):
    """
    A utility function to see how important
    various features are for our model.
    """
    print "\nFeature Importance"
    print "===================\n"
    print model.show_most_informative_features(no_features)
```

第 1 次就得到正确的模型是非常困难的，我们需要反复尝试不同的特征和参数调优，这是个充满磨练和错误的过程。下面的代码就是为改善模型而进行的多次尝试。

```
def build_model_cycle_1(train_data,dev_data):
    """
    First pass at trying out our model
    """
    # 为训练集建立特征
    train_features =map(build_word_features,train_data)
    # 为测试集建立特征
    dev_features = map(build_word_features,dev_data)
    # 建模
    model = build_model(train_features)
    # 模型探测
    probe_model(model,train_features)
    probe_model(model,dev_features,'Dev')

    return model

def build_model_cycle_2(train_data,dev_data):
    """
    Second pass at trying out our model
    """
    #为训练集建立特征
    train_features =map(build_negate_features,train_data)
    #为测试集建立特征
    dev_features = map(build_negate_features,dev_data)
    # 建模
    model = build_model(train_features)
    # 模型探测
    probe_model(model,train_features)
```

```
    probe_model(model,dev_features,'Dev')

    return model

def build_model_cycle_3(train_data,dev_data):
    """
    Third pass at trying out our model
    """

    # 为训练集建立特征
    train_features =map(build_keyphrase_features,train_data)
    #为测试集建立特征
    dev_features = map(build_keyphrase_features,dev_data)
    # 建模
    model = build_model(train_features)
    # 模型探测
    probe_model(model,train_features)
    probe_model(model,dev_features,'Dev')
    test_features = map(build_keyphrase_features,test_data)
    probe_model(model,test_features,'Test')

    return model
```

最后，写一段代码调用上面定义的各个函数。

```
if __name__ == "__main__":

    # 加载数据
    input_dataset, y_labels = get_data()
    # 训练数据
    train_data,all_test_data,train_y,all_test_y = get_train_\
test(input_dataset,y_labels)
    # Dev 数据
    dev_data,test_data,dev_y,test_y = get_train_test(all_test_\
data,all_test_y)
    #  查看不同数据集的大小
    print "\nOriginal Data Size =", len(input_dataset)
    print "\nTraining Data Size =", len(train_data)
    print "\nDev Data Size =", len(dev_data)
    print "\nTesting Data Size =", len(test_data)

    # 建模的不同过程
    model_cycle_1 = build_model_cycle_1(train_data,dev_data)
    # 打印输出模型的信息
```

```
    show_features(model_cycle_1)
    model_cycle_2 = build_model_cycle_2(train_data,dev_data)
    show_features(model_cycle_2)
    model_cycle_3 = build_model_cycle_3(train_data,dev_data)
    show_features(model_cycle_3)
```

6.4.3 工作原理

我们从主函数开始讲解，首先调用了 get_data 函数，如前所述，影评数据保存成正面和负面两类。第 1 层循环遍历这两类，在第 2 层循环中检索出分类的文件 ID，再用文件 ID 检索出词，代码如下。

```
words = list(movie_reviews.words(fileid))
```

把这些词添加到列表 dataset 里，类别标签则添加到另一个列表 y_labels 中。

最后返回的是这些词和对应的类别标签。

```
return dataset,y_labels
```

准备好了数据集，接着就要把它分割成测试集和训练集。

```
# 训练数据
    train_data,all_test_data,train_y,all_test_y = get_train_\
test(input_dataset,y_labels)
```

用输入的数据集和类别标签作为参数调用 get_train_test 函数，它返回分层的样本。我们选择数据的 70%作为训练集，剩下的作为测试集。

和上面一样，我们把上一步得到的测试集数据传递给 get_train_test 函数。

```
    # Dev 数据
    dev_data,test_data,dev_y,test_y = get_train_test(all_test_\
data,all_test_y)
```

这样创建了一个独立的 dev 数据集，用它可以对模型进行调优。我们希望测试集数据能起到真正的测试作用，因而在建模的往复过程中，它们不能参与计算。

打印输出训练集、dev 集和测试集的大小结果如图 6-8 所示。

```
Original  Data Size  = 2000
Training  Data Size  = 1400
Dev       Data Size  = 420
Testing   Data Size  = 180
```

图 6-8

数据的 70%划归训练集，剩下的 30%再按 70/30 的比例分为 dev 集合测试集。

现在开始建模过程，先用训练集和 dev 集数据调用 build_model_cycle_1 函数。在该函数中，先用所有数据的映射调用 build_word_feature 函数来创建特征。build_word_feature 函数是一个简单的特征生成函数：每个词都是一个特征，函数的输出是特征字典，键是词本身，值是 1，这种特征常被称为词袋（Bag of Words，BOW）。训练集和 dev 集都会调用 build_word_feature 函数。

```
# 为训练集建立特征
train_features =map(build_word_features,train_data)
# 为测试集建立特征
dev_features = map(build_negate_features,dev_data)
```

接着就用生成的特征来训练模型。

```
# 建模
model = build_model(train_features)
```

我们用 probe_model 函数来检测模型的效果，它需要 3 个参数，第 1 个是要检测的模型，第 2 个是模型对应的特征，最后一个是字符串，用来显示目标。这个函数从 nltk.classify 模块中引用 accuracy 函数来计算准确度指标。

我们调用了 probe_model 函数两次：第 1 次是用训练集数据来检测模型的效果，第 2 次则是用 dev 数据集。

```
# 模型检测
probe_model(model,train_features)
probe_model(model,dev_features,'Dev')
```

准确度的计算结果如下。

```
Train Accuracy = 98.07%
Dev  Accuracy = 69.76%
```

采用训练集时模型的表现很好，这并不奇怪，因为在训练阶段使用的都是训练集的数据，所以分类的结果相当好。然而，dev 集的准确度十分可怜，模型只能把 dev 集 60%多的实例正确分类。显然，我们选择的特征的信息量还不够，无法帮助模型以较高的准确度对未知实例进行分类。因此，我们要了解哪些特征对区分评价是正面还是负面起到更重要的作用。

```
show_features(model_cycle_1)
```

show_features 函数可以查看各个特征对模型的贡献，它使用了 NLTK 分类器对象的 show_most_informative_feature 函数。特征对模型的重要性表现如图 6-9 所示。

```
Feature Importance
===================

Most Informative Features
            stupidity = 1              neg : pos    =     15.0 : 1.0
         unconvincing = 1              neg : pos    =     12.3 : 1.0
          wonderfully = 1              pos : neg    =     11.4 : 1.0
          outstanding = 1              pos : neg    =     11.0 : 1.0
               warned = 1              neg : pos    =     10.3 : 1.0
```

图 6-9

上面的结果要这样解读：特征 stupidity =1 对于将评价划归负面的效果是 15 倍。

现在用一系列新的特征进行第 2 轮建模，方法是调用 build_model_cycle_2，它和 build_model_cycle_1 基本相同，除了采用内部 map 函数来映射特征生成函数。

这个特征生成函数是 build_negate_features。通常一些词如“not”和“no”等称为否定词，在前面使用的特征生成函数中，假定评价者说电影不好（“not good”），那么“good”在正面和负面评价中起的作用是一样的，实际上“good”应该是用来表明正面评价。为了避免这个问题，我们在词列表中查找出否定词“not”和“no”，然后按下面的方式对句子进行修改。

```
"movie is not good" to "movie is not_good"
```

这样“not_good”就是一个用来表明负面评价的良好特征，而不是正面评价，这就是 build_negate_features 函数的作用。

现在看看用负面特征进行建模的效果检测结果。

```
Train Accuracy = 98.36%
Dev  Accuracy = 70.24%
```

模型在 dve 数据上的准确度提高了大约 2%，对模型更重要的特征排序如图 6-10 所示。

请看最后几个特征，把“funny”加上否定词——“Not_funny”对于将评价划归负面的效果是 11.7 倍。

```
Feature Importance
===================

Most Informative Features
              stupidity = 1              neg : pos    =     15.0 : 1.0
             wonderfully = 1             pos : neg    =     14.7 : 1.0
            unconvincing = 1             neg : pos    =     12.3 : 1.0
               Not_funny = 1             neg : pos    =     11.7 : 1.0
             outstanding = 1             pos : neg    =     11.0 : 1.0
```

图 6-10

模型的准确度还能提高吗？目前是 70%。现在用新的特征运行第 3 次，方法是调用 build_model_cycle_3，它和 build_model_cycle_2 基本相同，除了采用内部 map 函数来映射特征生成函数。

这个特征生成函数是 build_keyphrase_features，我们对它进行深入研究。它不再用词作为特征，而是从评价中生成关键词组作为特征。关键词组是我们按某种指标评定为重要的词组，它可以由两个、3 个或 *n* 个词组成，本示例是由两个词（二元特征）组成。评定指标为原始的频率计数，我们选择出现频率较高的词组。在生成关键词组之前，我们还需要做一些简单的预处理：用 remove_stop_words 函数从词列表中删除停用词和标点。NLTK 的语料模块中有一个英语的停用词列表，可以采用以下方式来检索。

```
stopword_list = stopwords.words('english')
```

类似地，Python 的 string 模块维持一个标点列表，我们用下面的代码将停用词和标点删除。

```
words = [word for word in in_data[0] if word not in new_stopwords \
and word not in punctuation]
```

不过，“not”和“no”不能删除，我们创建一个新的停用词表，排除了否定词。

```
new_stopwords = [word for word in stopword_list if word not in negate_\
words]
```

我们使用 NLTK 的 BigramCollocationFinder 类来生成关键词组，方法如下。

```
bigram_finder = BigramCollocationFinder.from_words(words)
# 我们采用二元特征的原始频率计数
# 例如，二元特征按出现的频率降序排序， 选择前 400 个
bigrams = bigram_finder.nbest(BigramAssocMeasures.raw_freq,400)
```

评定指标是频率计数——上面代码最后一行里指定的 raw_freq，我们要求特征查找

器最多返回 400 个词组。

使用这些新的特征，我们继续建模和测试准确度，其结果如下。

```
Train Accuracy = 100.00%
Dev  Accuracy = 80.00%
```

模型在 dev 数据集上的运行效果大大提高，从第 1 次的 68%提升了 12 个百分点到了 80%。现在把测试集数据也应用到模型上来看看准确度如何。

```
test_features = map(build_keyphrase_features,test_data)
probe_model(model,test_features,'Test')
```

```
Test Accuracy = 84.44%
```

测试集的准确度高过了 dev 数据，对于未知数据，模型的表现相当出色。在结束本节之前，我们来看看最有信息含量的关键词组有哪些，如图 6-11 所示。

```
Feature Importance
===================

Most Informative Features
     (u'waste', u'time') = 1             neg : pos    =     12.2 : 1.0
(u'oscar', u'nomination') = 1             pos : neg    =     10.3 : 1.0
      (u'one', u'worst') = 1             neg : pos    =     10.2 : 1.0
     (u'works', u'well') = 1             pos : neg    =      9.7 : 1.0
        (u'low', u'key') = 1             pos : neg    =      9.7 : 1.0
```

图 6-11

关键词组中，“奥斯卡提名”对于将评价划归正面的效果是 10 倍。无可置疑，关键词组是很有信息含量的，因此这次的模型比前两个的效果要好得多。

6.4.4 更多内容

对于二元特征，我们怎么知道 400 个关键词组以及频率计数就是最好的参数呢？不断尝试和出错，虽然没有列出所有这些过程，其实我们测试运行过各种组合，如带有点互信息的 200 个词组以及其他类似的方法等。

这也是现实情况中必须做的，不过不是每次都盲目地琢磨参数，而是要关注最有信息量的特征，它会给判断特征的鉴别能力提供线索。

6.4.5 参考资料

第 6 章“机器学习 1”中 6.2 节“为建模准备数据”的相关内容。

6.5 构建决策树解决多类问题

本节将介绍如何构建决策树解决多分类问题，直观看，决策树可以当作这样一个过程：提出一系列问题，用一系列的 if-then 语句分层组织来构建一棵决策树，最后得到答案。由于这种性质，决策树是容易理解和解释的。

请访问以下链接，了解更多关于决策树的细节。

https://en.wikipedia.org/wiki/Decision_tree。

理论上，对于给定的数据集可以构建许多决策树，其中一些准确度要更高一些。现在有一些高效的算法能在有限时间内生成较为合理准确的树，比如 Hunt 算法，ID3、C4.5 和 CART(Classification and Regression Trees，分类回归树)等算法都基于它而来，这种算法的概述如下。

给定一个数据集 D，它有 n 条记录，每条记录具有 m 个属性/特征/列，而且每条记录的标签为 y_1、y_2、y_3 三者中之一，算法的过程如下。

- 如果 D 里所有的记录都属于同一个类别，假定为 y_1，则 y_1 是树的叶子节点，标签为 y_1。
- 如果 D 里的记录属于多个类别，则采用一个特征测试条件将记录分割成较小的子集。假定第 1 次运行，我们在所有的属性上执行特征测试条件，从中找出一个属性能把数据集分割为 3 个较小的子集，然后将这个属性变成根节点，在 3 个子集中应用测试条件来找出下一级节点。这个过程不断迭代地执行。

请注意我们定义分类的时候定义了 y_1、y_2、y_3 共 3 个分类标签，这和之前解决的两类问题截然不同，这是多分类问题。我们多次引用的 iris 数据集是一个三分类问题，记录分布在 3 种列表标签上。我们还可以把它扩展成 n 类问题，数字识别就是一个例子，给定的图片中包含从 0 到 9 的数字，要把它识别出来进行分类。现实中的许多问题天然就是多分类的，一些算法也先天具备处理多分类问题的能力，不需要进行改动。本章研究的算法都具有这种能力，决策树、朴素贝叶斯和 KNN 等算法都能很好地解决多分类问题。

本节将介绍如何应用决策树处理多分类问题，也让我们更深入地了解决策树。下一章中要介绍的随机森林是一种更复杂的方法，在工业界得到了广泛应用，它也是基于决策树的。

下面开始介绍决策树。

6.5.1 准备工作

我们采用 iris 数据集来演示如何构建决策树，它是一种无参数的监督学习方法，可以用来解决分类问题和回归问题。前面说过，决策树的优点很多，列举如下。

- 易于解释。
- 仅需要极少的数据准备和数据-特征转换，还记得前几节里那些繁复的特征生成方法吗？
- 天然支持多分类问题。

决策树也有它自己的不足，下面列出了几条。

- 容易过拟合：训练集的准确度很高而对测试集的效果很差。
- 对于一个给定的数据集，能产生成千上万的决策树。
- 类别不平衡的影响十分严重：在二元分类问题中，每类的实例数量不同时就会爆发类别不平衡，对多分类问题也是一样。

决策树的一个重要组成是特征测试条件，我们将重点解释它。一般来说，实例的每个属性都是容易理解的。

二元属性：属性只能取两个值，例如 True 或者 False。在这种情况下，特征测试条件返回两个值。

标称属性：这种属性可以取两个以上（例如 *n* 个）的值，此时特征测试条件要么返回 n 个输出，要么采用二元分割进行分组。

序数属性：数值中隐含着顺序关系，例如，假定有一个大小属性，取值范围为小、中、大三者中之一。这样，属性具有 3 个值，并有一定的顺序：小、中、大。特征测试条件对这类属性的处理和标称属性类似。

连续属性：属性的取值是连续的，它们得先离散化然后再进行处理。

特征测试条件就是基于一个称为“不纯性”的标准或指标，将输入的记录分割成多个子集。不纯性是通过对实例的每个属性上的类别标签进行相关计算得出，对它影响最大的属性被选为分割数据的基准属性，也就是树里这一级的节点。

我们通过一个示例来进行说明，这里采用“熵”作为计算不纯度的指标。

熵的定义如下。

$$E(X) = -\sum_{i=1}^{n} P(x_i)\log_2(P(x_i))$$

其中 $P(x_i)$ 定义如下。

$$P(x_i) = \frac{Count\ of\ x_i}{length(X)}$$

举个例子，有一个集合 X 如下。

$$X=\{2,2\}$$

计算这个集合的熵的方法如下。

$$-\left(\frac{2}{2}\times\log_2\left(\frac{2}{2}\right)+\frac{2}{2}\times\log_2\left(\frac{2}{2}\right)\right)=$$
$$-(1\times\log_2(1)+1\times\log_2(1))=0.0$$

这个集合的熵为 0，说明集合是均质的。在 Python 中计算熵是很方便的，请看下面的代码。

```
import math

def prob(data,element):
    """Calculates the percentage count of a given element

    Given a list and an element, returns the elements percentage count

    """
    element_count =0
     # 测试条件以检查输入是否正确
    if len(data) == 0 or element == None \
              or not isinstance(element,(int,long,float)):
        return None
    element_count = data.count(element)
    return element_count / (1.0 * len(data))

def entropy(data):
    """"Calcuate entropy
    """
    entropy =0.0

    if len(data) == 0:
        return None
```

```
    if len(data) == 1:
        return 0
    try:
        for element in data:
            p = prob(data,element)
            entropy+=-1*p*math.log(p,2)
    except ValueError as e:
        print e.message

    return entropy
```

为了找到最适合用来分割数据集的变量，我们选择了熵。首先要做的是基于类别标签对熵进行计算，公式如下。

$$Entropy(t) = -\sum_{i=0}^{c-1} p(i|t)\log_2 p(i|t)$$

再定义一个术语信息增益：它是一个指标，用来衡量给定的实例中哪个属性对于鉴别分类是最有用的，它是父节点的熵和子节点的平均熵值的差值。对树的每一层，我们用信息增益来构建树，请参见：https://en.wikipedia.org/wiki/Information_gain_in_decision_trees。

我们先获取训练集里的所有属性，然后计算整体的熵值，示例如表6-2所示。

表6-2

主演	奥斯卡得奖	票房	观看
Y	Y	N	Y
Y	N	Y	N
N	N	Y	Y
N	Y	Y	Y

上表是一个虚构的数据，它采集了一个用户的相关信息，用来发现他喜欢什么类型的电影，共有4个属性：第1个是用户观看电影是否取决于主演；第2个是用户是否观影的决定因素是奥斯卡得奖情况；第3个则是关于票房是否成功。

为了给这个实例构建决策树，我们先对整个数据集的熵进行计算。这是一个二元问题，因此c=2，此外，记录总数为4，所有数据集的熵计算方法如下。

$$E(D) = -\left(\frac{1}{4}\times\log_2\left(\frac{1}{4}\right)+\frac{3}{4}\times\log_2\left(\frac{3}{4}\right)\right)$$

计算之后，数据集整体的熵值为 0.811。

现在看第 1 个属性，主角相关的属性：这个属性为 Y 时，有一个实例的类别标签为 Y，另一个为 N；这个属性为 N 时，两个实例的类别标签都为 N。我们来计算平均熵值，结果如图 6-12 所示。

```
entropy_lead_actor_Y = 2/4.0 * -(1/2.0 * log(1/2.0,2) + 1/2.0 * log(1/2.0 ,2))
entropy_lead_actor_N = 2/4.0 * -(0  + 2/2.0 * log(2/2.0,2))
entroyp_lead_actor = entropy_lead_actor_Y + entropy_lead_actor_N
```

图 6-12

这是求平均熵值，主角属性为 Y 时有两条记录，为 N 时也是两条记录，因此，我们得用 `2/4.0` 乘上熵值。

这个数据子集的熵计算出来了。我们知道对于主角属性为 Y，有一条记录的类别标签为 Y，另一条为 N；类似地，对于主演属性为 N，两条记录的类别标签都是 N。这样，我们就得到这个属性的熵值。

主角属性的平均熵值为 `0.5`。

信息增益是 `0.811-0.5=0.311`。

同样地，我们可以计算出所有属性的信息增益，具有最高信息增益的属性成功地成为决策树的根节点。

同样的处理过程在第二层的节点上重复进行，在其他层里也是这样。

6.5.2 操作方法

先加载必需的库，然后定义两个函数，第 1 个是加载数据，第 2 个是将数据集分割为训练集和测试集。

```
from sklearn.datasets import load_iris
from sklearn.cross_validation import StratifiedShuffleSplit
import numpy as np
from sklearn import tree
from sklearn.metrics import accuracy_score,classification_\
report,confusion_matrix
import pprint
```

```
def get_data():
    """
    Get Iris data
    """
    data = load_iris()
    x = data['data']
    y = data['target']
    label_names = data['target_names']
    return x,y,label_names.tolist()

def get_train_test(x,y):
    """
    Perpare a stratified train and test split
    """
    train_size = 0.8
    test_size = 1-train_size
    input_dataset = np.column_stack([x,y])
    stratified_split = StratifiedShuffleSplit(input_dataset[:,-1], \
           test_size=test_size,n_iter=1,random_state = 77)

    for train_indx,test_indx in stratified_split:
        train_x = input_dataset[train_indx,:-1]
        train_y = input_dataset[train_indx,-1]
        test_x =  input_dataset[test_indx,:-1]
        test_y = input_dataset[test_indx,-1]
    return train_x,train_y,test_x,test_y
```

接着编写函数用来构建和测试决策树模型。

```
def build_model(x,y):
    """
    Fit the model for the given attribute
    class label pairs
    """
    model = tree.DecisionTreeClassifier(criterion="entropy")
    model = model.fit(x,y)
    return model

def test_model(x,y,model,label_names):
    """
    Inspect the model for accuracy
    """
    y_predicted = model.predict(x)
```

```
    print "Model accuracy = %0.2f"%(accuracy_score(y,y_predicted) * \
100) + "%\n"
    print "\nConfusion Matrix"
    print "================="
    print pprint.pprint(confusion_matrix(y,y_predicted))
    print "\nClassification Report"
    print "================="

    print classification_report(y,y_predicted,target_names=label_names)
```

最后，用主函数调用之前定义的所有函数。

```
if __name__ == "__main__":
    # 加载数据
    x,y,label_names = get_data()
    # 将数据分割为训练集和测试集
    train_x,train_y,test_x,test_y = get_train_test(x,y)
    # 建模
    model = build_model(train_x,train_y)
    # 在训练集上评估模型
    test_model(train_x,train_y,model,label_names)
    # 在测试集上评估模型
    test_model(test_x,test_y,model,label_names)
```

6.5.3 工作原理

从主函数开始，先调用 get_data 函数加载 iris 数据到 x、y 和 label_names 变量中。我们设置了标签名，这样计算模型准确度时可以衡量每个独立标签的情况。之前提到过，iris 是一个三分类问题，需要构建一个分类器把新实例划分到山鸢尾、维吉尼亚鸢尾和变色鸢尾 3 种分类中之一。

和前面小节一样，get_train_test 函数返回分层的训练集和测试集，我们调用 scikit-learn 里的 StratifiedShuffleSplit 确保这两个数据集里的类别标签分布一致。

接着调用 build_model 方法在训练集上构建决策树，我们用 scikit-learn 的模型树里的 DecisionTreeClassifier 类实现了决策树。

```
model = tree.DecisionTreeClassifier(criterion="entropy")
```

如你所见，我们用 criterion 变量指定了特征测试条件是熵值，然后调用 fit 函数并返回模型给调用的程序。

接着，用 test_model 函数对模型进行评估，模型需要实例 x、类别标签 y、决策树模型 model 以及类别标签的名字 label_names 等参数。

scikit-learn 的指标模块提供了 3 种评估标准。

```
from sklearn.metrics import accuracy_score,classification_\
report,confusion_matrix
```

本章的简介里已经对准确度进行过定义。

简介中还定义了混淆矩阵，它用来评估模型的效果十分好用。我们更关注的是真正类和错报这两栏的值。

最后，我们采用 classification_report 来打印输出精度、召回率和 F1 值等结果。

我们先对训练集上的模型结果进行评估，如图 6-13 所示。

```
Model accuracy = 100.00%


Confusion Matrix
=================
array([[40,  0,  0],
       [ 0, 40,  0],
       [ 0,  0, 40]])
None
[[40  0  0]
 [ 0 40  0]
 [ 0  0  0]]

Classification Report
=================
             precision    recall  f1-score   support

     setosa       1.00      1.00      1.00        40
 versicolor       1.00      1.00      1.00        40
  virginica       1.00      1.00      1.00        40

avg / total       1.00      1.00      1.00       120
```

图 6-13

训练集上的结果非常好，准确度为 100%，但真正有效的结果是在测试集上进行测试。

对测试集上的模型结果进行评估的输出如图 6-14 所示。

```
Model accuracy = 100.00%


Confusion Matrix
==================
array([[10,  0,  0],
       [ 0, 10,  0],
       [ 0,  0, 10]])
None
[[10  0  0]
 [ 0 10  0]
 [ 0  0  0]]

Classification Report
==================
             precision    recall  f1-score   support

     setosa       1.00      1.00      1.00        10
 versicolor       1.00      1.00      1.00        10
  virginica       1.00      1.00      1.00        10

avg / total       1.00      1.00      1.00        30
```

图 6-14

我们的分类器在测试集上执行的效果也非常好。

6.5.4 更多内容

现在来检测模型，看看各个特征所具备的区分不同分类的能力。

```
def get_feature_names():
    data = load_iris()
    return data['feature_names']

def probe_model(x,y,model,label_names):

    feature_names = get_feature_names()
    feature_importance = model.feature_importances_
    print "\nFeature Importance\n"
    print "=====================\n"
    for i,feature_name in enumerate(feature_names):
        print "%s = %0.3f"%(feature_name,feature_importance[i])

    # 将决策树导出成图
    tree.export_graphviz(model,out_file='tree.dot')
```

决策树分类器对象提供了一个 `feature_importances_` 属性，它能用来检索各个特征在建模过程中的重要程度。

我们编写了一个简单的函数 `get_feature_names`，用来检索属性名，它也可以被添加到 `get_data` 函数中。

来看看打印输出的结果，如图 6-15 所示。

```
Feature Importance

======================

sepal length (cm) = 0.014
sepal width (cm) = 0.014
petal length (cm) = 0.074
petal width (cm) = 0.897
```

图 6-15

上图说明了花瓣的宽度和长度在区别分类的时候起到了更重要的作用。

我们还可以把分类器构建的树导出成点阵文件，然后使用 `GraphViz` 包进行可视化，上面代码的最后一行实现了导出功能。

```
# 将决策树导出成图
tree.export_graphviz(model,out_file='tree.dot')
```

要下载和安装 `Graphviz` 包来实现可视化，请访问：http://www.graphviz.org/。

6.5.5　参考资料

第 6 章“机器学习 1”中 6.2 节“为建模准备数据”的相关内容。

第 6 章“机器学习 1”中 6.3 节“查找最近邻”的相关内容。

第 6 章“机器学习 1”中 6.4 节“用朴素贝叶斯分类文档”的相关内容。

第7章 机器学习2

在这一章中，我们将探讨以下主题。

- 回归方法预测实数值
- 学习 L2 缩减回归——岭回归
- 学习 L1 缩减回归——LASSO
- L1 和 L2 缩减交叉验证迭代

7.1 简介

本章主要介绍回归技术及其在 Python 中的编码实现，并讨论回归方法的一些固有的缺点。然后讨论如何用缩减方法实现同样的目的，重点是参数的调整，最后用交叉验证技术找出缩减方法的最佳参数。

前面章节关注了一些分类问题，本章关注的是回归问题。对于前者，反应变量 Y 要么是二元值，要么是一系列离散值（多分类和多标签情形）。后者则不同，反应变量是实数值。

回归可以被认为是一种函数逼近，它的任务是找到这样一个函数：当一系列随机变量 X 作为函数的输入时，返回反应变量 Y。X 也称为自变量，Y 是因变量。

我们还会采用之前章节应用的一些技术，如把数据集划分为训练集、dev 集和测试集，在训练集上迭代建模，在 dev 集上验证，最后在测试集上获得模型的良好结果。

我们的开篇是用最小二乘估计法解决一元线性回归问题，首先介绍一下回归方法的框架，这也是理解后续章节的基础背景知识。虽然威力强大，简单回归框架仍受制于一个缺陷：由于线性回归采用的系数值上限和下限无法控制，对给定的数据，回归容易过拟合（线性回归的代价等式是无约束的，我们会详细讨论）。 对于未知数据，输出的回归模型可能执行效果不佳，缩减方法就用来解决这个问题，它也被称为正则化方法。后面的两节介绍两种缩减方法：LASSO 和岭回归。最后一节介绍交叉验证的概念，并例举如何用它评估传递给岭回归的参数 alpha。

7.2 回归方法预测实数值

开始之前，我们先快速浏览一下回归的一般操作过程，这是理解回归及后续章节的基础。

回归是函数逼近的一种特殊形式，下面是一系列预测因子。

$$X=\{x_1, x_2, \ldots, x_n\}$$

每个实例 x_i 有 m 个属性。

$$x_i=\{x_{i1}, x_{i2}, \ldots, x_{im}\} \quad i=1 \text{ to } n$$

回归的任务是找到这样一个函数：当 X 作为函数的输入时，返回反应变量 Y，Y 是一系列实数项所组成的向量。

$$F(X)=Y$$

我们将使用 Boston 房屋数据集来解释回归框架。下面的链接详细介绍了 Boston 房屋数据集：https://archive.ics.uci.edu/ml/machine-learning-databases/housing/housing.names。

本例中的反应变量 Y 是 Boston 地区自住房的中位价格，之前的页面链接提供了所有 13 个预测器的详细描述。这个回归问题被定义为找到一个函数 F，将之前的未知预测器数值传递给它，它可以返回房屋的中位价格。

函数 $F(X)$是线性回归模型的输出，它是输入 X 的线性组合，因此被命名为线性回归。

$$F(X)=w_0+w_1x_1+w_2x_2+\ldots+w_mx_m$$

上面等式中的变量 w_i 是未知的，建模的过程就是找出这些 w_i。我们用训练集来找寻 w_i 的数值，w_i 也被称为回归模型的系数。

一个线性回归模型定义如下：使用训练集数据来查找系数。

$$w=(w_1, w_2, \ldots, w_m)$$

使得：

$$\sum_{i=1}^{n}\left(y_i-\sum_{j=0}^{m}x_j w_j\right)^2$$

这个式子的值尽可能地小。

这个等式的值（用优化技术的术语就是代价函数）越小，线性回归模型的效果越好。因此，这个优化问题就是使得上面的等式最小化，也就是说，找出使得等式值最小的 w_i 系数。我们对使用的优化方法不做深入的讲解，不过，下面两节的内容需要对目标函数有一定了解。

现在的问题是，我们使用训练集建模找到的系数 w_1，w_2，…，w_m，能不能准确地预测未知的记录呢？此时我们要再次用到前面介绍过的代价函数。把模型应用到 dev 集或测试集的时候，我们注意一下真实值和预测值的平均平方差，计算方法如下。

$$\frac{1}{n}\sum_{i=1}^{n}(y_{true}-y\_predicted)^2$$

上面这个式子被称为均方误差——用它可以衡量回归模型是否可用。我们希望输出模型的真实值和预测值的平均平方差尽可能小，这种查找系数的方法称为最小二乘估计。

我们将使用 `scikit-learn` 库里的 `LinearRegression` 类，它在内部采用了 `scipy.linalg.lstsq` 方法，这个最小二乘法给我们提供了回归问题的封闭形式的解决方案。下面的链接介绍了更多关于最小二乘法及其派生品的信息，请参见：

https://en.wikipedia.org/wiki/Least_squares；

https://en.wikipedia.org/wiki/Linear_least_squares_(mathematics)。

我们还对回归做了一些简单的介绍，有兴趣的读者可以阅读以下两本书。

http://www.amazon.com/exec/obidos/ASIN/0387952845/trevorhastie-20。

http://www.amazon.com/Neural-Networks-Learning-Machines-Edition/dp/0131471392。

7.2.1 准备工作

Boston 房屋数据集中有 13 个属性和 506 个实例，目标变量是一个实数值以及数以千记房屋的中位价值。

关于 Boston 数据集的更多信息，请参见：

https://archive.ics.uci.edu/ml/machine-learning-databases/housing/housing.names。

我们提供了预测器和反应变量的名字，如图 7-1 所示。

```
1. CRIM      per capita crime rate by town
2. ZN        proportion of residential land zoned for lots over
             25,000 sq.ft.
3. INDUS     proportion of non-retail business acres per town
4. CHAS      Charles River dummy variable (= 1 if tract bounds
             river; 0 otherwise)
5. NOX       nitric oxides concentration (parts per 10 million)
6. RM        average number of rooms per dwelling
7. AGE       proportion of owner-occupied units built prior to 1940
8. DIS       weighted distances to five Boston employment centres
9. RAD       index of accessibility to radial highways
10. TAX      full-value property-tax rate per $10,000
11. PTRATIO  pupil-teacher ratio by town
12. B        1000(Bk - 0.63)^2 where Bk is the proportion of blacks
             by town
13. LSTAT    % lower status of the population
14. MEDV     Median value of owner-occupied homes in $1000's
```

图 7-1

7.2.2 操作方法

先加载必需的库，随后定义第 1 个函数 get_data()，在该函数中，我们读取 Boston 数据集，并将其返回给预测器 x 和反应变量 y。

```
# 加载必需的库
from sklearn.datasets import load_boston
from sklearn.cross_validation import train_test_split
from sklearn.linear_model import LinearRegression
from sklearn.metrics import mean_squared_error
import matplotlib.pyplot as plt
from sklearn.preprocessing import PolynomialFeatures
def get_data():
    """
    Return boston dataset
    as x - predictor and
    y - response variable
    """
    data = load_boston()
    x    = data['data']
    y    = data['target']
    return x,y
```

随后的 bulid_model 函数针对给定的数据构建线性回归模型。接着我们用两个函数

view_model 和 model_worth 来评估生成的模型。

```
def build_model(x,y):
    """
    Build a linear regression model
    """
    model = LinearRegression(normalize=True,fit_intercept=True)
    model.fit(x,y)
    return model

def view_model(model):
    """
    Look at model coeffiecients
    """
    print "\n Model coeffiecients"
    print "======================\n"
    for i,coef in enumerate(model.coef_):
        print "\tCoefficient %d  %0.3f"%(i+1,coef)

    print "\n\tIntercept %0.3f"%(model.intercept_)

def model_worth(true_y,predicted_y):
    """
    Evaluate the model
    """
    print "\tMean squared error = %0.2f"%(mean_squared_error(true_y,\
predicted_y))
```

plot_residual 函数用来绘制出回归模型的残差。

```
def plot_residual(y,predicted_y):
    """
    Plot residuals
    """
    plt.cla()
    plt.xlabel("Predicted Y")
    plt.ylabel("Residual")
    plt.title("Residual Plot")
    plt.figure(1)
    diff = y - predicted_y
    plt.plot(predicted_y,diff,'go')
    plt.show()
```

最后编写main函数，用它调用之前的所有函数。

```
if __name__ == "__main__":

    x,y = get_data()

    # 将数据集划分成训练集、dev集合测试集
    x_train,x_test_all,y_train,y_test_all = train_test_split(x,y,test_\
size = 0.3,random_state=9)
    x_dev,x_test,y_dev,y_test = train_test_split(x_test_all,y_test_\
all,test_size=0.3,random_state=9)

    # 建模
    model = build_model(x_train,y_train)
    predicted_y = model.predict(x_train)

    # 绘出残差
    plot_residual(y_train,predicted_y)
    # 查看模型的系数
    view_model(model)

    print "\n Model Performance in Training set\n"
    model_worth(y_train,predicted_y)

    # 将模型应用到dev数据集上
    predicted_y = model.predict(x_dev)
    print "\n Model Performance in Dev set\n"
    model_worth(y_dev,predicted_y)

    # 准备一些多项式特征
    poly_features = PolynomialFeatures(2)
    poly_features.fit(x_train)
    x_train_poly = poly_features.transform(x_train)
    x_dev_poly   = poly_features.transform(x_dev)

    # 用多项式特征建模
    model_poly = build_model(x_train_poly,y_train)
    predicted_y = model_poly.predict(x_train_poly)
    print "\n Model Performance in Training set (Polynomial features)\n"
    model_worth(y_train,predicted_y)

    #将模型应用到dev数据集上
    predicted_y = model_poly.predict(x_dev_poly)
    print "\n Model Performance in Dev set  (Polynomial features)\n"
    model_worth(y_dev,predicted_y)
```

```
#将模型应用到测试集上
x_test_poly = poly_features.transform(x_test)
predicted_y = model_poly.predict(x_test_poly)

print "\n Model Performance in Test set  (Polynomial features)\n"
model_worth(y_test,predicted_y)

predicted_y = model.predict(x_test)
print "\n Model Performance in Test set  (Regular features)\n"
model_worth(y_test,predicted_y)
```

7.2.3 工作原理

我们从主模块开始，先用 get_data 函数加载预测器 x 和反应变量 y。

```
def get_data():
    """
    Return boston dataset
    as x - predictor and
    y - response variable
    """
    data = load_boston()
    x    = data['data']
    y    = data['target']
    return x,y
```

这个函数调用了 scikit-learn 里的 load_boston()，它可以将 Boston 房屋价格数据集转换为 NumPy 数组。

接着用 scikit 库里的 train_test_split 函数把数据划分为训练集和测试集，我们保留 30%的数据作为测试集。

```
x_train,x_test_all,y_train,y_test_all = \
train_test_split(x,y,test_、 size = 0.3,random_state=9)
```

下一行代码又从中抽取了 dev 集。

```
x_dev,x_test,y_dev,y_test = train_test_split(x_test_all,y_test_\
all,test_size=0.3,random_state=9)
```

接下来的一行调用 build_model 方法用训练集来建模，模型创建了一个

LinearRegression 类的对象，这个类封装了 SciPy 的最小二乘法。

```
model = LinearRegression(normalize=True,fit_intercept=True)
```

看一下类初始化时传递的参数。

fit_intercept 参数设置为 True，这告诉线性回归类将数据中心化。这种情况下，每个预测器的平均值都被设置为 0。线性回归方法需要数据以它的平均值为中心，这样易于解释它的回归常数。除了将各个属性用它的平均值做中心化，我们还要把每个属性用它的标准差进行标准化，方法是使用 normalize 参数，将其设置为 True。请参看第 3 章里 3.10 节、3.11 节里针对每一列缩放数据和标准化数据的相关内容。我们采用 fit_intercept 参数控制算法来包含一个回归常数，这样可以适应反应变量的任何常数偏移。最后，我们用反应变量 y 和预测器 x 调用 fit 函数来适配模型。

请参看 Trevor Hastie 等人所著的《The Elements of Statistical Learning》，该书提供了线性回归方法论的更多信息。

对我们所建的模型进行检查是一个很好的习惯，这有助于更好地理解模型，便于将来对它进行提高和解读。

现在调用 plot_residual 方法来绘出残差（预测的 y 值和真实 y 值的差异）和预测的 y 值的散点图。

```
# 绘制残差
plot_residual(y_train,predicted_y)
```

得到的图形如图 7-2 所示。

我们可以用这个散点图来验证数据集中的回归假定，图中没有出现任何模式，而且各个点均匀散落在零残差值周围。

请参看 Daniel. T. Larose 所著的《Data Mining Methods and Models》，该书介绍了许多使用残差图来验证线性回归假定的方法。

我们用 view_model 方法对模型进行检查，这个方法打印出回归常数和系数的值。线性回归对象有两个属性：一个是 coef_，提供了一个系数矩阵；另一个是 intercept_，提供了回归常数。输出如图 7-3 所示。

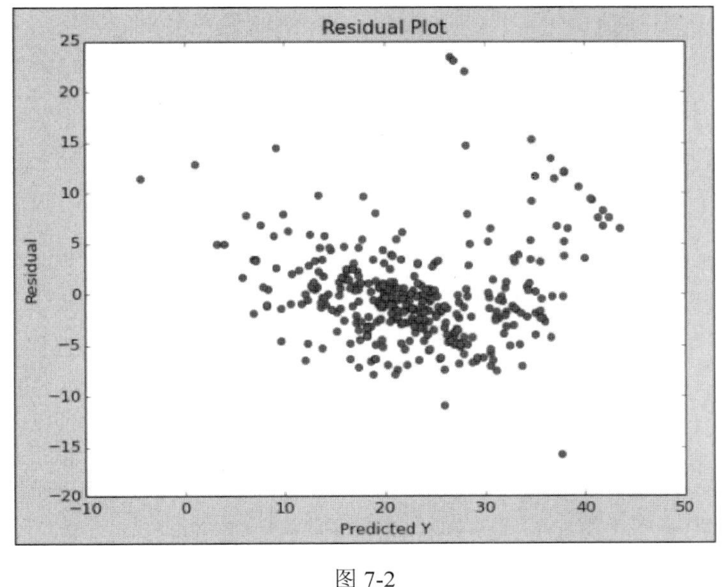

图 7-2

```
Model coeffiecients
======================

        Coefficient 1  -0.109
        Coefficient 2  0.043
        Coefficient 3  0.053
        Coefficient 4  2.237
        Coefficient 5  -15.879
        Coefficient 6  3.883
        Coefficient 7  0.001
        Coefficient 8  -1.321
        Coefficient 9  0.284
        Coefficient 10  -0.012
        Coefficient 11  -0.904
        Coefficient 12  0.009
        Coefficient 13  -0.529

        Intercept 33.288
```

图 7-3

请注意 `coefficient 6`，它代表的是房屋的可居住房间数，这个系数可以这样解读：每增加一个房间，房屋的价格提高 3 倍。

最后我们用 `model_worth` 函数来评估模型的效果，方法是对训练集和 dev 集里的预测反应变量和真实反应的数值进行比较。

这个函数打印输出了均方误差的值，也即真实值和预测值的平方差的平均值，结果如图 7-4 所示。

```
Model Performance in Training set

        Mean squared error = 23.18

Model Performance in Dev set

        Mean squared error = 18.25
```

图 7-4

dev 集上得到的值更低，这个值是用来表明模型效果的。我们看看能不能让均方误差更好点，如果给模型提供更多的特征会怎样？现在试试用 `scikit-learn` 里的 `PolynomialFeatures` 类创建二阶多项式，这样就能从现有的属性里再创建一些特征。

```
# 准备一些多项式特征
poly_features = PolynomialFeatures(2)
poly_features.fit(x_train)
x_train_poly = poly_features.transform(x_train)
x_dev_poly   = poly_features.transform(x_dev)
```

把 2 作为参数传递给 `PolynomialFeatures`，指明我们需要的是二阶多项式，2 也是这个类作为空值进行初始化时的默认值。

快速浏览下新的 x 的形态，如图 7-5 所示，现在它有 105 个属性，和原来的 13 个相差甚大。我们用新的多项式特征来建模，看看模型的精确度会怎样变化。

```
>>> x_train_poly.shape
(354, 105)
>>> x_train.shape
(354, 13)
```

图 7-5

```
# 用多项式特征建模
model_poly = build_model(x_train_poly,y_train)
predicted_y = model_poly.predict(x_train_poly)
print "\n Model Performance in Training set (Polynomial features)\n"
model_worth(y_train,predicted_y)

#将模型应用到 dev 数据集上
predicted_y = model_poly.predict(x_dev_poly)
print "\n Model Performance in Dev set  (Polynomial features)\n"
model_worth(y_dev,predicted_y)
```

如图 7-6 所示，模型非常适合训练集，并且在 dev 集和训练集上，采用新的多项式特征比采用原始特征的效果要更好。

```
Model Performance in Training set (Polynomial features)

          Mean squared error = 5.38

Model Performance in Dev set  (Polynomial features)

          Mean squared error = 13.20
```

图 7-6

最后来看看在测试集上采用新的多项式特征和采用原始特征的模型效果对比。

```
#将模型应用到测试集上
x_test_poly = poly_features.transform(x_test)
predicted_y = model_poly.predict(x_test_poly)

print "\n Model Performance in Test set  (Polynomial features)\n"
model_worth(y_test,predicted_y)

predicted_y = model.predict(x_test)
print "\n Model Performance in Test set  (Regular features)\n"
model_worth(y_test,predicted_y)
```

如图 7-7 所示，在测试集上，采用新的多项式特征比采用原始特征的模型效果要好得多。

```
Model Performance in Test set  (Polynomial features)

          Mean squared error = 14.92

Model Performance in Test set  (Regular features)

          Mean squared error = 21.66
```

图 7-7

以上这些是你在 Python 中应用线性回归所必须知道的，我们了解了线性回归方法如何工作，明白了怎样建模来预测实数值。

7.2.4 更多内容

在更进一步之前，我们还要了解一个名为 `PolynomialFeatures` 的类里的参数 `interaction_only` 的设置。

```
poly_features = PolynomialFeatures(interaction_only=True)
```

`interaction_only` 被设置为 `True`，此时，对于 `x1` 和 `x2`，只有 `x1*x2` 属性被创建，假定维度是 2，`x1` 和 `x2` 的平方并没有被创建。

对于普通的特征和多项式特征，测试集的结果都不如 dev 集的结果，这是线性回归的一个已知的问题。线性回归不太能处理方差，我们面对的问题是高方差和低偏差（预测均值与实际值期望的偏差）。当模型的复杂度提高时，也就是给模型的属性数量增加了，模型趋向于更好地适应训练集——意味着低偏差，而对于测试集的效果就退化了。不过现在有一些技术能够解决这个问题。

这里介绍一种叫作递归特征选择的方法，这种方法将所需的特征数量作为参数，然后递归地对特征进行过滤。在第 i 次循环时，一个线性模型匹配了数据，基于此时的系数值对属性进行过滤，权重低的属性被排除掉，然后继续对剩余的属性进行迭代。最后获得所需数量的属性后，迭代过程结束。下面是代码示例。

```
# 加载所需的库
from sklearn.datasets import load_boston
from sklearn.cross_validation import train_test_split
from sklearn.linear_model import LinearRegression
from sklearn.metrics import mean_squared_error
import matplotlib.pyplot as plt
from sklearn.preprocessing import PolynomialFeatures
from itertools import combinations
from sklearn.feature_selection import RFE
```

```
def get_data():
    """
    Return boston dataset
    as x - predictor and
    y - response variable
    """
    data = load_boston()
    x    = data['data']
    y    = data['target']
    return x,y

def build_model(x,y,no_features):
    """
    Build a linear regression model
    """
    model = LinearRegression(normalize=True,fit_intercept=True)
    rfe_model = RFE(estimator=model,n_features_to_select=no_features)
    rfe_model.fit(x,y)
    return rfe_model

def view_model(model):
    """
    Look at model coeffiecients
    """
    print "\n Model coeffiecients"
    print "======================\n"
    for i,coef in enumerate(model.coef_):
        print "\tCoefficient %d  %0.3f"%(i+1,coef)

    print "\n\tIntercept %0.3f"%(model.intercept_)

def model_worth(true_y,predicted_y):
    """
    Evaluate the model
    """
    print "\tMean squared error = %0.2f"%(mean_squared_\
error(true_y,predicted_y))
    return mean_squared_error(true_y,predicted_y)

def plot_residual(y,predicted_y):
    """
    Plot residuals
```

```
    """
    plt.cla()
    plt.xlabel("Predicted Y")
    plt.ylabel("Residual")
    plt.title("Residual Plot")
    plt.figure(1)
    diff = y - predicted_y
    plt.plot(predicted_y,diff,'go')
    plt.show()

def subset_selection(x,y):
    """
    subset selection method
    """
    # 声明变量用来追踪能产生最低均方误差的模型和属性
    choosen_subset = None
    low_mse = 1e100
    choosen_model = None
    # k 的取值范围从 1 到 x 里的属性数量
    for k in range(1,x.shape[1]+1):
        print "k= %d "%(k)
        # 评估所有的大小为 k+1 的属性组合
        subsets = combinations(range(0,x.shape[1]),k+1)
        for subset in subsets:
            x_subset = x[:,subset]
            model = build_model(x_subset,y)
            predicted_y = model.predict(x_subset)
            current_mse = mean_squared_error(y,predicted_y)
            if current_mse < low_mse:
                low_mse = current_mse
                choosen_subset = subset
                choosen_model = model
    return choosen_model, choosen_subset,low_mse

if __name__ == "__main__":

    x,y = get_data()

    # 将数据集划分为训练集、dev 集合测试集
    x_train,x_test_all,y_train,y_test_all = train_test_split(x,y,test_\
size = 0.3,random_state=9)
    x_dev,x_test,y_dev,y_test = train_test_split(x_test_all,y_test_\
all,test_size=0.3,random_state=9)
```

```
    # 准备一些多项式特征
    poly_features = PolynomialFeatures(interaction_only=True)
    poly_features.fit(x_train)
    x_train_poly = poly_features.transform(x_train)
    x_dev_poly   = poly_features.transform(x_dev)

    #choosen_model,choosen_subset,low_mse = subset_selection(x_train_
poly,y_train)
    choosen_model = build_model(x_train_poly,y_train,20)
    # 打印出 choosen_subset
    predicted_y = choosen_model.predict(x_train_poly)
    print "\n Model Performance in Training set (Polynomial features)\n"
    mse  = model_worth(y_train,predicted_y)

    # 将模型应用到 dev 集上
    predicted_y = choosen_model.predict(x_dev_poly)
    print "\n Model Performance in Dev set  (Polynomial features)\n"
    model_worth(y_dev,predicted_y)

    #将模型应用到测试集上
    x_test_poly = poly_features.transform(x_test)
    predicted_y = choosen_model.predict(x_test_poly)

    print "\n Model Performance in Test set  (Polynomial features)\n"
    model_worth(y_test,predicted_y)
```

这些代码除了 `build_model` 方法，和之前的线性回归代码十分相似。

```
def build_model(x,y,no_features):
    """
    Build a linear regression model
    """
    model = LinearRegression(normalize=True,fit_intercept=True)
    rfe_model = RFE(estimator=model,n_features_to_select=no_features)
    rfe_model.fit(x,y)
    return rfe_model
```

除了预测器 `x` 和反应变量 `y`，`build_model` 还接收保留的特征数量 `no_features` 作为参数。本例中，这个值是 20，让回归特征消除的过程只保留 20 个最重要的特征。如你所见，我们先创建一个线性回归对象，把它传递给 `RFE` 类，`RFE` 代表“recursive feature elimination（回归特征消除）”，这个类由 `scikit-learn` 提供。现在来看看训练集、dev 集合测试集上的模型效果评估。

如图 7-8 所示，测试集上的均方误差是 13.2，几乎只有之前的一半。这样，我们可以用回归特征消除方法来高效地执行特征选择并提高模型的效果。

```
Model Performance in Training set (Polynomial features)

          Mean squared error = 13.34

Model Performance in Dev set  (Polynomial features)

          Mean squared error = 11.51

Model Performance in Test set  (Polynomial features)

          Mean squared error = 13.20
```

图 7-8

7.2.5 参考资料

第 3 章“数据分析——探索与争鸣”中 3.10 节“缩放数据”的相关内容。

第 3 章“数据分析——探索与争鸣”中 3.11 节“数据标准化”的相关内容。

第 6 章“机器学习 1”中 6.2 节“为建模准备数据”的相关内容。

7.3 学习 L2 缩减回归——岭回归

现在把之前讨论过的回归技术进行扩展——加入正则化。在训练线性回归模型时，有的系数取值很大，导致模型很不稳定。正则化或者缩减是控制系数权重的一种途径，这样权重不会使用过大的数值。我们再来看下线性回归的代价函数中哪些性质是回归所固有的，以及控制系数的权重到底是什么意思。

$$w=(w_0,w_1,w_2,\cdots,w_m)$$

$$\sum_{i=1}^{n}\left(y_i-\sum_{j=0}^{m}x_jw_j\right)^2$$

线性回归试着找出系数 $w_0 \cdots w_m$，使得上面的式子取最小值。对于线性回归，这里有些地方要关注。

如果数据集里包含着大量关联的预测器，仅仅微小的改变就可能导致模型不稳定。此外，我们还要面对如何解释模型的问题。例如，假定有两个负相关的变量，它们对反应变量的影响应该是相反的。我们可以对相关联的变量进行手工检查，并删除其中起主导因素的变量，然后再进行建模。当然，如果能够自动完成这些操作，那会方便得多。

前面章节里曾介绍过一种叫作回归特征消除的方法，用它来保持最有信息量的属性并丢弃其他属性，这种方法要么保留一个变量，要么丢弃它，只有二元的选择。本节里，我们要介绍一种方法，它可以控制与变量关联的权重，从而将不必要的变量的系数大幅惩罚降低，最终仅有很低的权重。

我们把线性回归的代价函数进行修改，将系数包含进来。如你所知，代价函数的值最小，模型的效果才好。将系数引入到代价函数后，可以对权重取值太高的系数进行大幅惩罚。一般而言，这种方法称为缩减方法，因为它们减小了系数的值。本节我们讨论的是 L2 缩减，更常见的叫法是岭回归。我们先看看它的代价函数。

$$\sum_{i=1}^{n}\left(y_i - w_0 - \sum_{j=1}^{m} x_{ij} w_{ij}\right)^2 + \alpha \sum_{j=1}^{m} w_j^2$$

如你所见，代价函数里增加了系数的平方和。这样，在优化过程查找上式最小值的过程中，它必须大大减小系数的值来达到目标。参数 α 决定了缩减的幅度，α 值越大，缩减幅度越大，系数的值趋近于 0。

了解了这些数学背景知识，现在可以开始岭回归的实战了。

7.3.1　准备工作

本节我们仍使用 Boston 数据集来演示岭回归，它有 13 个属性和 506 个实例。目标变量是一个实数值以及数以千记房屋的中位价值。关于 Boston 数据集的更多信息，请参见：https://archive.ics.uci.edu/ml/machine-learning-databases/housing/housing.names。

我们准备生成二维的多项式特征，并只考虑相关的效果。本节结束时，我们会看到系数被惩罚的幅度大小。

7.3.2　操作方法

先加载必需的库，随后定义第 1 个函数 `get_data()`，在该函数中，我们读取 Boston 数据集，并将其返回给预测器 x 和反应变量 y。

```
# 加载库
from sklearn.datasets import load_boston
from sklearn.cross_validation import train_test_split
```

```
from sklearn.linear_model import Ridge
from sklearn.metrics import mean_squared_error
from sklearn.preprocessing import PolynomialFeatures

def get_data():
    """
    Return boston dataset
    as x - predictor and
    y - response variable
    """
    data = load_boston()
    x    = data['data']
    y    = data['target']
    x    = x - np.mean(x,axis=0)

    return x,y
```

随后的 bulid_model 函数针对给定的数据构建岭回归模型。接着我们用两个函数 view_model 和 model_worth 来评估生成的模型。

```
def build_model(x,y):
    """
    Build a Ridge regression model
    """
    model = Ridge(normalize=True,alpha=0.015)
    model.fit(x,y)
    # 追踪均方残差以备绘图
    return model

def view_model(model):
    """
    Look at model coeffiecients
    """
    print "\n Model coeffiecients"
    print "======================\n"
    for i,coef in enumerate(model.coef_):
        print "\tCoefficient %d %0.3f"%(i+1,coef)

    print "\n\tIntercept %0.3f"%(model.intercept_)

def model_worth(true_y,predicted_y):
    """
    Evaluate the model
```

```
    """
    print "\tMean squared error = %0.2f"%(mean_squared_\
error(true_y,predicted_y))
    return mean_squared_error(true_y,predicted_y)
```

最后编写main函数，用它调用之前的所有函数。

```
if __name__ == "__main__":

    x,y = get_data()

    # 将数据集划分为训练集、dev集和测试集
    x_train,x_test_all,y_train,y_test_all = train_test_split(x,y,test_\
size = 0.3,random_state=9)
    x_dev,x_test,y_dev,y_test = train_test_split(x_test_all,y_test_\
all,test_size=0.3,random_state=9)

    # 准备一些多项式特征
    poly_features = PolynomialFeatures(interaction_only=True)
    poly_features.fit(x_train)
    x_train_poly = poly_features.transform(x_train)
    x_dev_poly = poly_features.transform(x_dev)
    x_test_poly = poly_features.transform(x_test)

    # choosen_model,choosen_subset,low_mse = subset_selection(x_train_\
poly,y_train)
    choosen_model = build_model(x_train_poly,y_train)

    predicted_y = choosen_model.predict(x_train_poly)
    print "\n Model Performance in Training set (Polynomial features)\n"
    mse = model_worth(y_train,predicted_y)
    view_model(choosen_model)

    # 应用模型到dev数据集上
    predicted_y = choosen_model.predict(x_dev_poly)
    print "\n Model Performance in Dev set (Polynomial features)\n"
    model_worth(y_dev,predicted_y)

    #应用模型到测试集上
    predicted_y = choosen_model.predict(x_test_poly)

    print "\n Model Performance in Test set (Polynomial features)\n"
    model_worth(y_test,predicted_y)
```

7.3.3 工作原理

我们从主模块开始，先用 get_data 函数加载预测器 x 和反应变量 y，这个函数调用了 scikit-learn 里的 load_boston()，它将 Boston 房屋价格数据集转换为 NumPy 数组。

然后用 scikit-learn 库里的 train_test_split 函数把数据划分为训练集和测试集，我们保留 30%的数据作为测试集，下一行代码再从中抽取了 dev 集。

接着构建多项式特征如下。

```
poly_features = PolynomialFeatures(interaction_only=True)
poly_features.fit(x_train)
```

如你所见，interaction_only 被设置为 True，此时，对于 x1 和 x2，只有 x1*x2 属性被创建，假定维度是 2，x1 和 x2 的平方并没有被创建。默认维度也是 2。

```
x_train_poly = poly_features.transform(x_train)
x_dev_poly = poly_features.transform(x_dev)
x_test_poly = poly_features.transform(x_test)
```

使用 transform 函数，我们可以将训练集、dev 集和测试集都转换为包含多项式特征。

接下来，通过调用 build_model 方法，我们可以在训练集上构建岭回归模型。

```
model = Ridge(normalize=True,alpha=0.015)
model.fit(x,y)
```

数据集的属性被中心化，以它的平均值为中心，并将 normalize 参数设置为 True，将属性用标准差进行标准化。alpha 参数控制缩减的幅度，它的值设置为 0.015，这个值不是凭空而来，是多次运行建模过程比较而来，本章后续部分会介绍如何获取它的合适值的经验。同时，我们采用 fit_intercept 参数为模型调整回归常数，其实这个参数的默认值就是 True，没有必要特意显式指明。

现在来看看训练集上模型的执行情况，调用 model_worth 方法获取均方误差，这个方法比较预测的反应变量和真实反应变量来计算出均方误差。

```
predicted_y = choosen_model.predict(x_train_poly)
print "\n Model Performance in Training set (Polynomial features)\n"
mse = model_worth(y_train,predicted_y)
```

输出的结果如图 7-9 所示。

```
Model Performance in Training set (Polynomial features)

        Mean squared error = 11.49
```

图 7-9

把模型应用到测试集之前，先看下系数的权重值，我们通过调用 `view_model` 函数来进行查看。

```
view_model(choosen_model)
```

总计有 92 个系数，图 7-10 没有显示所有的结果。不过，从中可以看出缩减的效果。例如，`Coefficient 1` 几乎为 0（注意，它的值很小，而我们只显示 3 位有效数字）。

```
Model coeffiecients
======================

          Coefficient 1  0.000
          Coefficient 2  0.066
          Coefficient 3  -0.034
          Coefficient 4  0.204
          Coefficient 5  3.436
          Coefficient 6  5.104
          Coefficient 7  7.879
          Coefficient 8  0.050
          Coefficient 9  -0.740
          Coefficient 10  0.275
          Coefficient 11  0.006
          Coefficient 12  -0.061
          Coefficient 13  0.001
          Coefficient 14  0.206
          Coefficient 15  0.265
          Coefficient 16  0.003
          Coefficient 17  2.896
          Coefficient 18  -0.088
          Coefficient 19  -0.010
          Coefficient 20  0.001
          Coefficient 21  -0.187
          Coefficient 22  -0.000
          Coefficient 23  0.000
          Coefficient 24  0.003
          Coefficient 25  -0.000
          Coefficient 26  0.004
          Coefficient 27  -0.003
          Coefficient 28  -0.069
          Coefficient 29  -0.056
          Coefficient 30  0.007
          Coefficient 31  0.000
```

图 7-10

再看看模型在 dev 集上执行的效果。

```
predicted_y = choosen_model.predict(x_dev_poly)
```

```
print "\n Model Performance in Dev set (Polynomial features)\n"
model_worth(y_dev,predicted_y)
```

结果如图 7-11 所示，效果不错，均方误差比训练集上的要好。最后来看看模型在测试集上的效果，结果如图 7-12 所示。

```
Model Performance in Dev set  (Polynomial features)

        Mean squared error = 10.47
```

图 7-11

```
Model Performance in Test set  (Polynomial features)

        Mean squared error = 12.65
```

图 7-12

和上一节的线性回归模型相比，岭回归模型在测试集上的效果更好一些。

7.3.4　更多内容

之前提到过，线性回归模型对数据集中哪怕是微小的改变都很敏感，我们通过一个简单示例来演示这一点。

```
# 加载库
from sklearn.datasets import load_boston
from sklearn.cross_validation import train_test_split
from sklearn.linear_model import Ridge
from sklearn.metrics import mean_squared_error
from sklearn.preprocessing import PolynomialFeatures

def get_data():
    """
    Return boston dataset
    as x - predictor and
    y - response variable
    """
    data = load_boston()
    x    = data['data']
    y    = data['target']
    x    = x - np.mean(x,axis=0)

    return x,y
```

这段代码里，我们会使用 build_model 函数在原始数据上适配线性回归和岭回归两个模型。

```
lin_model,ridg_model = build_model(x,y)
```

在原始数据里制造一点噪音数据，代码如下。

```
# 往数据集里加入一些噪音数据
noise = np.random.normal(0,1,(x.shape))
x = x + noise
```

在噪音化后的数据集上再适配一次模型，最后来比较生成的系数权重。

加入少量的噪音之后，用线性回归来适配模型，可以看到权重值和之前的模型结果相差很大，如图 7-13 所示。然后我们也看到了岭回归的执行结果。

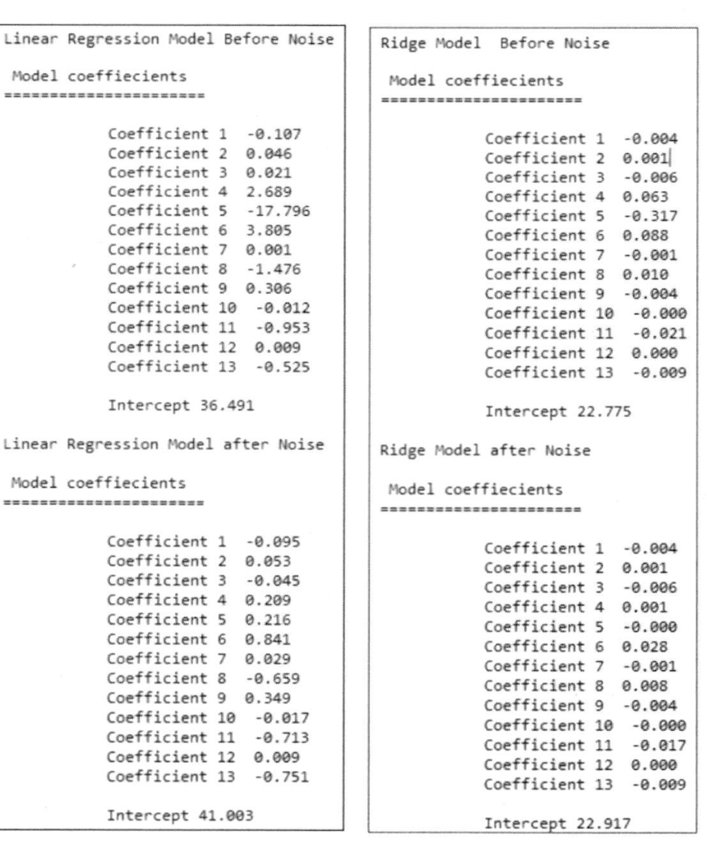

图 7-13

岭回归的系数权重变化在第 1 次和第 2 次建模中变化不大，这很明显地演示了岭回归在噪音数据环境下的稳定性。

选择合适的 alpha 值是很有技巧的，一种暴力方法是选用多种值多次运行，记录系数变化的轨迹，从中选择让权重变化不至过大的 alpha 值。我们采用 coeff_path 函数来绘制出系数权重的图形。

来看一下 coeff_path 函数，它先生成一个 alpha 值的列表。

```
alpha_range = np.linspace(10,100.2,300)
```

本例中，我们生成介于 10 到 100 之间均匀间隔的 300 个数，对于每个这样的 alpha 值进行建模并保存其系数。

```
for alpha in alpha_range:
model = Ridge(normalize=True,alpha=alpha)
model.fit(x,y)
coeffs.append(model.coef_)
```

最后我们绘出对应不同 alpha 值的系数图形，如图 7-14 所示。

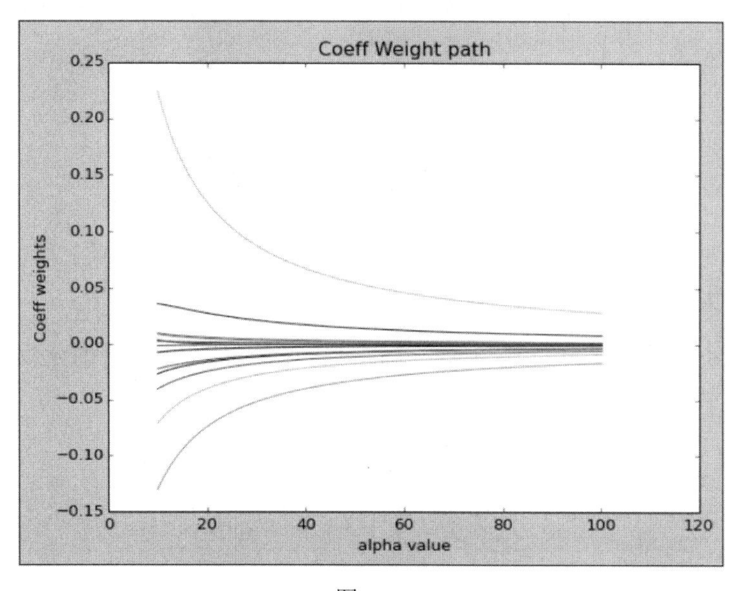

图 7-14

如你所见，各个系数在 alpha 值为 100 的地方趋于稳定。更进一步，你可以将范围缩小到接近 100 的地方来找出理想值。

7.3.5 参考资料

第 7 章“机器学习 2”中 7.2 节“回归方法预测实数值”的相关内容。

第 3 章“数据分析——探索与争鸣”中 3.10 节“缩放数据”的相关内容。

第 3 章“数据分析——探索与争鸣”中 3.11 节“数据标准化”的相关内容。

第 6 章“机器学习 1”中 6.2 节“为建模准备数据”的相关内容。

7.4 学习 L1 缩减回归——LASSO

最小绝对值缩减和选择操作（Least absolute shrinkage and selection operator，LASSO）是另一种在回归问题中常用的缩减方法。它和岭回归相比，更倾向稀疏的结果。如果一个结果的大多数系数被缩减为 0，那它被称为稀疏的。LASSO 的大多数系数都变成了 0，对于相关联的变量，只选择保留其中的一个，而不是像岭回归那样给这些变量的系数分配相同的权重。LASSO 的这种特性可以用来选择变量，本节将介绍如何用它进行变量选择。

来看一下 LASSO 回归的代价函数，如果掌握了前面两节的知识，你会很快发现其中的区别。

$$\sum_{i=1}^{n}\left(y_i - w_0 - \sum_{j=1}^{m} x_{ij} w_{ij}\right)^2 + \alpha\sum_{j=1}^{m}|w_j|$$

根据系数绝对值之和的值大小来对系数进行惩罚，alpha 值仍控制惩罚的幅度。我们来了解为什么 L1 缩减倾向于稀疏的结果。

我们可以把上面的式子分解重写成两个部分，无约束的和有约束的代价函数。

最小化的部分如下。

$$\sum_{i=1}^{n}\left(y_i - w_0 - \sum_{j=1}^{m} x_{ij} w_{ij}\right)^2$$

受到的约束如下。

$$\sum_{j=1}^{m}|w_j| \leqslant \eta$$

记住这些式子，我们把代价函数值在系数空间上的图像绘制出来，以两个系数 w_0 和 w_1 为例，图形如图 7-15 所示。

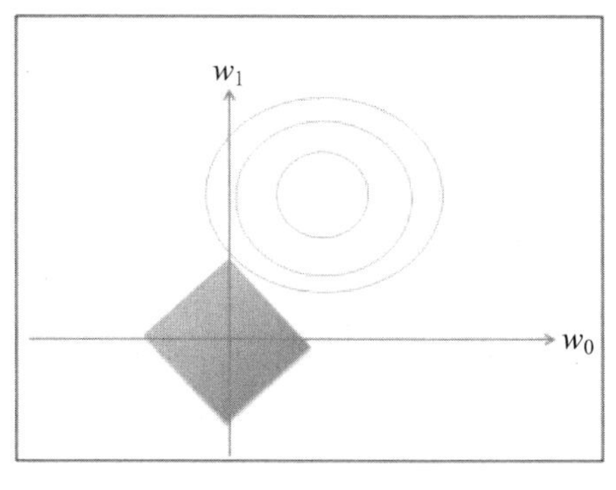

图 7-15

蓝色的线代表对于不同 w_0 和 w_1 的代价函数（无约束）值的轮廓，绿色区域代表约束的形态，它由 η 控制。最佳值就是当 w_0 被设置为 0 时两个区域相交的地方。我们描绘了一个二维空间，在 w_0 设为 0 时成为稀疏的结果。在多维空间情形下，在绿色区域中有一个平行四边形，LASSO 会把大量系数缩减为 0 来得到稀疏的结果。

7.4.1 准备工作

本节我们仍使用 Boston 数据集来演示 LASSO，它有 13 个属性和 506 个实例。目标变量是一个实数值以及数以千记房屋的中位价值。关于 Boston 数据集的更多信息，请参见：https://archive.ics.uci.edu/ml/machine-learning-databases/housing/housing.names。

我们后面会讨论如何用 LASSO 进行变量选择。

7.4.2 操作方法

先加载必需的库，随后定义第 1 个函数 `get_data()`，在该函数中，我们读取 Boston 数据集，并将其返回给预测器 x 和反应变量 `y`。

```
# 加载库
from sklearn.datasets import load_boston
from sklearn.cross_validation import train_test_split
from sklearn.linear_model import Lasso, LinearRegression
from sklearn.metrics import mean_squared_error
import matplotlib.pyplot as plt
from sklearn.preprocessing import PolynomialFeatures
import numpy as np

def get_data():
    """
    Return boston dataset
    as x - predictor and
    y - response variable
```

```
    """
    data = load_boston()
    x    = data['data']
    y    = data['target']
    return x,y
```

随后的 bulid_model 函数针对给定的数据构建 LASSO 模型。接着我们用两个函数 view_model 和 model_worth 来评估生成的模型。

```
def build_models(x,y):
    """
    Build a Lasso regression model
    """
    # Alpha 值在 0.01 到 0.02 间均匀间隔
    alpha_range = np.linspace(0,0.5,200)
    model = Lasso(normalize=True)
    coeffiecients = []
    # 对于每个 alpha 值适配模型
    for alpha in alpha_range:
        model.set_params(alpha=alpha)
        model.fit(x,y)
        # 追踪系数用来绘图
        coeffiecients.append(model.coef_)
    # 绘制系数权重变化和对应的 alpha 值
    # 绘制模型的 RMSE 和对应的 alpha 值
    coeff_path(alpha_range,coeffiecients)
    # 查看系数值
    #view_model(model)

def view_model(model):
    """
    Look at model coeffiecients
    """
    print "\n Model coeffiecients"
    print "======================\n"
    for i,coef in enumerate(model.coef_):
        print "\tCoefficient %d %0.3f"%(i+1,coef)

    print "\n\tIntercept %0.3f"%(model.intercept_)

def model_worth(true_y,predicted_y):
    """
    Evaluate the model
```

```
    """
    print "\t Mean squared error = %0.2f\n"%(mean_squared_\
error(true_y,predicted_y))
```

我们要编写两个函数 coeff_path 和 get_coeff 用来检查模型的系数，前者由 build_model 函数调用来绘制不同 alpha 值情况下系数的权重，后者由主函数调用。

```
def coeff_path(alpha_range,coeffiecients):
    """
    Plot residuals
    """
    plt.close('all')
    plt.cla()

    plt.figure(1)
    plt.xlabel("Alpha Values")
    plt.ylabel("Coeffiecient Weight")
    plt.title("Coeffiecient weights for different alpha values")
    plt.plot(alpha_range,coeffiecients)
    plt.axis('tight')

    plt.show()

def get_coeff(x,y,alpha):
    model = Lasso(normalize=True,alpha=alpha)
    model.fit(x,y)
    coefs = model.coef_
    indices = [i for i,coef in enumerate(coefs) if abs(coef) > 0.0]
    return indices
```

最后编写 main 函数，用它调用之前的所有函数。

```
if __name__ == "__main__":

    x,y = get_data()
    # 用不同的 alpha 值多次建模，并绘出图形
    build_models(x,y)
    print "\nPredicting using all the variables"
    full_model = LinearRegression(normalize=True)
    full_model.fit(x,y)
    predicted_y = full_model.predict(x)
    model_worth(y,predicted_y)
```

```
    print "\nModels at different alpha values\n"
    alpa_values = [0.22,0.08,0.01]
    for alpha in alpa_values:

        indices = get_coeff(x,y,alpha)
        print "\t alpah =%0.2f Number of variables selected = %d\
"%(alpha,len(indices))
        print "\t attributes include ", indices
        x_new = x[:,indices]
        model = LinearRegression(normalize=True)
        model.fit(x_new,y)
        predicted_y = model.predict(x_new)
        model_worth(y,predicted_y)
```

7.4.3 工作原理

我们从主模块开始，先用 get_data 函数加载预测器 x 和反应变量 y，这个函数调用了 scikit-learn 里的 load_boston() 函数，它将 Boston 房屋价格数据集转换为 NumPy 数组。

接下来调用 build_models 方法，以此使用不同的 alpha 值构建多个模型。

```
alpha_range = np.linspace(0,0.5,200)
model = Lasso(normalize=True)
coeffiecients = []
# 对于每个alpha值适配模型
for alpha in alpha_range:
model.set_params(alpha=alpha)
model.fit(x,y)
# 追踪系数用来绘图
coeffiecients.append(model.coef_)
```

如你所见，在 for 循环中，我们将不同 alpha 值情况下的系数值保存到一个列表中。

调用 coeff_path 函数绘出不同 alpha 值情况下的系数值。

```
plt.close('all')
plt.cla()

plt.figure(1)
plt.xlabel("Alpha Values")
plt.ylabel("Coeffiecient Weight")
```

```
plt.title("Coeffiecient weights for different alpha values")
plt.plot(alpha_range,coeffiecients)
plt.axis('tight')
plt.show()
```

在 x 轴上的是 alpha 值，y 轴则绘出对应 alpha 值的所有系数值，如图 7-16 所示。

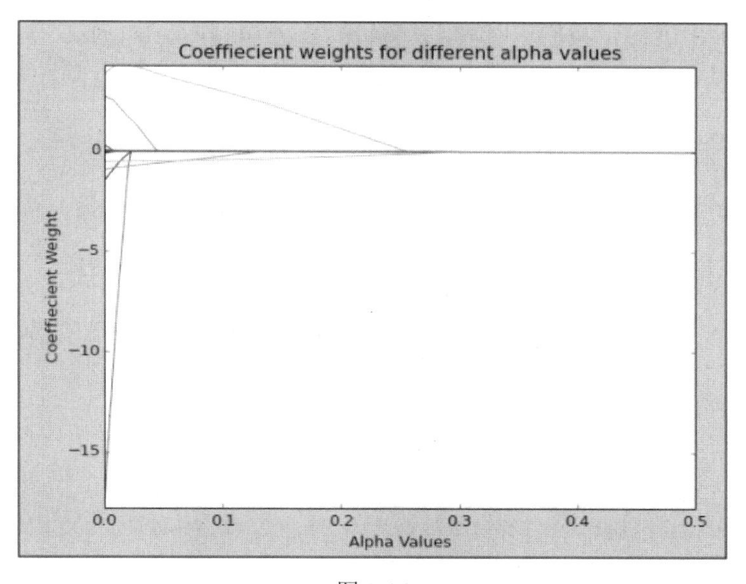

图 7-16

不同颜色的线表示不同的系数值，如你所见，当 alpha 值增长时，系数的权重值总体趋向于 0。从这张图里，我们就能选择合适的 alpha 值。

作为参考，我们适配一个简单的线性回归模型。

```
print "\nPredicting using all the variables"
full_model = LinearRegression(normalize=True)
full_model.fit(x,y)
predicted_y = full_model.predict(x)
model_worth(y,predicted_y)
```

在构建新的模型之前，我们看看这个模型的均方误差，结果如图 7-17 所示。

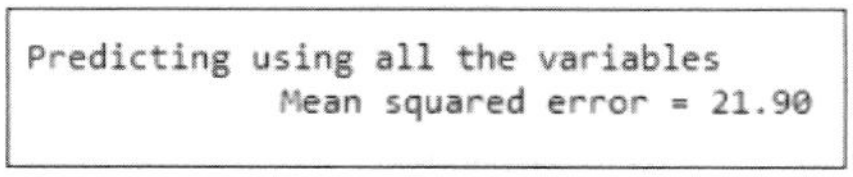

```
Predicting using all the variables
          Mean squared error = 21.90
```

图 7-17

接着基于 LASSO 来选择系数。

```
print "\nModels at different alpha values\n"
alpa_values = [0.22,0.08,0.01]
for alpha in alpa_values:
indices = get_coeff(x,y,alpha)
```

基于之前的图 7-16，我们选择 0.22、0.08 和 0.01 作为 `alpha` 值。在循环中调用 `get_coeff` 方法，它采用给定的 `alpha` 值适配 LASSO 模型，并返回非零系数的索引号。

```
model = Lasso(normalize=True,alpha=alpha)
model.fit(x,y)
coefs = model.coef_

indices = [i for i,coef in enumerate(coefs) if abs(coef) > 0.0]
```

基本上，我们只选择那些非零系数值的特征选项，回头看下适配采用缩减系数的线性回归模型的 `for` 循环语句。

```
print "\t alpah =%0.2f Number of variables selected = %d\
"%(alpha,len(indices))
print "\t attributes include ", indices
x_new = x[:,indices]
model = LinearRegression(normalize=True)
model.fit(x_new,y)
predicted_y = model.predict(x_new)
model_worth(y,predicted_y)
```

如果采用了缩减的集合属性进行计算，我们想知道的是模型效果怎样，这里和最初采用所有数据集的建模结果做个对比，如图 7-18 所示。

```
Models at different alpha values

        alpha =0.22 Number of variables selected = 2
        attributes include  [5, 12]
        Mean squared error = 30.51

        alpha =0.08 Number of variables selected = 3
        attributes include  [5, 10, 12]
        Mean squared error = 27.13

        alpha =0.01 Number of variables selected = 9
        attributes include  [0, 1, 3, 4, 5, 7, 10, 11, 12]
        Mean squared error = 22.89
```

图 7-18

请看 `alpha` 值为 0.22 的第 1 次循环结果，只有两个系数是非零，分别为 5 和 12，均方误差为 30.51，只比采用所有变量进行建模的结果多了 9。

类似地，alpha 值为 0.08 时，有 3 个系数是非零，均方误差有所改善。最后，alpha 值为 0.01 时，13 个属性中的 9 个为非零，均方误差与采用所有变量进行建模的结果相差不大。

如你所见，我们没有采用所有的属性来适配模型，而是可以使用 LASSO 自动选择属性的子集。这样，我们就了解到了 LASSO 如何进行变量选择。

7.4.4　更多内容

因为只保留最重要的变量，LASSO 避免了过拟合。不过，如你所见，均方误差不是特别好，这是 LASSO 引起的预测能力损失。

之前提到过，对于变量间相互关联的情形，LASSO 只会选择其中的一个，岭回归则给每个相应变量分配相同的权重。因此，岭回归比 LASSO 的预测能力要高一些。不过，LASSO 能完成动态选择，岭回归则没有这个能力。

请参看 Trevor Hastie 等人所著的《Statistical learning with sparsity: The Lasso and generalization》，该书提供了 LASSO 和岭回归的更多信息。

7.4.5　参考资料

第 3 章“数据分析——探索与争鸣”中 3.10 节“缩放数据”的相关内容。

第 3 章“数据分析——探索与争鸣”中 3.11 节“数据标准化”的相关内容。

第 6 章“机器学习 1”中 6.2 节“为建模准备数据”的相关内容。

第 7 章“机器学习 2”中 7.3 节“学习 L2 缩减回归——岭回归”的相关内容。

7.5　L1 和 L2 缩减交叉验证迭代

在前面的章节里，我们看到了一些将数据集划分为训练集和测试集的方法，在其后面的小节里，又介绍了从测试集中划分出一个 dev 集，其思路是保持测试集不进入建模的循环过程。然后当需要持续提高模型效果时，我们用 dev 集在每次迭代中测试模型的精度。这是一个不错的方法，但是如果没有一个很大的数据集的话，这个方法很难实施。我们希望能提供尽可能多的数据用来训练模型，并且仍需要保留一些数据用来评估和最终测试。但是在现实场景里，拥有大量数据的情况是很少的。

本节将介绍一种称为交叉验证的方法来帮助我们实现上述目标，这种方法一般也叫 k 折交叉验证。训练集被划分为 k 份，模型在 k-1 份数据上进行训练，剩下的用来进行测试，这样就不需要单独划分 dev 集。

本节将介绍一些 scik-learn 库所提供的能高效执行 k 折交叉验证的迭代器。掌握了交叉验证的知识，我们将进一步了解如何在缩减方法中调用交叉验证来选择 alpha 值。

7.5.1　准备工作

我们采用 iris 数据集来演示多种交叉验证迭代器的概念，然后再返回 Boston 房屋数据集来演示交叉验证在缩减方法中怎样成功地找到理想的 alpha 值。

7.5.2　操作方法

来看看如何使用交叉验证迭代器。

```
from sklearn.datasets import load_iris
from sklearn.cross_validation import KFold,StratifiedKFold

def get_data():
    data = load_iris()
    x = data['data']
    y = data['target']
    return x,y

def class_distribution(y):
        class_dist = {}
        total = 0
        for entry in y:
            try:
                class_dist[entry]+=1
            except KeyError:
                class_dist[entry]=1
            total+=1

        for k,v in class_dist.items():
            print "\tclass %d percentage =%0.2f"%(k,v/(1.0*total))

    if __name__ == "__main__":
    x,y = get_data()
    # K 份
```

```
    # 3 份
    kfolds = KFold(n=y.shape[0],n_folds=3)
    fold_count =1
    print
    for train,test in kfolds:
        print "Fold %d x train shape"%(fold_count),x[train].shape,\
        " x test shape",x[test].shape
        fold_count+=1
    print
    # 分成 k 份
    skfolds = StratifiedKFold(y,n_folds=3)
    fold_count =1
    for train,test in skfolds:
        print "\nFold %d x train shape"%(fold_count),x[train].shape,\
        " x test shape",x[test].shape
        y_train = y[train]
        y_test = y[test]
        print "Train Class Distribution"
        class_distribution(y_train)
        print "Test Class Distribution"
        class_distribution(y_test)

        fold_count+=1

        print
```

主函数中，我们调用了 `get_data` 函数来加载 iris 数据集。接着分别演示一个简单的 k 份和分层 k 份。

掌握了 k 折交叉验证的知识，我们写一个应用了这个新知识的增强岭回归。

```
# 加载库
from sklearn.datasets import load_boston
from sklearn.cross_validation import KFold,train_test_split
from sklearn.linear_model import Ridge
from sklearn.grid_search import GridSearchCV
from sklearn.metrics import mean_squared_error
from sklearn.preprocessing import PolynomialFeatures
import numpy as np

def get_data():
    """
    Return boston dataset
```

```
    as x - predictor and
    y - response variable
    """
    data = load_boston()
    x    = data['data']
    y    = data['target']
    return x,y
```

先加载必需的库，随后定义第 1 个函数 `get_data()`，在该函数中，我们读取 Boston 数据集，并将其返回给预测器 x 和反应变量 y。

随后的 `bulid_model` 函数针对给定的数据构建岭回归模型，这里我们会用到 k 折交叉验证。

接着我们用两个函数 `view_model` 和 `model_worth` 来评估生成的模型。

最后我们编写 `display_param_results` 函数来查看每份中的模型错误。

```
def build_model(x,y):
    """
    Build a Ridge regression model
    """
    kfold = KFold(y.shape[0],5)
    model = Ridge(normalize=True)

    alpha_range = np.linspace(0.0015,0.0017,30)
    grid_param = {"alpha":alpha_range}
    grid = GridSearchCV(estimator=model,param_grid=grid_\
param,cv=kfold,scoring='mean_squared_error')
    grid.fit(x,y)
    display_param_results(grid.grid_scores_)
    print grid.best_params_
    # 追踪均方残差的计量用来绘制图形
    return grid.best_estimator_

def view_model(model):
    """
    Look at model coeffiecients
    """
    #print "\n Estimated Alpha = %0.3f"%model.alpha_
    print "\n Model coeffiecients"
    print "======================\n"
    for i,coef in enumerate(model.coef_):
```

```
        print "\tCoefficient %d %0.3f"%(i+1,coef)

    print "\n\tIntercept %0.3f"%(model.intercept_)

def model_worth(true_y,predicted_y):
    """
    Evaluate the model
    """
    print "\tMean squared error = %0.2f"%(mean_squared_a\
error(true_y,predicted_y))
    return mean_squared_error(true_y,predicted_y)

def display_param_results(param_results):
    fold = 1
    for param_result in param_results:
        print "Fold %d Mean squared error %0.2f"%(fold,abs(param_\
result[1])),param_result[0]
        fold+=1
```

最后编写 main 函数，用它调用之前的所有函数。

```
if __name__ == "__main__":

    x,y = get_data()

    # 将数据集划分为训练集和测试集
    x_train,x_test,y_train,y_test = train_test_split(x,y,test_size =\
0.3,random_state=9)

    # 准备一些多项式特征
    poly_features = PolynomialFeatures(interaction_only=True)
    poly_features.fit(x_train)
    x_train_poly = poly_features.transform(x_train)
    x_test_poly = poly_features.transform(x_test)

    choosen_model = build_model(x_train_poly,y_train)
    predicted_y = choosen_model.predict(x_train_poly)
    model_worth(y_train,predicted_y)

    view_model(choosen_model)

    predicted_y = choosen_model.predict(x_test_poly)
    model_worth(y_test,predicted_y)
```

7.5.3 工作原理

从主函数开始，先启用 KFold 类，这个迭代器类会根据数据集里实例的数量和所需要的份数进行实例化。

```
kfolds = KFold(n=y.shape[0],n_folds=3)
```

现在我们可以循环访问各份，代码如下。

```
fold_count =1
print
for train,test in kfolds:
print "Fold %d x train shape"%(fold_count),x[train].shape,\
" x test shape",x[test].shape
fold_count+=1
```

print 语句输出的结果如图 7-19 所示。

```
Fold 1 x train shape (100, 4)  x test shape (50, 4)
Fold 1 x train shape (100, 4)  x test shape (50, 4)
Fold 1 x train shape (100, 4)  x test shape (50, 4)
```

图 7-19

我们可以看到数据被分为 3 个部分，每个部分有 100 个实例用来训练，50 个用来测试。

接下来是 StratifiedKFold，回忆一下之前章节里在训练集和测试集上使得类别均匀分布的相关讨论，StratifiedKFold 在 3 份数据上实现了均匀的类别分布。

它的调用方法如下。

```
skfolds = StratifiedKFold(y,n_folds=3)
```

因为需要知道数据集类别标签的分布情况，迭代器对象将反应变量 y 也作为它的参数之一，另外的参数则是所需的份数。

我们采用 class_distribution 函数将 3 份训练集和测试集的形状打印输出，连同它们的类别分布。

```
fold_count =1
for train,test in skfolds:
print "\nFold %d x train shape"%(fold_count),x[train].shape,\
```

```
" x test shape",x[test].shape
y_train = y[train]
y_test = y[test]
print "Train Class Distribution"
class_distribution(y_train)
print "Test Class Distribution"
class_distribution(y_test)

fold_count+=1
```

如图 7-20 所示，类的分布是均匀的。

```
Fold 1 x train shape (99, 4)  x test shape (51, 4)
Train Class Distribution
            class 0 percentage =0.33
            class 1 percentage =0.33
            class 2 percentage =0.33
Test Class Distribution
            class 0 percentage =0.33
            class 1 percentage =0.33
            class 2 percentage =0.33

Fold 2 x train shape (99, 4)  x test shape (51, 4)
Train Class Distribution
            class 0 percentage =0.33
            class 1 percentage =0.33
            class 2 percentage =0.33
Test Class Distribution
            class 0 percentage =0.33
            class 1 percentage =0.33
            class 2 percentage =0.33

Fold 3 x train shape (102, 4)  x test shape (48, 4)
Train Class Distribution
            class 0 percentage =0.33
            class 1 percentage =0.33
            class 2 percentage =0.33
Test Class Distribution
            class 0 percentage =0.33
            class 1 percentage =0.33
            class 2 percentage =0.33
```

图 7-20

现在假定构建了一个 5 份的数据集，适配 5 个不同的模型，得到 5 个不同的精确度评分，你可以取这些评分的平均值来评估模型产生的效果。如果对结果不满意，你可以继续采用不同系列的参数开始建模，仍运行在 5 份的数据上，然后再看看精确度的评分。这样，你就可以只用训练集数据找到合适的参数来持续地提高模型效果。

了解了以上知识，我们再重新审视下岭回归问题。

从主模块开始，先用 get_data 函数加载预测器 x 和反应变量 y，这个函数调用了 scikit-learn 里的 load_boston()函数，它将 Boston 房屋价格数据集转换为 NumPy 数组。

然后用 scikit-learn 库里的 train_test_split 函数把数据划分为训练集和测试集，我们保留 30%的数据作为测试集。

接着再构建多项式特征。

```
poly_features = PolynomialFeatures(interaction_only=True)
poly_features.fit(x_train)
```

如你所见，interaction_only 被设置为 True，此时，对于 x1 和 x2，只有 x1*x2 属性被创建，假定维度是 2，x1 和 x2 的平方并没有被创建。默认维度也是 2。

```
x_train_poly = poly_features.transform(x_train)
x_test_poly = poly_features.transform(x_test)
```

使用 transform 函数，可以将训练集和测试集都转换为包含多项式特征。接下来调用 build_model 函数，首先我们会注意到这个函数里的 k 份声明，此时将交叉验证的知识应用进来，创建一个 5 份的数据集。

```
kfold = KFold(y.shape[0],5)
```

然后创建岭回归对象。

```
model = Ridge(normalize=True)
```

现在我们了解了如何使用 k 折交叉验证来找出岭回归的理想 alpha 值，下一行代码从 GridSearchCV 里创建对象。

```
grid = GridSearchCV(estimator=model,param_grid=grid_\
param,cv=kfold,scoring='mean_squared_error')
```

GridSearchCV 是 scikit-learn 提供的一个便捷的函数，帮助我们采用一个范围内的参数对模型进行训练。本例中，要找到理想的 alpha 值，就要用不同的 alpha 值训练模型。我们来看一下传递给 GridSearchCV 的参数。

estimator：这是指定用给定参数和数据来运行的模型的类型。本例中，我们要运行的是岭回归，因此需要创建一个岭回归对象并传递给 GridSearchCV。

param-grid：这是一个参数字典，用来评估模型效果。我们来详细了解一下，首先声明建模所采用的 alpha 的范围。

```
alpha_range = np.linspace(0.0015,0.0017,30)
```

上面语句给出了一个 NumPy 数组，其 30 个元素在 0.0015 到 0.0017 之间均匀间隔，并将用这些值尝试逐个建模。我们会创建一个字典对象 gird_param，采用生成的 NumPy 数组里的 alpha 值作为键构建条目。

```
grid_param = {"alpha":alpha_range}
```

将这个字典作为参数传递给 GridSearchCV，注意其条目。

```
param_grid=grid_param
```

cv：这个参数定义了感兴趣的交叉验证类型，我们要传递先前创建的 k 份（5 份）迭代器作为 cv 参数。

最后还需要定义一个评分函数，本例中，我们关注的是平方误差，也就是用来评估模型的指标。

就这样，内置的 GridSearchCV 采用每个参数值进行 5 次建模，并返回用剩余的那份数据测试得到的平均分。本例中有 5 份测试数据，因此，跨越这 5 份测试数据的得分平均值将被返回给我们。

解释之后，我们就可以开始适配模型了，也即启动网格状的搜索行动。

最后来看看不同参数配置下的输出结果，我们采用 display_param_results 函数来显示交叉不同数据的均方误差平均值。

如图 7-21 所示，输出的每一行显示了参数 alpha 的值和从测试份数据上得到的均方误差平均值。我们会发现，越往 0.0016 区域迈进，均方误差越升高。因此，我们决定在 0.0015 处停止，并检索网格对象来获取最好的参数和评估量。

```
print grid.best_params_
return grid.best_estimator_
```

这些和第 1 次测试使用的 alpha 值集合并不一致，我们最初使用的 alha 值如下。

```
alpha_range = np.linspace(0.01,1.0,30)
```

```
Fold 1 Mean squared error 14.24 {'alpha': 0.0015}
Fold 2 Mean squared error 14.24 {'alpha': 0.0015068965517241379}
Fold 3 Mean squared error 14.24 {'alpha': 0.0015137931034482758}
Fold 4 Mean squared error 14.24 {'alpha': 0.0015206896551724139}
Fold 5 Mean squared error 14.24 {'alpha': 0.0015275862068965518}
Fold 6 Mean squared error 14.24 {'alpha': 0.0015344827586206897}
Fold 7 Mean squared error 14.24 {'alpha': 0.0015413793103448276}
Fold 8 Mean squared error 14.24 {'alpha': 0.0015482758620689655}
Fold 9 Mean squared error 14.24 {'alpha': 0.0015551724137931034}
Fold 10 Mean squared error 14.24 {'alpha': 0.0015620689655172415}
Fold 11 Mean squared error 14.24 {'alpha': 0.0015689655172413794}
Fold 12 Mean squared error 14.24 {'alpha': 0.0015758620689655172}
Fold 13 Mean squared error 14.24 {'alpha': 0.0015827586206896551}
Fold 14 Mean squared error 14.24 {'alpha': 0.001589655172413793}
Fold 15 Mean squared error 14.24 {'alpha': 0.0015965517241379309}
Fold 16 Mean squared error 14.24 {'alpha': 0.001603448275862069}
Fold 17 Mean squared error 14.24 {'alpha': 0.0016103448275862069}
Fold 18 Mean squared error 14.24 {'alpha': 0.0016172413793103448}
Fold 19 Mean squared error 14.24 {'alpha': 0.0016241379310344827}
Fold 20 Mean squared error 14.25 {'alpha': 0.0016310344827586206}
Fold 21 Mean squared error 14.25 {'alpha': 0.0016379310344827587}
Fold 22 Mean squared error 14.25 {'alpha': 0.0016448275862068966}
Fold 23 Mean squared error 14.25 {'alpha': 0.0016517241379310345}
Fold 24 Mean squared error 14.25 {'alpha': 0.0016586206896551724}
Fold 25 Mean squared error 14.25 {'alpha': 0.0016655172413793102}
Fold 26 Mean squared error 14.25 {'alpha': 0.0016724137931034481}
Fold 27 Mean squared error 14.25 {'alpha': 0.001679310344827586}
Fold 28 Mean squared error 14.25 {'alpha': 0.0016862068965517241}
Fold 29 Mean squared error 14.25 {'alpha': 0.001693103448275862}
Fold 30 Mean squared error 14.25 {'alpha': 0.0016999999999999999}
```

图 7-21

采用这个集合时的输出结果如图 7-22 所示。

```
Fold 1 Mean squared error 16.24 {'alpha': 0.01}
Fold 2 Mean squared error 19.80 {'alpha': 0.044137931034482762}
Fold 3 Mean squared error 21.25 {'alpha': 0.078275862068965515}
Fold 4 Mean squared error 22.08 {'alpha': 0.11241379310344828}
Fold 5 Mean squared error 22.65 {'alpha': 0.14655172413793105}
Fold 6 Mean squared error 23.07 {'alpha': 0.18068965517241381}
Fold 7 Mean squared error 23.41 {'alpha': 0.21482758620689657}
Fold 8 Mean squared error 23.70 {'alpha': 0.24896551724137933}
Fold 9 Mean squared error 23.94 {'alpha': 0.28310344827586209}
Fold 10 Mean squared error 24.15 {'alpha': 0.31724137931034485}
Fold 11 Mean squared error 24.35 {'alpha': 0.35137931034482761}
Fold 12 Mean squared error 24.53 {'alpha': 0.38551724137931037}
Fold 13 Mean squared error 24.69 {'alpha': 0.41965517241379313}
Fold 14 Mean squared error 24.84 {'alpha': 0.45379310344827589}
Fold 15 Mean squared error 24.99 {'alpha': 0.48793103448275865}
Fold 16 Mean squared error 25.12 {'alpha': 0.52206896551724147}
Fold 17 Mean squared error 25.26 {'alpha': 0.55620689655172417}
Fold 18 Mean squared error 25.38 {'alpha': 0.59034482758620688}
Fold 19 Mean squared error 25.50 {'alpha': 0.62448275862068969}
Fold 20 Mean squared error 25.62 {'alpha': 0.65862068965517251}
Fold 21 Mean squared error 25.73 {'alpha': 0.69275862068965521}
Fold 22 Mean squared error 25.84 {'alpha': 0.72689655172413792}
Fold 23 Mean squared error 25.95 {'alpha': 0.76103448275862073}
Fold 24 Mean squared error 26.06 {'alpha': 0.79517241379310355}
Fold 25 Mean squared error 26.16 {'alpha': 0.82931034482758625}
Fold 26 Mean squared error 26.26 {'alpha': 0.86344827586206896}
Fold 27 Mean squared error 26.36 {'alpha': 0.89758620689655177}
Fold 28 Mean squared error 26.46 {'alpha': 0.93172413793103459}
Fold 29 Mean squared error 26.56 {'alpha': 0.9658620689655173}
Fold 30 Mean squared error 26.65 {'alpha': 1.0}
```

图 7-22

当 alpha 值超过 0.01 时，平均错误大幅飙升。因此，我们再给出一个新的范围。

```
alpha_range = np.linspace(0.001,0.1,30)
```

此时的输出结果如图 7-23 所示。

```
Fold 1 Mean squared error 14.33 {'alpha': 0.001}
Fold 2 Mean squared error 14.92 {'alpha': 0.0044137931034482760}
Fold 3 Mean squared error 15.78 {'alpha': 0.0078275862068965529}
Fold 4 Mean squared error 16.48 {'alpha': 0.011241379310344829}
Fold 5 Mean squared error 17.05 {'alpha': 0.014655172413793105}
Fold 6 Mean squared error 17.54 {'alpha': 0.018068965517241381}
Fold 7 Mean squared error 17.95 {'alpha': 0.021482758620689657}
Fold 8 Mean squared error 18.32 {'alpha': 0.024896551724137933}
Fold 9 Mean squared error 18.65 {'alpha': 0.028310344827586209}
Fold 10 Mean squared error 18.94 {'alpha': 0.031724137931034485}
Fold 11 Mean squared error 19.21 {'alpha': 0.035137931034482761}
Fold 12 Mean squared error 19.45 {'alpha': 0.038551724137931037}
Fold 13 Mean squared error 19.67 {'alpha': 0.041965517241379313}
Fold 14 Mean squared error 19.87 {'alpha': 0.045379310344827589}
Fold 15 Mean squared error 20.06 {'alpha': 0.048793103448275865}
Fold 16 Mean squared error 20.24 {'alpha': 0.052206896551724141}
Fold 17 Mean squared error 20.40 {'alpha': 0.055620689655172417}
Fold 18 Mean squared error 20.55 {'alpha': 0.059034482758620693}
Fold 19 Mean squared error 20.69 {'alpha': 0.062448275862068969}
Fold 20 Mean squared error 20.82 {'alpha': 0.065862068965517245}
Fold 21 Mean squared error 20.95 {'alpha': 0.069275862068965521}
Fold 22 Mean squared error 21.07 {'alpha': 0.072689655172413797}
Fold 23 Mean squared error 21.18 {'alpha': 0.076103448275862073}
Fold 24 Mean squared error 21.28 {'alpha': 0.079517241379310349}
Fold 25 Mean squared error 21.38 {'alpha': 0.082931034482758625}
Fold 26 Mean squared error 21.48 {'alpha': 0.086344827586206901}
Fold 27 Mean squared error 21.57 {'alpha': 0.089758620689655177}
Fold 28 Mean squared error 21.66 {'alpha': 0.093172413793103454}
Fold 29 Mean squared error 21.74 {'alpha': 0.09658620689655173}
Fold 30 Mean squared error 21.82 {'alpha': 0.10000000000000001}
```

图 7-23

通过这种迭代的办法，我们得知合适的范围在 0.0015 到 0.0017 之间。

我们就从网格状搜索中得到了最好的评估者，并将它应用到训练集合测试集数据上。

```
choosen_model = build_model(x_train_poly,y_train)
predicted_y = choosen_model.predict(x_train_poly)
model_worth(y_train,predicted_y)
```

model_worth 函数打印出在训练集上的均方误差值，如图 7-24 所示。

```
Mean squared error = 7.57
```

图 7-24

来看一下系数的权重，如图 7-25 所示。

我们没有显示全部内容，不过你在运行代码时可以看到全部的值。

最后把模型应用到测试集数据上，结果如图 7-26 所示。

```
Model coeffiecients
======================

          Coefficient 1  0.000
          Coefficient 2  0.145
          Coefficient 3  -0.126
          Coefficient 4  0.260
          Coefficient 5  13.106
          Coefficient 6  24.555
          Coefficient 7  17.453
          Coefficient 8  0.243
          Coefficient 9  -2.255
          Coefficient 10  0.822
          Coefficient 11  0.022
          Coefficient 12  0.812
          Coefficient 13  0.052
          Coefficient 14  0.696
          Coefficient 15  0.300
          Coefficient 16  0.010
          Coefficient 17  2.792
          Coefficient 18  -0.473
          Coefficient 19  0.071
          Coefficient 20  -0.001
          Coefficient 21  -0.404
          Coefficient 22  -0.005
          Coefficient 23  0.000
          Coefficient 24  0.007
          Coefficient 25  -0.000
```

图 7-25

```
Mean squared error = 11.72
```

图 7-26

这样，我们采用交叉验证和网格状搜索成功地为岭回归找到了合适的 alpha 值，构建得到的模型的均方误差比 7.3 节“学习 L2 缩减回归——岭回归”里的要好。

7.5.4 更多内容

在 scikit-learn 里还有其他的交叉验证迭代器，本例中最受瞩目的是“留一法迭代器”，你可以从以下链接了解它的更多信息，请参见：http://scikit-learn.org/stable/modules/cross_validation.html#leave-one-out-loo。

在这种方法里，给定份数，它留下一条记录作为测试集，其他的都作为训练集。例如，如果数据有 100 个实例，我们需要 5 份，则在每一份里（多次建模）有 99 个实例用来训练，1 个用来验证。

之前用到的网格状搜索方法里，如果我们没有提供自定义的迭代器给交叉验证（cv）参数，它默认使用留一法交叉验证。

```
grid = GridSearchCV(estimator=model,param_grid=grid_\
param,cv=None,scoring='mean_squared_error')
```

7.5.5 参考资料

第 3 章“数据分析——探索与争鸣”中 3.10 节“缩放数据”的相关内容。

第 3 章“数据分析——探索与争鸣”中 3.11 节“数据标准化”的相关内容。

第 6 章“机器学习 1”中 6.2 节“为建模准备数据”的相关内容。

第 7 章“机器学习 2”中 7.3 节“学习 L2 缩减回归——岭回归”的相关内容。

第 7 章“机器学习 2”中 7.4 节“学习 L1 缩减回归——LASSO”的相关内容。

第8章 集成方法

在这一章中，我们将探讨以下主题。

- 理解集成——挂袋法
- 理解集成——提升法
- 理解集成——梯度提升

8.1 简介

本章主要内容将覆盖集成方法。现实生活中，当面对着不确定情况，却要做出艰难决定时，我们通常会听取多个朋友的意见，然后基于朋友们的集体智慧来做出决定，机器学习里的集成方法就采用了这种相似的概念。上一章里，我们在数据集上所建的模型只有一个，并用它对未知的测试数据进行预测。如果在数据集上构建许多个模型，并从这些各自独立的模型的预测值中找出最终的预测值，这样的结果会如何？这就是集成方法背后的思路。对给定的问题采用集成方法，生成大量模型，然后用它们在未知数据上找出最终的预测值。对于回归问题，最后的输出结果可能是各个模型产生的预测值的平均值；对于分类的上下文问题，可以用主体投票来确定最后的分类输出。

基本的思路是拥有大量的模型，每一个都在训练集上产生差别不大的结果，一些模型相较其他的在某些方面的数据效果会更好一些。可以相信，最后从多个模型得到的输出结果肯定比仅从一个模型获得的结果要好。

之前提到，集成方法的思路是将多个模型集成起来，这些模型可以是相同类型，也可以是不同类型。例如，神经网络模型和贝叶斯模型可以集成起来。本章中只讨论集成同类的模型。采用诸如挂袋法和提升法之类的技术，将同类模型集成起来在数据科学社区中的应用十分广泛。

引导聚集，通常称为挂袋法，是一种简练优雅的方法，它产生大量的模型并将它们的输出集成起来获得最终的预测值。挂袋法集成中的每一个模型只使用训练集的一部分，它们的思路是减少对数据产生过拟合。前面规定了每个模型的差别不能太大，在每个模型训练时采用带替换的采样，这样就产生了一定差异。还有一种方法是对属性进行采样，不采用所有的属性，不同的模型采用不同的属性集合。挂袋法可以很容易实现并行化。当并行处理框架可用时，模型能并行处理不同的训练集样本。挂袋法对如线性回归之类的线性预测器无效。

提升法也是一种集成技术，它产生一个逐步复杂的模型序列。它按顺序基于前一个模型的错误训练新的模型，每次训练得到的模型被赋予一个权重，这个权重依据模型在给定数据的效果而定。最终的预测值产生时，这些权重值就是每个特定模型对于最终输出结果的影响力的判据。

提升法不像挂袋法那样天然地适合并行化，建模过程是按顺序进行的，因而无法并行化。序列前部的分类器产生的错误对于分类过程来说，都是一些难以处理的实例。框架设计思路是这样的：后续的模型获得前置预测器产生的错误分类或者错误预测，然后争取改善效果。一般来说，提升法里常常用一些很弱的分类器，例如单层决策树——只有一个分支节点和两个叶节点的决策树，就被内置在集成中。一个著名的成功案例就是 Viola Jone 人脸检测算法，一些较弱的分类器（单层决策树）被用来寻找良好的特征。以下链接介绍了这个案例的更多信息，请参见：https://en.wikipedia.org/wiki/Viola%E2%80%93Jones_object_detection_framework。

本章详细介绍了挂袋法和提升法，最后一节会扩展到一种特殊的提升法——梯度提升法。我们会讨论回归和分类两种问题，看看如何用集成方法解决它们。

8.2　理解集成——挂袋法

集成方法属于基于评委的学习方法一族，不是由单个模型来决定分类或回归，而是由一群模型集成起来做出选择。挂袋法是其中著名的一种，并得到了广泛应用。

挂袋法也叫引导聚集，它只有在潜在的模型能产生不同的变化时才有效，也就是说，如果能够让潜在的数据引入变化，它就能产生有着轻微变化的多种模型。

我们使用自举在数据集上产生模型的变化，所谓自举，就是在给定的数据集上随机采样一定数量的实例，无论是否带有替换。在挂袋法里，我们用自举产生 m 个不同的数据集，然后用它们中的每一个构建一个模型。对于回归问题，最后用所有模型产生的输出来产生最终的预测值。

假定数据自举 m 次，这样就有 m 个模型，也就有 m 个 y，最后的预测值计算公式如下。

$$Y_{final(x)} = \frac{1}{m}\sum_{i=1}^{m} y_m(x)$$

对于分类问题，最后的输出结果取决于投票。假设有一个二元分类问题，分类标签为{+1，−1}，集成方法里有 100 个模型，如果有 50 个以上的模型预测输出为“+1”，那就可以宣布预测结果为“+1”。

随机化是用来在建模过程中引入变化的另一种技术，一个例子就是在集成的每个模型里随机选择属性的子集，这样，不同模型使用不同的属性集合。这种技术被称为随机子空间方法。

对于一些很稳定的模型，挂袋法的效果不明显，它适合那些对很小的改变也十分敏感的分类器，例如决策树，它很不稳定，未剪枝决策树就十分适合挂袋法。而 KNN（K 最近邻）分类器则是一种很稳定的模型，不过我们可以使用随机子空间方法，为最近邻方法引入一些不稳定性。

随后的章节会讲述如何在 KNN 算法上使用挂袋法和随机子空间法，我们会讲解一个分类问题，并基于多数投票得到最后的预测值。

8.2.1 准备工作

本节使用 Scikit-learn 里的 KNeighborsClassifier 来解决分类问题，用 BaggingClassifier 来应用挂袋法，并先用 make_classification 函数快捷地生成数据。

8.2.2 操作方法

先加载必需的库，然后写一个 get_data()函数，该函数提供给我们的数据集在本节中都要用到。

```
from sklearn.datasets import make_classification
from sklearn.neighbors import KNeighborsClassifier
from sklearn.ensemble import BaggingClassifier
from sklearn.metrics import classification_report
```

```
from sklearn.cross_validation import train_test_split

def get_data():
    """
    Make a sample classification dataset
    Returns : Independent variable y, dependent variable x
    """
    no_features = 30
    redundant_features = int(0.1*no_features)
    informative_features = int(0.6*no_features)
    repeated_features = int(0.1*no_features)
    print no_features,redundant_features,informative_\
features,repeated_features
    x,y = make_classification(n_samples=500,n_features=no_\
features,flip_y=0.03,\
            n_informative = informative_features, n_redundant =\
redundant_features \
            ,n_repeated = repeated_features,random_state=7)
    return x,y
```

接着再写 3 个函数。

build_single_model 函数用来对给定数据构建一个 KNN 模型。

build_bagging_model 函数用来实现挂袋法过程。

view_model 函数用来检查所建的模型效果。

```
def build_single_model(x,y):
    model = KNeighborsClassifier()
    model.fit(x,y)
    return model

def build_bagging_model(x,y):
    bagging = BaggingClassifier(KNeighborsClassifier(),n_\
estimators=100,random_state=9 \
            ,max_samples=1.0,max_features=0.7,bootstrap=True,bootstr\
ap_features=True)
    bagging.fit(x,y)
    return bagging

def view_model(model):
    print "\n Sampled attributes in top 10 estimators\n"
    for i,feature_set in enumerate(model.estimators_features_[0:10]):
```

```
        print "estimator %d"%(i+1),feature_set
```

最后编写main函数，用它调用之前的所有函数。

```
if __name__ == "__main__":
    x,y = get_data()

    # 将数据划分为训练集、dev 集和测试集
    x_train,x_test_all,y_train,y_test_all = train_test_split(x,y,test_\
size = 0.3,random_state=9)
    x_dev,x_test,y_dev,y_test = train_test_split(x_test_all,y_test_\
all,test_size=0.3,random_state=9)

    # 构建单个模型
    model = build_single_model(x_train,y_train)
    predicted_y = model.predict(x_train)
    print "\n Single Model Accuracy on training data\n"
    print classification_report(y_train,predicted_y)
    # 构建多个模型
    bagging = build_bagging_model(x_train,y_train)
    predicted_y = bagging.predict(x_train)
    print "\n Bagging Model Accuracy on training data\n"
    print classification_report(y_train,predicted_y)
    view_model(bagging)

    # 查看 dev 集上运行的情况
    predicted_y = model.predict(x_dev)
    print "\n Single Model Accuracy on Dev data\n"
    print classification_report(y_dev,predicted_y)

    print "\n Bagging Model Accuracy on Dev data\n"
    predicted_y = bagging.predict(x_dev)
    print classification_report(y_dev,predicted_y)
```

8.2.3 工作原理

我们从主模块开始，先用get_data函数返回预测器矩阵x和反应变量向量y，来看一下get_data函数的内部。

```
    no_features = 30
    redundant_features = int(0.1*no_features)
    informative_features = int(0.6*no_features)
```

```
    repeated_features = int(0.1*no_features)
    x,y =make_classification(n_samples=500,n_features=no_features,flip_\
y=0.03,\
n_informative = informative_features, n_redundant = redundant_features\
            ,n_repeated = repeated_features,random_state=7)
```

我们来看下传递给 make_classification 函数的各个参数。第 1 个是所需的实例数量，本例需要 500 个实例。第 2 个是每个实例需要的属性数量，就是定义在变量 no_features 中的 30。第 3 个参数 flip_y，要求随机互换实例的 3%，这是为了在数据中产生一些噪音。接下来的参数指定了从 30 个特征中选择具有足够的信息量来进行分类的特征个数，我们设定为特征的 60%，也就是 30 个特征中的 18 个应该是高信息量的。再下一个参数是关于冗余参数的，它们产生了高信息量特征的线性组合以构成特征之间的关联。最后，重复特征是从高信息量特征和冗余特征中随机选择的副本。

我们用 train_test_split 函数把数据划分为训练集和测试集，保留 30%的数据用来测试。

```
    # 将数据划分为训练集、dev 集和测试集
    x_train,x_test_all,y_train,y_test_all = train_test_split(x,y,test_\
size = 0.3,random_state=9)
```

接着再次调用 train_test_split 函数把测试集数据划分为 dev 集和测试集。

```
    x_dev,x_test,y_dev,y_test = train_test_split(x_test_all,y_test_\
all,test_size=0.3,random_state=9)
```

有了建模、评估和测试所需的数据，我们接着开始建模。先按下面的语句使用 KNeighborsClassifier 来构建一个单独的模型。

```
model = build_single_model(x_train,y_train)
```

在这个函数内部，我们创建了一个 KNeighborsClassifier 类型的对象，然后用数据适配模型，代码如下。

```
def build_single_model(x,y):
    model = KNeighborsClassifier()
    model.fit(x,y)
    return model
```

前面解释过，KNearestNeighbor 是一种非常稳定的算法，我们来看看模型的情况，

在训练集上执行预测，然后观察模型的指标。

```
predicted_y = model.predict(x_train)
print "\n Single Model Accuracy on training data\n"
print classification_report(y_train,predicted_y)
```

classification_report 是 scikit-learn 的指标模块提供的快捷函数，它提供了一个由精度、召回率和 f1 分数组成的表格。

如图 8-1 所示，总计 350 个实例，精度是 87%。记住这张图，我们继续用挂袋法建模。

```
Single Model Accuracy on training data

             precision    recall  f1-score   support

          0       0.88      0.87      0.88       181
          1       0.87      0.88      0.87       169

avg / total       0.87      0.87      0.87       350
```

图 8-1

```
bagging = build_bagging_model(x_train,y_train)
```

我们用 build_bagging_model 函数在训练集上构建一系列模型，代码如下。

```
def build_bagging_model(x,y):
bagging =              BaggingClassifier(KNeighborsClassifier(),n_\
estimators=100,random_state=9 \
            ,max_samples=1.0,max_features=0.7,bootstrap=True,bootstr\
ap_features=True)
bagging.fit(x,y)
return bagging
```

我们在方法的内部调用了 BaggingClassifier 类，请注意我们传递给这个类进行初始化的参数。

第 1 个参数是一个隐含的评估器或者模型，我们传递的是 BaggingClassifier，这告诉挂袋法的分类器我们需要构建一系列的 KNearestNeighbor 分类器。接下来的那个参数指定了我们要构建的评估器数量，这里的设定值是 100 个。random_state 参数是随机数发生器使用的种子，为了在不同的运行过程中保持一致，我们把它设置为整数值。

接下来的参数是 max_sample，它指定了在从输入数据集里自举时每个评估器要选用的实例数量。本例中，我们让挂袋法选择所有的实例。

再下一个参数 max_features，指定了给每个评估器自举时要包含的属性数量，这里我们只需包含 70%的属性。因此，集成中每一个评估器/模型，都会使用不同的属性子集来建模，这就是之前介绍过的随机空间方法。函数接下来适配了模型，并返回模型给调用者函数。

```
bagging = build_bagging_model(x_train,y_train)
predicted_y = bagging.predict(x_train)
print "\n Bagging Model Accuracy on training data\n"
print classification_report(y_train,predicted_y)
```

我们来看看模型的精确度。

如图 8-2 所示，模型的效果指标有了很大的提升。

Bagging Model Accuracy on training data

	precision	recall	f1-score	support
0	0.94	0.97	0.95	181
1	0.96	0.93	0.95	169
avg / total	0.95	0.95	0.95	350

图 8-2

在使用 dev 集对模型进行测试之前，我们用 view_model 函数来看看分配给不同模型的属性。

```
view_model(bagging)
```

用如下代码打印出前 10 个模型所选择的属性。

```
def view_model(model):
    print "\n Sampled attributes in top 10 estimators\n"
    for i,feature_set in enumerate(model.estimators_features_[0:10]):
        print "estimator %d"%(i+1),feature_set
```

如图 8-3 所示，从结果中可以看出，分配给每个评估器的属性分布相当随机，这样，我们给每个评估器引入了变化。

接下来我们来检查单个分类器和一群评估器在 dev 数据集上执行的效果。

```
# 查看 dev 集上运行的情况
```

```
predicted_y = model.predict(x_dev)
print "\n Single Model Accuracy on Dev data\n"
print classification_report(y_dev,predicted_y)

print "\n Bagging Model Accuracy on Dev data\n"
predicted_y = bagging.predict(x_dev)
print classification_report(y_dev,predicted_y)
```

```
Sampled attributes in top 10 estimators

estimator 1 [20 10  6 17 18 11 17  9 14  3 10 10 23 22 18 17 11 21 20  1 16]
estimator 2 [ 3 27 28 20 20 27 25  0 21  1 12 20 21 29  1  0 28 16  4  9 10]
estimator 3 [ 5 23 19  2 16 21  4 13 27  1 15 24  5 14  1  4 25 22 26 29 15]
estimator 4 [23 10 16  7 22 11  0 14 14 17  8 17 27 12 13 23  8  7 27  0 27]
estimator 5 [ 0 26 13 23  7 27 15 18 11 26 18 26  3 22  6 11 21  6 12 19  7]
estimator 6 [ 5 24 19 21  2  2 22 12 21 14 28  5 29  9 19 24 14 21  8 11 26]
estimator 7 [23  2 17 22  2 12 14 25  5  7 10 25  5 17 16  9  0  9  9 15  4]
estimator 8 [10  7  8  8 18  6  3 12 29 13 17 20  9  2 25  6 28 15  0 16 20]
estimator 9 [29  2  5  6 11 18  4 19 27 17 28 20 15 21 26 14  5 28 15 21 26]
estimator 10 [22 17 10 16 10 27  8  2 18 26  1  3  2  1 17  2 12 10 22 26 27]
```

图 8-3

如图 8-4 所示，正如我们所期望的，在 dev 数据集上，一群评估器执行得到的结果要好过单个的分类器。

```
 Single Model Accuracy on Dev data

             precision    recall  f1-score   support

          0       0.83      0.84      0.83        51
          1       0.85      0.83      0.84        54

avg / total       0.84      0.84      0.84       105

 Bagging Model Accuracy on Dev data

             precision    recall  f1-score   support

          0       0.85      0.88      0.87        51
          1       0.88      0.85      0.87        54

avg / total       0.87      0.87      0.87       105
```

图 8-4

8.2.4 更多内容

前面说过，对于分类问题，得到多数票的分类标签被选为最终的预测值。不采用投票方案，我们也可以让各个成分模型输出这个标签的预测概率，这些概率的平均值可以被用来决定最终输出的标签。在 Scikit 的 API 文档中提供了最终预测值如何产生的细节描述：

“输入的样本被预测的分类被用来当作具有最高的平均预测概率，如果基准评估器没有实施 predict_proba 方法，则诉诸于投票。”请参见：http://scikit-learn.org/stable/modules/generated/sklearn.ensemble.BaggingClassifier.html。

上一章里我们讨论了交叉验证，它看起来有点像挂袋法，但它们在实践中的用法不同。对于交叉验证，我们创建了 k 份数据，模型基于这些份的数据产生输出，我们可以为模型选择参数，例如为岭回归选择 alpha 参数。这样做的主要目的是避免在建模过程中暴露测试数据，交叉验证也可以用到挂袋法中，用来检测所需的往挂袋法模块中添加的评估器数量。

挂袋法的一个缺点是模型的可解释性降低了。以一个剪枝后的简单决策树来说，它很容易解释决策树模型的含义。而一旦我们有 100 个这样的模型，就成了一个黑箱。为了提升精确度，我们只能牺牲可解释性。

你可以阅读 Leo Breiman 的论文来了解挂袋法的更多信息，请参见：

Leo Breiman 著，《Bagging predictors.Mach. Learn》24, 2 (1996 年 8 月), 第 123～140 页。DOI=10.1023/A:1018054314350 http://dx.doi.org/10.1023/A:1018054314350。

8.2.5 参考资料

第 7 章“机器学习 2”中 7.5 节“L1 和 L2 缩减交叉验证迭代”的相关内容。

第 6 章“机器学习 1”中 6.5 节“构建决策树解决多类问题”的相关内容。

8.3 理解集成——提升法

提升法是一种强大的集成技术，在数据科学中得到了广泛应用，实际上，它是数据科学工具包最基本的工具之一。和挂袋法类似，提升法也使用一群评估器，但这也是两者间仅有的相似之处。在深入了解之前，我们先大致了解一下提升法是如何成为一个高效的集成工具的。

以我们熟悉的二元分类问题为例，输入是一系列的预测器（x），输出是取值只能为 0 或 1 的反应变量（y），这个分类器的输入可以表达为下式。

$$X=\{x_1, x_2, \ldots, x_N\} \text{ and } Y=\{0,1\}$$

分类器的任务就是找到一个可以近似的函数。

$$Y=F(X)$$

分类器错误分类的比例定义如下式。

$$error\ rate = \frac{1}{N}\sum_{i=1}^{N} instance\ where\ y_i\ != F(x_i)$$

假设我们构建了一个弱分类器，其错误比例仅稍好于随机猜测。在提升法里构建一系列弱分类器用在进行了微调的数据集合上，每个分类器使用的数据只做了小小的调整，最后结束于第 M 个分类器。

$$F_1(X), F_2(X), \ldots, F_M(X)$$

最后，把各个分类器生成的预测结果集成起来进行加权多数票投票。

$$F_{final}(X) = sign\left(\sum_{i=1}^{M} \alpha_i F_i(X)\right)$$

上述这种方法就称为 AdaBoost。

提升法和挂袋法的不同之处就在于权重 alpha 和顺序建模。前面说过，提升法构建了一系列的弱分类器，并给每个分类器使用经过微调的数据集。我们来看看数据微调是怎么回事，正是这些微调的影响产生了权重 alpha。

从第 1 个分类器初始化开始，m=1，先把每个实例的权重定为 1/N，也就是说，如果有 100 条记录，每条记录获得 0.01 的权重，我们用 w 来表示权重，现在有 100 个这样的权重值如下。

$$w_1, w_2, \ldots, w_N$$

现在所有记录被分类器选中的机会是均等的，我们来创建一个分类器，对训练集进行测试以获取错误分类比例。之前曾提到过错误分类比例计算公式，现在对它做一点小改动，引入权重，公式如下。

$$error\ rate_1 = \frac{\sum_{i=1}^{N} w_i \times abs(y_i - predicted\ y_i)}{\sum_{i=1}^{N} w_i}$$

公式里的 abs 表示取绝对值，根据错误比例，我们采用下面的公式来计算 alpha 值（模型权重）。

$$\alpha_1 = 0.5 \times \log\left(\frac{(1 - error\ rate_1 + epsilon)}{error\ rate_1 + epsilon}\right)$$

上式中的 *espilon*（ε）是一个非常小的值。

假定模型 1 的错误比例为 0.3，也就是它可以对 70%的记录进行正确分类，因此，这个模型的权重将大致为 0.8，这是个不错的权重。基于这个结果，我们回头给单独的记录设置权重，方法如下。

$$w_i = w_i \times \exp(\alpha_i \times abs(y_i - predited\ y_i))$$

如你所见，那些被错误分类的属性的权重值都上升了，这就提高了那些分类错误的记录被下一个分类器选中的几率。序列中随后的分类器会选择权重较大的实例，并试着适配它。就这样，后续的分类器都会对前一个分类器错误分类的实例更加关注。

这就是提升法的威力，它可以将多个弱分类器转化为一个强分类器整体。

下面将对提升法进行实践，在代码演示的同时，我们也将介绍一种 AdaBoost 的轻微修正版——SAMME。

8.3.1 准备工作

本节将使用 `scikit-learn` 的 `DecisionTreeClassifier` 类来进行分类，使用 `AdaBoostClassifier` 来应用提升法。我们用 `make_classification` 函数来生成本节所需的数据。

8.3.2 操作方法

先加载必需的库，随后写一个函数 `get_data()`，用它给本节内容提供一个数据集。

```
from sklearn.datasets import make_classification
from sklearn.ensemble import AdaBoostClassifier
from sklearn.metrics import classification_report,zero_one_loss
from sklearn.cross_validation import train_test_split
from sklearn.tree import DecisionTreeClassifier
import numpy as np
import matplotlib.pyplot as plt
import itertools

def get_data():
    """
    Make a sample classification dataset
    Returns : Independent variable y, dependent variable x
    """
    no_features = 30
```

```
    redundant_features = int(0.1*no_features)
    informative_features = int(0.6*no_features)
    repeated_features = int(0.1*no_features)
    print no_features,redundant_features,informative_\
features,repeated_features
    x,y = make_classification(n_samples=500,n_features=no_\
features,flip_y=0.03,\
            n_informative = informative_features, n_redundant = \
redundant_features \
            ,n_repeated = repeated_features,random_state=7)
    return x,y

def build_single_model(x,y):
    model = DecisionTreeClassifier()
    model.fit(x,y)
    return model

def build_boosting_model(x,y,no_estimators=20):
    boosting = AdaBoostClassifier(DecisionTreeClassifier(max_\
depth=1,min_samples_leaf=1),random_state=9 \
    ,n_estimators=no_estimators,algorithm="SAMME")
    boosting.fit(x,y)
    return boosting

def view_model(model):
    print "\n Estimator Weights and Error\n"
    for i,weight in  enumerate(model.estimator_weights_):
        print "estimator %d weight = %0.4f error = \
%0.4f"%(i+1,weight,model.estimator_errors_[i])

    plt.figure(1)
    plt.title("Model weight vs error")
    plt.xlabel("Weight")
    plt.ylabel("Error")
    plt.plot(model.estimator_weights_,model.estimator_errors_)

def number_estimators_vs_err_rate(x,y,x_dev,y_dev):
    no_estimators = range(20,120,10)
    misclassy_rate = []
    misclassy_rate_dev = []

    for no_estimator in no_estimators:
        boosting = build_boosting_model(x,y,no_estimators=no_\
```

```
estimator)
        predicted_y = boosting.predict(x)
        predicted_y_dev = boosting.predict(x_dev)
        misclassy_rate.append(zero_one_loss(y,predicted_y))
        misclassy_rate_dev.append(zero_one_loss(y_dev,predicted_y_\
dev))

    plt.figure(2)
    plt.title("No estimators vs Mis-classification rate")
    plt.xlabel("No of estimators")
    plt.ylabel("Mis-classification rate")
    plt.plot(no_estimators,misclassy_rate,label='Train')
    plt.plot(no_estimators,misclassy_rate_dev,label='Dev')

    plt.show()

if __name__ == "__main__":
    x,y = get_data()
    plot_data(x,y)

    # 将数据集划分为训练集、dev 集和测试集
    x_train,x_test_all,y_train,y_test_all = train_test_split(x,y,test_\
size = 0.3,random_state=9)
    x_dev,x_test,y_dev,y_test = train_test_split(x_test_all,y_test_\
all,test_size=0.3,random_state=9)

    # 构建一个单独的模型
    model = build_single_model(x_train,y_train)
    predicted_y = model.predict(x_train)
    print "\n Single Model Accuracy on training data\n"
    print classification_report(y_train,predicted_y)
    print "Fraction of misclassfication = %0.2f"%(zero_one_loss(y_\
train,predicted_y)*100),"%"

    # 构建多个模型
    boosting = build_boosting_model(x_train,y_train, no_estimators=85)
    predicted_y = boosting.predict(x_train)
    print "\n Boosting Model Accuracy on training data\n"
    print classification_report(y_train,predicted_y)
    print "Fraction of misclassfication = %0.2f"%(zero_one_loss(y_\
train,predicted_y)*100),"%"

    view_model(boosting)
```

```
    # 查看 dev 集上运行的情况
    predicted_y = model.predict(x_dev)
    print "\n Single Model Accuracy on Dev data\n"
    print classification_report(y_dev,predicted_y)
    print "Fraction of misclassfication = %0.2f"%(zero_one_loss(y_\
dev,predicted_y)*100),"%"

    print "\n Boosting Model Accuracy on Dev data\n"
    predicted_y = boosting.predict(x_dev)
    print classification_report(y_dev,predicted_y)
    print "Fraction of misclassfication = %0.2f"%(zero_one_loss(y_\
dev,predicted_y)*100),"%"

    number_estimators_vs_err_rate(x_train,y_train,x_dev,y_dev)
```

接着再写 3 个函数。

build_single_model 函数用来对给定数据构建一个简单的决策树模型。

build_boosting_model 函数用来实现提升法过程。

view_model 函数用来检查所建的模型效果。

```
def build_single_model(x,y):
    model = DecisionTreeClassifier()
    model.fit(x,y)
    return model

def build_boosting_model(x,y,no_estimators=20):
    boosting = AdaBoostClassifier(DecisionTreeClassifier(max_\
depth=1,min_samples_leaf=1),random_state=9 \
    ,n_estimators=no_estimators,algorithm="SAMME")
    boosting.fit(x,y)
    return boosting

def view_model(model):
    print "\n Estimator Weights and Error\n"
    for i,weight in  enumerate(model.estimator_weights_):
        print "estimator %d weight = %0.4f error = \
%0.4f"%(i+1,weight,model.estimator_errors_[i])

    plt.figure(1)
    plt.title("Model weight vs error")
    plt.xlabel("Weight")
```

```
    plt.ylabel("Error")
    plt.plot(model.estimator_weights_,model.estimator_errors_)
```

接着我们写一个 number_estimators_vs_err_rate 函数，用它来查看模型错误比例的变化情况与集成中模型的数量之间的关系。

```
def number_estimators_vs_err_rate(x,y,x_dev,y_dev):
    no_estimators = range(20,120,10)
    misclassy_rate = []
    misclassy_rate_dev = []

    for no_estimator in no_estimators:
        boosting = build_boosting_model(x,y,no_estimators=no_\
estimator)
        predicted_y = boosting.predict(x)
        predicted_y_dev = boosting.predict(x_dev)
        misclassy_rate.append(zero_one_loss(y,predicted_y))
        misclassy_rate_dev.append(zero_one_loss(y_dev,predicted_y_\
dev))

    plt.figure(2)
    plt.title("No estimators vs Mis-classification rate")
    plt.xlabel("No of estimators")
    plt.ylabel("Mis-classification rate")
    plt.plot(no_estimators,misclassy_rate,label='Train')
    plt.plot(no_estimators,misclassy_rate_dev,label='Dev')

    plt.show()
```

最后编写 main 函数，用它调用之前的所有函数。

```
if __name__ == "__main__":
    x,y = get_data()
    plot_data(x,y)

    # 将数据集划分为训练集、dev 集和测试集
    x_train,x_test_all,y_train,y_test_all = train_test_split(x,y,test_\
size = 0.3,random_state=9)
    x_dev,x_test,y_dev,y_test = train_test_split(x_test_all,y_test_\
all,test_size=0.3,random_state=9)

    #构建一个单独的模型
    model = build_single_model(x_train,y_train)
    predicted_y = model.predict(x_train)
```

```
    print "\n Single Model Accuracy on training data\n"
    print classification_report(y_train,predicted_y)
    print "Fraction of misclassfication = %0.2f"%(zero_one_loss(y_
train,predicted_y)*100),"%"

    # 构建多个模型
    boosting = build_boosting_model(x_train,y_train, no_estimators=85)
    predicted_y = boosting.predict(x_train)
    print "\n Boosting Model Accuracy on training data\n"
    print classification_report(y_train,predicted_y)
    print "Fraction of misclassfication = %0.2f"%(zero_one_loss(y_
train,predicted_y)*100),"%"

    view_model(boosting)

    # 查看 dev 集上运行的情况
    predicted_y = model.predict(x_dev)
    print "\n Single Model Accuracy on Dev data\n"
    print classification_report(y_dev,predicted_y)
    print "Fraction of misclassfication = %0.2f"%(zero_one_loss(y_\
dev,predicted_y)*100),"%"

    print "\n Boosting Model Accuracy on Dev data\n"
    predicted_y = boosting.predict(x_dev)
    print classification_report(y_dev,predicted_y)
    print "Fraction of misclassfication = %0.2f"%(zero_one_loss(y_\
dev,predicted_y)*100),"%"

    number_estimators_vs_err_rate(x_train,y_train,x_dev,y_dev)
```

8.3.3 工作原理

我们从主模块开始，先用 get_data 函数加载预测器 x 和反应变量 y，来仔细看一下这个函数。

```
    no_features = 30
    redundant_features = int(0.1*no_features)
    informative_features = int(0.6*no_features)
    repeated_features = int(0.1*no_features)
    x,y =make_classification(n_samples=500,n_features=no_features,flip_\
y=0.03,\
n_informative = informative_features, n_redundant = redundant_features \
        ,n_repeated = repeated_features,random_state=7)
```

我们来看一下传递给 make_classification 函数的各个参数。第 1 个是所需的实例数量，本例需要 500 个实例。第 2 个是每个实例需要的属性数量，就是定义在变量 no_features 中的 30。第 3 个参数 flip_y，要求随机互换实例的 3%，这是为了在数据中产生一些噪音。接下来的参数指定了从 30 个特征中选择具有足够的信息量来进行分类的特征个数，我们设定为特征的 60%，也就是 30 个特征中的 18 个应该是高信息量的。再下一个参数是关于冗余参数的，它们产生了高信息量特征的线性集成以构成特征之间的关联。最后，重复特征是从高信息量特征和冗余特征中随机选择的副本。

我们用 train_test_split 函数把数据划分为训练集和测试集，保留 30%的数据用来测试。

```
# 将数据划分为训练集、dev 集和测试集
x_train,x_test_all,y_train,y_test_all = train_test_split(x,y,test_\
size = 0.3,random_state=9)
```

接着再次调用 train_test_split 函数把测试集数据划分为 dev 集和测试集。

```
    x_dev,x_test,y_dev,y_test = train_test_split(x_test_all,y_test_\
all,test_size=0.3,random_state=9)
```

有了建模、评估和测试所需的数据，我们接着开始建模。先构建一个简单的决策树，然后查看在训练集上决策树的效果。

```
#构建一个单独的模型
model = build_single_model(x_train,y_train)
```

我们应用预测器和反应变量调用 build_single_model 函数来构建一个模型，在其内部适配了一个简单的决策树，并给调用者函数返回这棵树。

```
def build_single_model(x,y):
    model = DecisionTreeClassifier()
    model.fit(x,y)
    return model
```

我们用 classification_report 函数来看看模型的效果，它是 scikit-learn 的工具函数，可以提供一系列指标，如精度、召回率和 f1 分数等。我们也让它显示错误分类的比例。

```
predicted_y = model.predict(x_train)
print "\n Single Model Accuracy on training data\n"
```

```
print classification_report(y_train,predicted_y)
print "Fraction of misclassfication = \
      %0.2f"%(zero_one_loss(y_train,predicted_y)*100),"%"
```

如图 8-5 所示，决策树模型适配数据的效果非常好——错误分类比例为 0。在对 dev 数据测试这个模型之前，我们先构建一个集成。

```
Single Model Accuracy on training data

             precision    recall  f1-score   support

          0       1.00      1.00      1.00       181
          1       1.00      1.00      1.00       169

avg / total       1.00      1.00      1.00       350

Fraction of misclassfication = 0.00 %
```

图 8-5

```
# 构建多个模型
    boosting = build_boosting_model(x_train,y_train, no_estimators=85)
```

用 build_boosting_model 函数构建模型集成，代码如下。

```
    boosting = AdaBoostClassifier(DecisionTreeClassifier(max_\
depth=1,min_samples_leaf=1),random_state=9 \
    ,n_estimators=no_estimators,algorithm="SAMME")
    boosting.fit(x,y)
```

我们调用 scikit-learn 里的 AdaBoostClassifier 来构建提升法的模型集成，这个类初始化时的参数如下。

评估器：本例中要构建的是决策树集成，因此传递的是 DecisionTreeClassifier 对象。

max_depth：我们不需要决策树完全生长，只需要树桩——只有两个叶节点和一个分支节点，因此，max_depth 参数被设置为 1。

对于 n_estimators 参数，我们要指定需要生成的树的数量，本例为 86。

最后一个参数是 algorithm，这里设置为 SAMME，它是“Stage wise Additive Modeling using Multi-class Exponential loss function（使用多分类指数损失函数的逐步叠加建模）”的缩写，是 AdaBoosting 算法的增强版，它给错误分类的记录添加更多的权重。模型的权重 alpha 是 SAMME 和 AdaBoost 两者间的区别所在。

$$\alpha_1 = \log\left(\frac{(1 - error\ rate_1 + epsilon)}{error\ rate_1 + epsilon}\right) + \log(K-1)$$

上式中，我们忽略了常数 0.5，请注意新增的部分：log(K-1)，如果 K=2，上面的式子就退化成 AdaBoost，这里，K 是反应变量里类别的数量。对于二元分类问题，如前所述，SAMME 退化成 AdaBoost。

接下来适配模型，并返回给调用者函数。我们在训练集上运行这个模型，然后查看模型的效果。

```
    predicted_y = boosting.predict(x_train)
    print "\n Boosting Model Accuracy on training data\n"
    print classification_report(y_train,predicted_y)
    print "Fraction of misclassfication = %0.2f"%(zero_one_loss(y_\
train,predicted_y)*100),"%"
```

如图 8-6 所示，模型的效果和初始模型的相差不大，这个模型集成把大约 98%的记录进行了正确的分类。

Boosting Model Accuracy on training data

	precision	recall	f1-score	support
0	0.98	0.98	0.98	181
1	0.98	0.98	0.98	169
avg / total	0.98	0.98	0.98	350

Fraction of misclassfication = 1.71 %

图 8-6

在使用 dev 集对模型进行测试之前，我们用 view_model 函数来看看提升法的集成。

```
  view_model(boosting)
```

在 view_model 函数内部，我们先打印出集成中每个分类器关联的权重值。

```
    print "\n Estimator Weights and Error\n"
    for i,weight in  enumerate(model.estimator_weights_):
        print "estimator %d weight = %0.4f error = \
%0.4f"%(i+1,weight,model.estimator_errors_[i])
```

如图 8-7 所示，我们展示了集成中的前 20 个成员的权重值，基于它们的错误分类比例，这些评估器关联的权重值都不一样。

```
Estimator Weights and Error

estimator 1 weight = 0.8337 error = 0.3029
estimator 2 weight = 0.8921 error = 0.2907
estimator 3 weight = 0.6730 error = 0.3378
estimator 4 weight = 0.6067 error = 0.3528
estimator 5 weight = 0.5746 error = 0.3602
estimator 6 weight = 0.5537 error = 0.3650
estimator 7 weight = 0.5697 error = 0.3613
estimator 8 weight = 0.5538 error = 0.3650
estimator 9 weight = 0.5579 error = 0.3640
estimator 10 weight = 0.4530 error = 0.3886
estimator 11 weight = 0.4530 error = 0.3886
estimator 12 weight = 0.3564 error = 0.4118
estimator 13 weight = 0.4130 error = 0.3982
estimator 14 weight = 0.3679 error = 0.4091
estimator 15 weight = 0.3142 error = 0.4221
estimator 16 weight = 0.3888 error = 0.4040
estimator 17 weight = 0.4902 error = 0.3799
estimator 18 weight = 0.2798 error = 0.4305
estimator 19 weight = 0.4463 error = 0.3902
estimator 20 weight = 0.2645 error = 0.4343
```

图 8-7

接着我们绘制出每个评估器权重对应其分类错误的图形。

```
plt.figure(1)
plt.title("Model weight vs error")
plt.xlabel("Weight")
plt.ylabel("Error")
plt.plot(model.estimator_weights_,model.estimator_errors_)
```

如图 8-8 所示，相较于更高错误比例的模型，分类正确率越高的模型被分配的权重值越大。

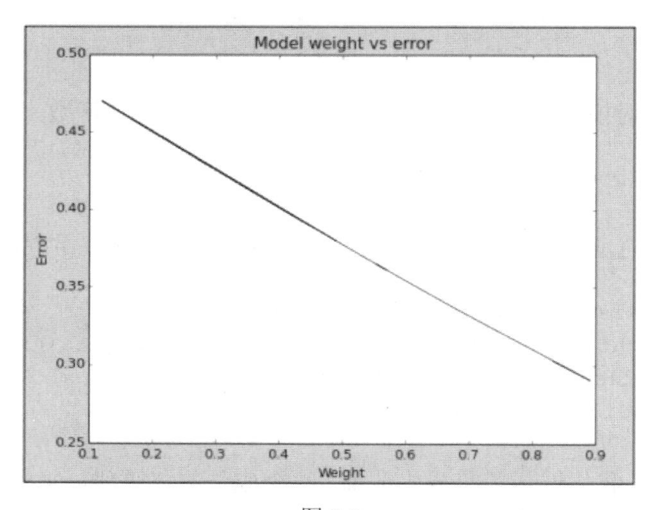

图 8-8

接下来我们来检查简单决策树和一群评估器在 dev 数据集上执行的效果。

```
    #查看 dev 集上运行的情况
    predicted_y = model.predict(x_dev)
    print "\n Single Model Accuracy on Dev data\n"
    print classification_report(y_dev,predicted_y)
    print "Fraction of misclassfication = %0.2f"%(zero_one_loss(y_\
dev,predicted_y)*100),"%"

    print "\n Boosting Model Accuracy on Dev data\n"
    predicted_y = boosting.predict(x_dev)
    print classification_report(y_dev,predicted_y)
    print "Fraction of misclassfication = %0.2f"%(zero_one_loss(y_\
dev,predicted_y)*100),"%"
```

和之前在训练数据上的操作差不多，我们打印出分类报告和分类错误比例。

如图 8-9 所示，简单的决策树模型效果不佳，虽然它在训练集上的精确度达到了 100%，但在 dev 数据上几乎有 40%的记录分类都是错误的——这是过拟合的特征。与之相反，提升法模型能够更好地适应 dev 数据。

```
 Single Model Accuracy on Dev data

             precision    recall  f1-score   support

          0       0.59      0.73      0.65        51
          1       0.67      0.52      0.58        54

avg / total       0.63      0.62      0.62       105

Fraction of misclassfication = 38.10 %
 Boosting Model Accuracy on Dev data

             precision    recall  f1-score   support

          0       0.77      0.86      0.81        51
          1       0.85      0.76      0.80        54

avg / total       0.81      0.81      0.81       105

Fraction of misclassfication = 19.05 %
```

图 8-9

该怎样让提升法模型的效果更好呢？一条途径是测试训练集的错误比例和我们在集成中包含的模型数量的对应关系。

```
number_estimators_vs_err_rate(x_train,y_train,x_dev,y_dev)
```

下面的函数逐步适配模型数量不断增长的集成，并绘出相应的错误比例。

```
def number_estimators_vs_err_rate(x,y,x_dev,y_dev):
    no_estimators = range(20,120,10)
    misclassy_rate = []
    misclassy_rate_dev = []

    for no_estimator in no_estimators:
        boosting = build_boosting_model(x,y,no_estimators=no_\
estimator)
        predicted_y = boosting.predict(x)
        predicted_y_dev = boosting.predict(x_dev)
        misclassy_rate.append(zero_one_loss(y,predicted_y))
        misclassy_rate_dev.append(zero_one_loss(y_dev,predicted_y_\
dev))

    plt.figure(2)
    plt.title("No estimators vs Mis-classification rate")
    plt.xlabel("No of estimators")
    plt.ylabel("Mis-classification rate")
    plt.plot(no_estimators,misclassy_rate,label='Train')
    plt.plot(no_estimators,misclassy_rate_dev,label='Dev')

    plt.show()
```

如你所见，我们声明了一个列表，从 20 开始到 120 结束，增幅为 10。在 for 循环内部，列表的每个成员作为 estimator 参数的值传递给 build_boosting_model 函数，然后处理模型的错误比例，接着在 dev 集上检测错误比例。现在我们有了两个列表，一个保存了在训练集上的所有错误比例，另一个则保存 dev 集上的所有错误比例。把两者的图形绘制出来，x 轴是评估器的数量，y 轴是 dev 集合训练集上的分类错误比例。

如图 8-10 所示，在 30～40 个评估器的区间，dev 集上的错误比例较低。我们可以进一步尝试调整各种模型参数以达到较好的效果。

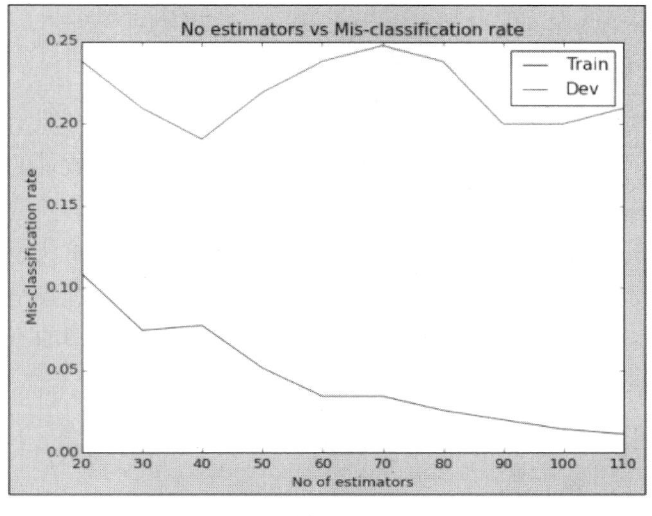

图 8-10

8.3.4 更多内容

这篇创造性的论文介绍了提升法，请参见：

Freund Y.和 Schapire R. (1997)，《A decision theoretic generalization of on-line learning and an application to boosting》，《Journal of Computer and System Sciences》，55(1)，第 119～139 页。

最初，大多数提升法将多分类问题降为二元分类问题和多重二元分类问题，下面这篇论文将 `AdaBoost` 扩展到了多分类问题，请参见：

Trevor Hastie，Saharon Rosset，Ji Zhu，Hui Zou 等人《Multi-class AdaBoost Statistics and Its Interface》，第 2 卷，第 3 号（2009），第 349～360 页，doi:10.4310/sii.2009.v2.n3.a8。

这篇论文也讲解了本节介绍过的 `SAMME`。

8.3.5 参考资料

第 6 章“机器学习 1”中 6.5 节“构建决策树解决多类问题”的相关内容。

第 7 章“机器学习 2”中 7.5 节“L1 和 L2 缩减交叉验证迭代”的相关内容。

第 8 章“集成方法”中 8.2 节“理解集成——挂袋法”中模型选择和评估的相关内容。

8.4 理解集成——梯度提升

先回顾一下上一节所述的提升法：我们用一种渐进的，阶段改良的方式适配出一个增强的模型，分类器构成一个序列，每个分类器诞生时，我们评估其权重/重要性。基于此，再对训练集中的实例的权重进行调整。分类错误的实例获得的权重比正确的要大，这样下一个模型更有可能选中这些错误分类的实例并再次进行训练。数据集里不能很好适配的实例也由这些权重来鉴别，另一个角度来看，这些记录是上一个模型的不足之处，后续的模型尽力克服这些缺点。

梯度提升法采用梯度而不是权重来鉴别缺陷，我们来快速浏览一下它如何用梯度改善模型效果。

以一个简单的回归问题为例，我们给定所需的预测器变量 X 和反应变量 Y，这二者都是实数。

$$X=\{x_1, x_2, \ldots, x_N\}\ and\ Y=\{y_1, y_2, \ldots, y_N\}$$

梯度提升法执行步骤如下。

先从简单的模型开始，例如平均值。

$$\hat{y}=\frac{1}{N}\sum_{i=1}^{N} y_i$$

预测值简单地设置为反应变量的平均值。

接着开始调整残差，残差就是真实值 y 和预测值 $\hat{y}$ 之间的差。

$$R_1=y-\hat{y}$$

下一个分类器在如下的数据上进行训练。

$$\{(x_1, R_{11}), (x_2, R_{12}), \ldots, (x_N, R_{1N})\}$$

随后的模型在前一个模型的残差上进行训练，就这样，算法持续地在集成中构建所需数量的模型。

现在来探究为什么要在残差上进行训练。目前为止，我们清楚提升法创造了渐进的模型，假设我们构建两个模型 F_1（X）和 F_2（X）来预测 Y_1，依据渐进的原则，可以把两个模型组合成如下形式。

$$F_1(X)+F_2(X)=Y_1$$

也就是说，将两个模型的预测值组合起来得到预测值 Y_1。

可以推导出等价的公式。

$$F_2(X)=Y_1-F_1(X)$$

$$Y_1-F_1(X)\text{即残差}$$

残差是模型没有处理完善的部分，简言之，就是上一个模型的缺陷。因此，我们可以利用残差来提升模型效果，也即改善上一个模型的缺陷。讨论了这么多，你可能会奇怪为什么这种方法称为梯度提升，而不是残差提升呢？

给定一个可微分的函数，梯度就是这个函数在某个值处的一阶导数。以回归为例，它的目标函数如下。

$$\frac{1}{N}\sum_{i=1}^{N}(y_i-F(x_i)^2)$$

这里 $F(x_i)$是回归模型。

线性回归问题是将上式的值最小化，找出这个函数在 $F(x_i)$处的一阶导数，并把权重的系数更改为导数值的负值，我们就在搜索空间上接近了极小解。上面代价函数关于 $F(x_i)$的一阶导数是 $F(x_i)-y_i$，访问以下链接对导数进行了解，请参见：

https://en.wikipedia.org/wiki/Gradient_descent。

$F(x_i)$-y_i，就是梯度，是残差 y_i -$F(x_i)$的相反数，因此这个方法称为梯度提升法。

了解了这些理论知识，我们就能深入探究梯度提升法了。

8.4.1 准备工作

本节使用 Boston 数据集来演示梯度提升法，它有 13 个属性和 506 个实例。目标变量是一个实数值以及数以千记房屋的中位价值。可以从以下地址下载这个数据集，请参见：

https://archive.ics.uci.edu/ml/machine-learning-databases/housing/housing.names。

我们准备生成二阶的多项式特征，并只考虑相互影响作用。

8.4.2 操作方法

先加载必需的库，随后定义 `get_data()`函数，用它给本节所有内容提供数据集。

```
# 加载库
from sklearn.datasets import load_boston
from sklearn.cross_validation import train_test_split
from sklearn.ensemble import GradientBoostingRegressor
from sklearn.metrics import mean_squared_error

from sklearn.preprocessing import PolynomialFeatures
import numpy as np
import matplotlib.pyplot as plt

def get_data():
    """
    Return boston dataset
    as x - predictor and
    y - response variable
    """
    data = load_boston()
    x    = data['data']
    y    = data['target']
    return x,y
def build_model(x,y,n_estimators=500):
    """
    Build a Gradient Boost regression model
    """
    model = GradientBoostingRegressor(n_estimators=n_\
estimators,verbose=10,\
            subsample=0.7, learning_rate= 0.15,max_depth=3,random_\
state=77)
    model.fit(x,y)
    return model

def view_model(model):
    """
    """
    print "\n Training scores"
    print "======================\n"
    for i,score in enumerate(model.train_score_):
        print "\tEstimator %d score %0.3f"%(i+1,score)

    plt.cla()
    plt.figure(1)
    plt.plot(range(1,model.estimators_.shape[0]+1),model.train_score_)
    plt.xlabel("Model Sequence")
    plt.ylabel("Model Score")
    plt.show()

    print "\n Feature Importance"
    print "======================\n"
    for i,score in enumerate(model.feature_importances_):
```

```
        print "\tFeature %d Importance %0.3f"%(i+1,score)

def model_worth(true_y,predicted_y):
    """
    Evaluate the model
    """
    print "\tMean squared error = %0.2f"%(mean_squared_\
error(true_y,predicted_y))

if __name__ == "__main__":

    x,y = get_data()

    # 将数据集划分为训练集、dev 集和测试集
    x_train,x_test_all,y_train,y_test_all = train_test_split(x,y,test_
size = 0.3,random_state=9)
    x_dev,x_test,y_dev,y_test = train_test_split(x_test_all,y_test_\
all,test_size=0.3,random_state=9)

    # 准备一些多项式特征
    poly_features = PolynomialFeatures(2,interaction_only=True)
    poly_features.fit(x_train)
    x_train_poly = poly_features.transform(x_train)
    x_dev_poly   = poly_features.transform(x_dev)

    # 用多项式特征建模
    model_poly = build_model(x_train_poly,y_train)
    predicted_y = model_poly.predict(x_train_poly)
    print "\n Model Performance in Training set (Polynomial
features)\n"
    model_worth(y_train,predicted_y)

    # 查看模型的细节
    view_model(model_poly)

    # 把模型应用到 dev 集上
    predicted_y = model_poly.predict(x_dev_poly)
    print "\n Model Performance in Dev set  (Polynomial features)\n"
    model_worth(y_dev,predicted_y)

    #把模型应用到测试集上
    x_test_poly = poly_features.transform(x_test)
    predicted_y = model_poly.predict(x_test_poly)
```

```
    print "\n Model Performance in Test set  (Polynomial features)\n"
    model_worth(y_test,predicted_y)
```

接着编写 3 个函数。

bulid_model 函数实现了梯度提升的算法。

接着的两个函数 view_model 和 model_worth 用来评估生成的模型。

```
def build_model(x,y,n_estimators=500):
    """
    Build a Gradient Boost regression model
    """
    model = GradientBoostingRegressor(n_estimators=n_\
estimators,verbose=10,\
            subsample=0.7, learning_rate= 0.15,max_depth=3,random_\
state=77)
    model.fit(x,y)
    return model

def view_model(model):
    """
    """
    print "\n Training scores"
    print "======================\n"
    for i,score in enumerate(model.train_score_):
        print "\tEstimator %d score %0.3f"%(i+1,score)

    plt.cla()
    plt.figure(1)
    plt.plot(range(1,model.estimators_.shape[0]+1),model.train_score_)
    plt.xlabel("Model Sequence")
    plt.ylabel("Model Score")
    plt.show()

    print "\n Feature Importance"
    print "======================\n"
    for i,score in enumerate(model.feature_importances_):
        print "\tFeature %d Importance %0.3f"%(i+1,score)

def model_worth(true_y,predicted_y):
    """
    Evaluate the model
    """
    print "\tMean squared error = %0.2f"%(mean_squared_\
error(true_y,predicted_y))
```

最后编写 main 函数，用它调用之前的所有函数。

```
if __name__ == "__main__":

    x,y = get_data()

    # 将数据集划分为训练集、dev 集和测试集
    x_train,x_test_all,y_train,y_test_all = train_test_split(x,y,test_
size = 0.3,random_state=9)
    x_dev,x_test,y_dev,y_test = train_test_split(x_test_all,y_test_
all,test_size=0.3,random_state=9)

    #准备一些多项式特征
    poly_features = PolynomialFeatures(2,interaction_only=True)
    poly_features.fit(x_train)
    x_train_poly = poly_features.transform(x_train)
    x_dev_poly   = poly_features.transform(x_dev)

    # 用多项式特征建模
    model_poly = build_model(x_train_poly,y_train)
    predicted_y = model_poly.predict(x_train_poly)
    print "\n Model Performance in Training set (Polynomial
features)\n"
    model_worth(y_train,predicted_y)

    # 查看模型的细节
    view_model(model_poly)

    # 把模型应用到 dev 集上
predicted_y = model_poly.predict(x_dev_poly)
    print "\n Model Performance in Dev set  (Polynomial features)\n"
    model_worth(y_dev,predicted_y)

    # 把模型应用到测试集上
    x_test_poly = poly_features.transform(x_test)
    predicted_y = model_poly.predict(x_test_poly)

    print "\n Model Performance in Test set  (Polynomial features)\n"
    model_worth(y_test,predicted_y)
```

8.4.3 工作原理

我们从主模块开始，先用 get_data 函数加载预测器 x 和反应变量 y。

```
def get_data():
    """
    Return boston dataset
```

```
    as x - predictor and
    y - response variable
    """
    data = load_boston()
    x    = data['data']
    y    = data['target']
    return x,y
```

这个函数调用了 scikit-learn 里的 load_boston()函数，它将 Boston 房屋价格数据集转换为 NumPy 数组。

接着我们用 scikit-learn 库里的 train_test_split 函数把数据集划分为训练集和测试集，其中 30%用来做测试集。

```
x_train,x_test_all,y_train,y_test_all = \
train_test_split(x,y,test_size = 0.3,random_state=9)
```

下面的一行代码又从那 30%中划分了一部分出来作为 dev 集。

```
x_dev,x_test,y_dev,y_test = train_test_split(x_test_all,y_test_\
all,test_size=0.3,random_state=9)
```

接着用下面的代码构建多项式特征。

```
poly_features = PolynomialFeatures(interaction_only=True)
poly_features.fit(x_train)
```

如你所见，interaction_only 被设置为 True，此时，对于 x1 和 x2，只有 x1*x2 属性被创建，假定维度是 2，x1 和 x2 的平方并没有被创建。默认维度也是 2。

```
x_train_poly = poly_features.transform(x_train)
x_dev_poly = poly_features.transform(x_dev)
x_test_poly = poly_features.transform(x_test)
```

使用 transform 函数，我们可以将训练集、dev 集和测试集都转换为包含多项式特征。

接下来就开始构建模型。

```
# 采用多项式特征建模
model_poly = build_model(x_train_poly,y_train)
```

在 build_models 方法的内部，GradientBoostingRegressor 类的初始化代码如下。

```
    model = GradientBoostingRegressor(n_estimators=n_\
estimators,verbose=10,\
                subsample=0.7, learning_rate= 0.15,max_depth=3,random_\
    state=77)
```

来看下各个参数：第 1 个是集成里的模型数量；第 2 个参数 verbose，当它被设为大于 1 时，每个模型或者树构建时都把进展情况打印出来；接下来的参数 subsample 指定了模型要采用的训练集数据量的百分比，本实例中是 70%；再下一个参数是学习率，这是一个缩减参数，用来控制每棵树的贡献；再下一个参数 Max_depth 决定了构建的树的大小；random_state 参数是随机数生成器的种子，为了在多次不同的运行中保持一致性，我们把它设置为一个整数值。

因为 verbose 参数值大于 1，所以在适配模型时，我们能在屏幕上看到每个模型迭代过程的结果，如图 8-11 所示。

Iter	Train Loss	OOB Improve	Remaining Time
1	58.5196	20.8748	2.49s
2	45.2833	10.3732	1.99s
3	40.1522	8.8467	1.82s
4	27.7772	8.2210	1.86s
5	27.6316	3.9991	1.78s
6	21.0990	4.0621	1.73s
7	17.5833	2.5910	1.76s
8	15.1718	2.3592	1.78s
9	11.9584	2.0957	1.75s
10	10.1687	1.4597	1.72s
11	9.5268	0.8509	1.73s
12	7.2505	0.6745	1.75s
13	6.5691	0.5004	1.76s
14	6.3947	0.2710	1.77s
15	5.9843	0.2344	1.75s
16	5.4427	0.1878	1.78s
17	4.4250	0.4125	1.79s
18	4.4652	0.0001	1.79s
19	4.4287	-0.1490	1.80s
20	4.4158	0.1507	1.80s
21	3.8329	0.0701	1.80s
22	3.9870	-0.0092	1.78s
23	3.4025	-0.1266	1.80s
24	3.7361	-0.0166	1.78s
25	3.5310	0.0589	1.79s

图 8-11

如你所见，每次迭代训练的损失都有所下降。第 4 列是袋外改进分数（袋子以外的数据在这个分支训练结果上的验证结果）。我们用 subsample 参数仅选择了 70%的数据，OOB 分数是用另外的 30%数据计算出来的。这里还与上一个模型比较了损失的改善情况。例如，第 2 次迭代时，和第 1 次相比，我们有 10.32 的改善。

我们接着来看下训练集上的整体效果如何。

```
    predicted_y = model_poly.predict(x_train_poly)
    print "\n Model Performance in Training set (Polynomial \
features)\n"
    model_worth(y_train,predicted_y)
```

如图 8-12 所示，提升法集成对训练集适配的效果十分良好。

model_worth 函数打印出模型的更多细节，如图 8-13 所示。

```
Model Performance in Training set (Polynomial features)

        Mean squared error = 0.00
```

图 8-12

```
Training scores
======================

        Estimator 1 score 58.520
        Estimator 2 score 45.283
        Estimator 3 score 40.152
        Estimator 4 score 27.777
        Estimator 5 score 27.632
        Estimator 6 score 21.099
        Estimator 7 score 17.583
        Estimator 8 score 15.172
        Estimator 9 score 11.958
        Estimator 10 score 10.169
        Estimator 11 score 9.527
        Estimator 12 score 7.250
        Estimator 13 score 6.569
        Estimator 14 score 6.395
        Estimator 15 score 5.984
```

图 8-13

和之前详细输出结果一样，每个不同模型的分数都展示出来了，这些都保存在模型对象的一个属性中，可以用以下代码进行检索。

```
print "\n Training scores"
print "======================\n"
for i,score in enumerate(model.train_score_):
print "\tEstimator %d score %0.3f"%(i+1,score)
```

我们可以绘制出它们的图形，代码如下。

```
plt.cla()
plt.figure(1)
plt.plot(range(1,model.estimators_.shape[0]+1),model.train_score_)
plt.xlabel("Model Sequence")
plt.ylabel("Model Score")
plt.show()
```

x 轴代表模型的数量，y 轴显示训练的分数。记住，提升法是一系列的过程，每个模型都是对前一个模型的提高。

如图 8-14 所示，均方误差，也就是模型的分数随着模型数持续增加而不断降低。

最后，我们还能查看与每个特征关联的重要性指标。

```
print "\n Feature Importance"
print "======================\n"
for i,score in enumerate(model.feature_importances_):
    print "\tFeature %d Importance %0.3f"%(i+1,score)
```

下面来看看特征之间的相互关系是怎样的，如图 8-15 所示。

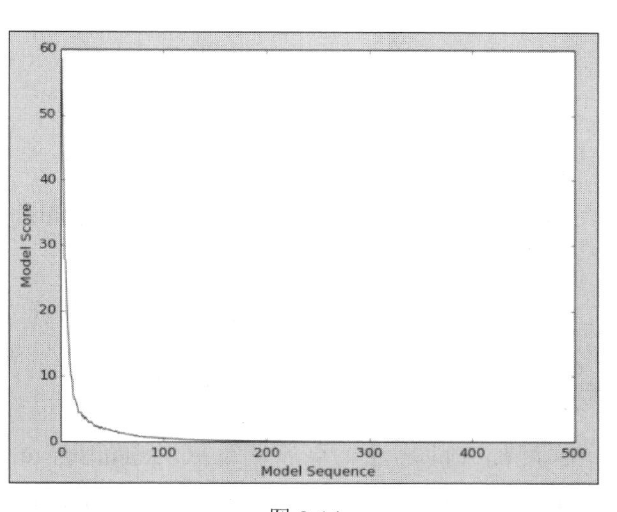

图 8-14

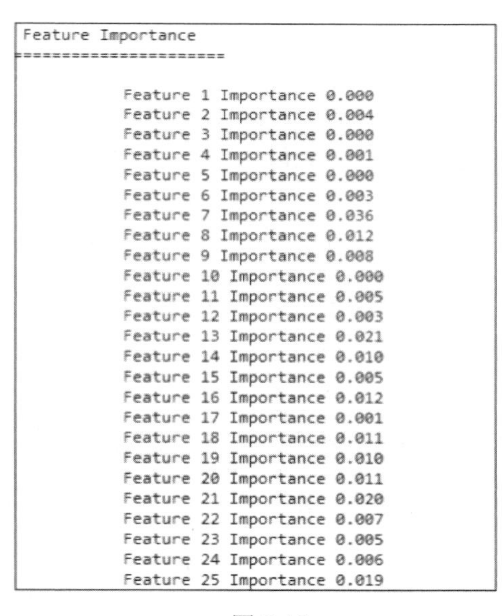

图 8-15

梯度提升法把特征选择和模型构建都统一成一个单独的操作，它能自然地发现特征之间的非线性关系。下面的论文讲述了如何用梯度提升法进行特征选择。

Zhixiang Xu，Gao Huang，Kilian Q. Weinberger 和 Alice X. Zheng 等人所著的《Gradient boosted feature selection》，第 20 届 ACM SIGKDD 国际会议的论文集（美国纽约），第 522～531 页。

把模型应用到 dev 数据上看看效果，结果如图 8-16 所示。

```
# 把模型应用到 dev 集上
predicted_y = model_poly.predict(x_dev_poly)
print "\n Model Performance in Dev set  (Polynomial features)\n"
```

```
model_worth(y_dev,predicted_y)
```

```
Model Performance in Dev set  (Polynomial features)

        Mean squared error = 10.47
```

图 8-16

最后看看在测试集上的效果。

如图 8-17 所示，模型集成在测试集上的效果比 dev 集上的还更好。

```
Model Performance in Test set  (Polynomial features)

        Mean squared error = 7.15
```

图 8-17

8.4.4 更多内容

要了解更多梯度提升的知识，请参阅以下论文。

Friedman, J. H.著《Greedy function approximation: a gradient boosting machine》《Annals of Statistics》（2001），第 1189～1232 页。

本节里，我们介绍了采用平方的损失函数的梯度提升法，其实梯度提升法应该被视为一种框架而不单单是一种方法，任何可微分的函数都可以在这个框架中使用。用户选择的任何学习方法及其可微分的损失函数都能在梯度提升法框架中使用。

scikit-learn 为分类提供了一个梯度提升的方法，名字叫作 GradientBossting Classifier。请参阅以下链接：http://scikit-learn.org/stable/modules/generated/ sklearn.ensemble.GradientBoostingClassifier.html。

8.4.5 参考资料

第 8 章“集成方法”中 8.2 节“理解集成——挂袋法”中模型选择和评估的相关内容。

第 8 章“集成方法”中 8.3 节“理解集成——提升法”中模型选择和评估的相关内容。

第 7 章“机器学习 2”中 7.2 节“回归方法预测实数值”的相关内容。

第 7 章“机器学习 2”中 7.4 节“学习 L1 缩减回归——LASSO”的相关内容。

第 7 章“机器学习 2”中 7.5 节“L1 和 L2 缩减交叉验证迭代”的相关内容。

第9章 生长树

在这一章中，我们将探讨以下主题。

- 从生长树到生长森林——随机森林
- 生长超随机树
- 生长旋转森林

9.1 简介

本章我们会介绍更多基于树算法的挂袋法相关内容。由于具备对抗噪音的健壮性和解决各类问题的广泛能力，它们在数据科学社区里被广泛使用。

这些方法之所以赫赫有名，是因为相较于其他方法，它们能在没有数据整理的情况下获得很好的结果，也因为在软件工程师手中，它们能充当黑箱工具。

除了以上所述的好处，它们还有更多优点。

从设计原理上说，挂袋法天然就能很好地并行化，因此，这些方法可以很方便地应用到集群环境来处理很大的数据集。

决策树算法在树的每一层上把输入数据划分为多个区域，这样就实现了隐式的特征选择，而特征选择是构建良好的模型最重要的步骤之一。拥有隐式的特征选择，决策树相比其他技术更有优势，因此，挂袋法中包含决策树也具有这个优势。

决策树几乎不需要对数据进行准备，例如不需考虑如何对属性进行缩放，因为属性的度量对于决策树的结构没有影响。此外，缺失一些数据不影响决策树，异常点对决策树的影响也微乎其微。

在之前的一些章节里，我们曾使用只保留相互关联成分的多项式特征，在树的集成方法里，这些关联已经做好准备，我们不需要进行显式的特征转换来获取特征关联性。

当输入数据中存在非线性关系时，基于线性回归的模型都会失效，这一点我们在介绍核 PCA 的那节里解释过，而基于树的算法则不受数据中非线性关系的影响。

基于树的方法最大的一个困扰就是为了避免过拟合而对树进行剪枝的难度，对于潜在数据中的噪声，大型的树倾向于受影响，导致低偏差和高方差。不过，如果我们生成大量的树，最终的预测值采用集成里所有树产生的输出的平均值，就可以避免方差的问题。

本章我们会介绍 3 种基于树的集成方法。

第 1 种是实施随机森林解决分类问题，它的发明人是 Leo Breiman，这是一种集成技术，在内部采用大量的树来建模，以解决任何回归或分类问题。

第 2 种是超随机树，和随机森林变化不大的一种算法。和随机森林相比，它引入更多随机化，可以更高效地解决方差问题，此外，它的运算复杂度也略有降低。

最后一种是旋转森林，前面所述的两种方法需要集成大量的树以获得良好的效果，而旋转森林可以用较少的树来获取相同甚至更好的效果。此外，这种算法的作者宣称除了用树作为潜在的评估器，还可以用任意其他类型，从这个角度来说，它和梯度提升法类似，为构建集成映射了一种新的框架。

9.2 从生长树到生长森林——随机森林

随机森林方法会构建许多相互之间没有关联的树（森林），给定一个分类或者回归问题，它构建许多树，最终的预测值对于回归问题是整个森林的预测值的平均值，对于分类则是一个多数票表决。

这看起来和挂袋法有点像，随机森林也是一种挂袋方法，这种方法的基本思路是利用大量的噪声评估器，用平均法处理噪声，这样减小最终结果的方差。训练集中的微小噪声也会严重影响到树，因此，作为噪声评估器，它们在挂袋法中得有一个准则。

我们来写下构建随机森林的步骤，用户得先指定森林中所需要的树的数量作为参数，这里用 T 表示。

我们从 1 到 T 进行迭代，构建 T 棵树。

- 对于每棵树，从输入数据集中自举大小为 D 的样本。

- 对输入数据适配一棵树 t：
    - 随机选择 m 个属性。
    - 采用预先定义好的标准，选择一个最佳属性用来作为划分变量。
    - 将数据集划分为两个部分，记住，树天然就是二元划分的，在树的每一层上，输入数据集都被一分为二。
    - 在我们划分的数据集上迭代执行上面的 3 个步骤。
- 最后，返回树 T。

对分类问题的新实例，要做出一个预测值，需要在 T 中的所有树里做多数票表决；对回归问题，我们取 T 里每个 t 树返回的值的平均值。

之前提到过，随机森林构建的是相互间没有关联的树，我们来看看为何在集成的这么多树相互间都没有关联。从数据集中自举样本给每棵树，我们确信数据的不同部分出现在不同的树上，这样每棵树为数据集的不同特征建模。因此，我们要坚持集成的原则往潜在的评估器中引入方差。不过，这并不能保证在不同树之间完全没有关联。在进行节点划分的时候，我们不能选择所有的属性，而是随机选择一个属性的子集，这样，就能确保任意树之间没有相互关联。

提升法里集成的评估器是弱分类器，与之相比，我们在随机森林中构建最大深度的树，这样它们可以很好适应自举的样本，得到的偏差较低，后果是引入了高方差。不过，通过构建大量的树，使用平均法则作为最后的预测值，我们有希望解决方差问题。

下面开始深入介绍随机森林。

9.2.1 准备工作

本节会先生成一些分类问题的数据集来演示随机森林算法，我们使用 Scikit-learn 里的集成模块来实现随机森林。

9.2.2 操作方法

先加载必需的库，然后使用 sklearn.dataset 模块里的 make_classification 生成训练集来演示随机森林。

```
from sklearn.datasets import make_classification
from sklearn.metrics import classification_report, accuracy_score
```

```
from sklearn.cross_validation import train_test_split
from sklearn.ensemble import RandomForestClassifier
from sklearn.grid_search import RandomizedSearchCV
from operator import itemgetter

import numpy as np

def get_data():
    """
    Make a sample classification dataset
    Returns : Independent variable y, dependent variable x
    """
    no_features = 30
    redundant_features = int(0.1*no_features)
    informative_features = int(0.6*no_features)
    repeated_features = int(0.1*no_features)
    x,y = make_classification(n_samples=500,n_features=no_\
features,flip_y=0.03,\
            n_informative = informative_features, n_redundant = \
redundant_features \
            ,n_repeated = repeated_features,random_state=7)
    return x,y
```

现在我们编写 build_forest 函数来构建完全生成树，并评估森林的效果，然后编写用来寻找森林所需的最优参数的方法。

```
def build_forest(x,y,x_dev,y_dev):
    """
    Build a random forest of fully grown trees
    and evaluate performance
    """
    no_trees = 100
    estimator = RandomForestClassifier(n_estimators=no_trees)
    estimator.fit(x,y)

    train_predcited = estimator.predict(x)
    train_score = accuracy_score(y,train_predcited)
    dev_predicted = estimator.predict(x_dev)
    dev_score = accuracy_score(y_dev,dev_predicted)

    print "Training Accuracy = %0.2f Dev Accuracy = %0.2f"%(train_\
score,dev_score)

def search_parameters(x,y,x_dev,y_dev):
    """
```

```
    Search the parameters of random forest algorithm
    """
    estimator = RandomForestClassifier()
    no_features = x.shape[1]
    no_iterations = 20
    sqr_no_features = int(np.sqrt(no_features))
    parameters = {"n_estimators"      : np.random.randint(75,200,no_
iterations),"criterion"        : ["gini", "entropy"],\
                "max_features"      : [sqr_no_features,sqr_no_\
features*2,sqr_no_features*3,sqr_no_features+10]  }

    grid = RandomizedSearchCV(estimator=estimator,param_\
distributions=parameters,\
    verbose=1, n_iter=no_iterations,random_state=77,n_jobs=-1,cv=5)
    grid.fit(x,y)
    print_model_worth(grid,x_dev,y_dev)

    return grid.best_estimator_

def print_model_worth(grid,x_dev,y_dev):
    # 打印出模型的效果评估值
    # 取最好的前 5 个模型
    scores = sorted(grid.grid_scores_, key=itemgetter(1), \
reverse=True) [0:5]
        for model_no,score in enumerate(scores):
          print "Model %d, Score = %0.3f"%(model_no+1,score.mean_\
validation_score)
          print "Parameters = {0}".format(score.parameters)
    print
    dev_predicted = grid.predict(x_dev)

    print classification_report(y_dev,dev_predicted)
```

最后编写 main 函数，用它调用之前的所有函数。

```
if __name__ == "__main__":
    x,y = get_data()

    # 将数据划分为训练集、dev 集和测试集
    x_train,x_test_all,y_train,y_test_all = train_test_split(x,y,test_\
size = 0.3,random_state=9)
    x_dev,x_test,y_dev,y_test = train_test_split(x_test_all,y_test_\
all,test_size=0.3,random_state=9)

    build_forest(x_train,y_train,x_dev,y_dev)
```

```
    model = search_parameters(x,y,x_dev,y_dev)
    get_feature_importance(model)
```

9.2.3 工作原理

我们从主模块开始，先用 `get_data` 函数返回预测器矩阵 x 和反应变量向量 y，在其内部，我们调用 `make_classification` 数据集来生成随机森林的训练数据。

```
def get_data():
    """
    Make a sample classification dataset
    Returns : Independent variable y, dependent variable x
    """
    no_features = 30
    redundant_features = int(0.1*no_features)
    informative_features = int(0.6*no_features)
    repeated_features = int(0.1*no_features)
    x,y = make_classification(n_samples=500,n_features=no_\
features,flip_y=0.03,\
            n_informative = informative_features, n_redundant = \
redundant_features \
            ,n_repeated = repeated_features,random_state=7)
    return x,y
```

我们来看下传递给 `make_classification` 函数的各个参数。第 1 个是所需的实例数量，本例需要 500 个实例。第 2 个是每个实例需要的属性数量，本例为 30。第 3 个参数 `flip_y`，要求随机互换实例的 3%，这是为了在数据中产生一些噪音。接下来的参数指定了从 30 个特征中选择具有足够的信息量来进行分类的特征个数，我们设定为特征的 60%，也就是 30 个特征中的 18 个应该是高信息量的。再下一个参数是关于冗余参数的，它们产生了高信息量特征的线性组合以构成特征之间的关联。最后，重复特征是从高信息量特征和冗余特征中随机选择的副本。

我们用 `train_test_split` 函数把数据划分为训练集和测试集，保留 30%的数据用来测试。

```
    # 将数据划分为训练集、dev 集和测试集
    x_train,x_test_all,y_train,y_test_all = train_test_split(x,y,test_\
size = 0.3,random_state=9)
```

接着再次调用 `train_test_split` 函数把测试集数据划分为 dev 集和测试集。

```
    x_dev,x_test,y_dev,y_test = train_test_split(x_test_all,y_test_\
all,test_size=0.3,random_state=9)
```

有了建模、评估和测试所需的数据，我们接着开始建模。

```
build_forest(x_train,y_train,x_dev,y_dev)
```

我们用 build_forest 函数在训练集和 dev 数据上构建随机森林模型，来看看这个函数的内部。

```
    no_trees = 100
    estimator = RandomForestClassifier(n_estimators=no_trees)
    estimator.fit(x,y)

    train_predcited = estimator.predict(x)
    train_score = accuracy_score(y,train_predcited)
    dev_predicted = estimator.predict(x_dev)
    dev_score = accuracy_score(y_dev,dev_predicted)

    print "Training Accuracy = %0.2f Dev Accuracy = %0.2f"%(train_\
score,dev_score)
```

集成需要 100 棵树，因此我们用变量 no_trees 来定义树的数量，并全面用 scikit-learn 里的 RandomForestClassifier 类进行检查和应用。如你所见，我们把所需的树的数量作为参数传递，然后开始适配模型。

现在看看模型在训练集和 dev 数据上的精度得分，如图 9-1 所示。

```
Training Accuracy = 1.00 Dev Accuracy = 0.83
```

图 9-1

不错！dev 集上的精度是 83%，我们看看能不能再有所提高，森林还有一些其他参数可以用来调优以获得更好的模型效果。这些可以调优的参数列表，请参见：http://scikit-learn.org/stable/modules/generated/sklearn.ensemble.RandomForestClassifier.html。

我们可以在训练集和 dev 数据上调用 search_parameters 函数对一些参数进行调优，以提高随机森林模型的效果。

在前面的一些章节里，我们使用 GridSearchCV 来搜索参数空间以找出最佳参数组合，它会执行非常详尽的搜索。不过，本节要用的是 RandomizedSearchCV，我们为每个参数提供了参数值分布，并指定所需的迭代次数，对于每次迭代，RandomizedSearchCV 会从参数分布中选择一个样本值并用它们适配模型。

```
parameters = {"n_estimators" : np.random.randint(75,200,no_
iterations),
"criterion" : ["gini", "entropy"],
"max_features" : [sqr_no_features,sqr_no_features*2,sqr_no_
features*3,sqr_no_features+10]
}
```

和 GridSearchCV 一样，我们提供了一个参数的字典，本例要尝试 3 个参数。

第 1 个是模型里树的数量，用 n_estimators 参数表示，通过调用 randint 函数，我们得到一个介于 75 到 200 之间的整数列表，树的大小由参数 no_iterations 定义。

```
no_iterations = 20
```

这个参数要传给 RandomizedSearchCV，用来指定要执行的迭代次数，RandomizedSearchCV 在每一次迭代中从这个数组的 20 个元素里采样一个单独的数值。

下一个参数是 criterion，我们随机在基尼系数和熵里选择，并用它作为标准在每次迭代中划分节点。

最重要的参数 max_features 定义了算法在每个节点进行划分时选择的特征数量，在前面描述随机森林的伪代码里，我们曾指出要在每次划分节点时随机选择 m 个属性，这个 m 就由 max_features 定义。这里我们给出 4 个值的列表，变量 sqr_no_features 是输入数据集里可用属性属性的平方根。

```
sqr_no_features = int(np.sqrt(no_features))
```

列表中的其他值是平方根的一些变形量。

我们把 RandomizedSearchCV 的参数分布展示一下。

```
grid = RandomizedSearchCV(estimator=estimator,param_\
distributions=parameters,\
verbose=1, n_iter=no_iterations,random_state=77,n_jobs=-1,cv=5)
```

第 1 个参数是我们要进行优化的潜在评估器，这里是 RandomForestClassifier。

```
estimator = RandomForestClassifier()
```

第 2 个参数 param_distributions 是由字典参数定义的分布，我们定义了迭代的数量，就是用参数 n_iter 运行 RandomForestClassifier 的次数。本例中，我们用 cv 参数定义了需要进行的交叉验证次数为 5 次。

接着进行模型适配，我们看看模型的运行情况。

```
grid.fit(x,y)
print_model_worth(grid,x_dev,y_dev)
```

如图 9-2 所示，我们有 5 份，也就是在每次迭代时要进行 5 份交叉验证。一共有 20 次迭代，因此，我们构建的模型有 100 个。

```
Fitting 5 folds for each of 20 candidates, totalling 100 fits
```

图 9-2

现在来看看函数 print_model_worth 的内部，我们把网格对象和 dev 数据集传递给它，网格对象用 grid_scpres_oftype 属性来存放每个所建模型的评估指标，我们把列表按降序排列来看看最好的模型效果。

```
scores = sorted(grid.grid_scores_, key=itemgetter(1), reverse=True)[0:5]
```

我们从索引里选择前 5 的模型来查看，把它们的细节打印输出。

```
for model_no,score in enumerate(scores):
print "Model %d, Score = %0.3f"%(model_no+1,score.mean_\
validation_score)
print "Parameters = {0}".format(score.parameters)
print
```

我们先输出评估分数，接着是模型的参数，如图 9-3 所示。

```
Model 1, Score = 0.864
Parameters = {'max_features': 5, 'n_estimators': 197, 'criterion':
'entropy'}
Model 2, Score = 0.856
Parameters = {'max_features': 5, 'n_estimators': 182, 'criterion':
'gini'}
Model 3, Score = 0.848
Parameters = {'max_features': 15, 'n_estimators': 118, 'criterion':
'gini'}
Model 4, Score = 0.846
Parameters = {'max_features': 5, 'n_estimators': 186, 'criterion':
'entropy'}
Model 5, Score = 0.846
Parameters = {'max_features': 5, 'n_estimators': 177, 'criterion':
'gini'}
```

图 9-3

用分数对模型进行降序排列，这样可以在最前面展示最好的模型参数。我们将选用这些参数作为模型参数，属性 best_estimator_则返回使用这些参数的模型。

现在使用这些参数在 dev 数据上进行测试。

```
dev_predicted = grid.predict(x_dev)
print classification_report(y_dev,dev_predicted)
```

上面这个函数内部调用了 best_estimtor。

非常棒！如图 9-4 所示，我们构建了一个完美的模型，分类精度达到了 100%。

	precision	recall	f1-score	support
0	1.00	1.00	1.00	51
1	1.00	1.00	1.00	54
avg / total	1.00	1.00	1.00	105

图 9-4

9.2.4 更多内容

RandomForestClassifier 在内部使用了 DecisionTreeClassifier，下面的链接解释了所传递的用来构建决策树的所有参数，请参见：

http://scikit-learn.org/stable/modules/generated/sklearn.tree.DecisionTreeClassifier.html。

这里有一个有趣的参数 splitter，它的默认值被设为 best，算法执行的时候，会基于 max_features 属性在内部选择划分机制，可用的机制有以下几种。

- best：从 max_features 参数定义的给定属性集合里选择最大可能划分；
- random：随机选择一个用来划分的属性。

你可能注意到这个参数在实例化 RandomForestClassifier 时并不可用，要控制的办法只有一个，就是给 max_features 参数的值要小于数据集里可用的属性数量。

在工业界，随机森林被广泛应用于变量选择。在 scikit-learn 里，变量的重要性用基尼不纯度来进行计算。基尼和熵这两种标准用来在划分节点时鉴别最佳的属性，以充分利用它们用高不纯度将数据集划分为子集的能力，这样后续的划分可以产生良好的分类效果。一个变量的重要性是由其引入到划分数据集的不纯度数量决定的，参阅以下书籍可以了解更多细节，请参见：Breiman 和 Friedman 著，《Classification and regression trees》，1984 年。

我们可以写一个小函数来输出重要性特征。

```
def get_feature_importance(model):
    feature_importance = model.feature_importances_
    fm_with_id = [(i,importance) for i,importance in \
enumerate(feature_importance)]
    fm_with_id = sorted(fm_with_id, key=itemgetter(1),reverse=True)[0:10]
    print "Top 10 Features"
    for importance in fm_with_id:
        print "Feature %d importance = %0.3f"%(importance[0],importan\
ce[1])
    print
```

随机森林对象里有个叫做 `feature_importances_` 的变量，我们可以用它创建一个保存特征数量和重要性的元组的列表。

```
    feature_importance = model.feature_importances_
    fm_with_id = [(i,importance) for i,importance in \
enumerate (feature_importance)]
```

现在把变量的重要性降序排列，选择前 10 个特征。

```
fm_with_id = sorted(fm_with_id, key=itemgetter(1),reverse=True)[0:10]
```

接着把这 10 个特征打印出来，如图 9-5 所示。

```
Top 10 Features
Feature 16 importance = 0.086
Feature 17 importance = 0.074
Feature 19 importance = 0.050
Feature 24 importance = 0.049
Feature 27 importance = 0.049
Feature 10 importance = 0.045
Feature 0 importance = 0.042
Feature 3 importance = 0.040
Feature 5 importance = 0.038
Feature 11 importance = 0.038
```

图 9-5

随机森林另一个有趣的方面是袋外评估（out-of-Bag estimation，OOB）。记住，为了森林里生成的每棵树，我们在初始化时自举了一些数据，正因如此，一些记录不会出现在一些树中。假定记录 1 在森林的 100 棵树里使用，在另外 150 棵树里没有使用，我们可以用这 150 棵树给这条记录预测类别标签，这样就能算出这条记录的分类错误。袋外评估能高效地评估森林的质量，下面的链接给出了一个如何高效使用 OOB 的例子，请参见：http://scikit-learn.org/dev/auto_examples/ensemble/plot_ensemble_oob.html。

scikit-learn 里的 RandomForestClassifier 类来源于 ForestClassifier，它们的源代码请参见：https://github.com/scikit-learn/scikit-learn/blob/a95203b/sklearn/ensemble/forest.py#L318。

当调用 `RandomForestClassifier` 的 `predict` 方法时，其内部调用了 `ForestClassifier` 的 `predict_proba` 方法。最终的预测结果不是基于投票，而是来自森林里不同树产生的每个类别概率的平均值，最终基于最高的概率决出类别。

可以从以下链接下载到 Leo Breiman 首创的随机森林方面的论文，请参见：http://link.springer.com/article/10.1023%2FA%3A1010933404324。

你也可以参考由 Leo Breiman 和 Adele Cutler 运维的网站，地址如下：https://www.stat.berkeley.edu/～breiman/RandomForests/cc_home.htm。

9.2.5 参考资料

第 6 章“机器学习 1”中 6.5 节“构建决策树解决多类问题”的相关内容。

第 8 章“集成方法”中 8.4 节“理解集成——梯度提升”中模型选择和评估的相关内容。

第 8 章“集成方法”中 8.2 节“理解集成——挂袋法”中模型选择和评估的相关内容。

9.3 生成超随机树

超随机树，也叫超树算法，它和上一节介绍的随机森林的不同之处在于以下两个方面。

1．它不用自举法来给集成的每棵树选择实例，而是使用完整的训练集数据。

2．给定 K 作为在给定节点随机选择的属性数量，它随机选择割点，不考虑目标变量。

上一节提到，随机森林在两处使用随机化，第 1 处是在选择实例来训练森林里的树时，使用了自举法进行选择；第 2 处是在每个节点上随机选择属性的集合，每个被选中的属性是基于其基尼不纯度或者熵标准。超随机树更进一步，完全随机地选择用来划分数据的属性。

下面的论文提出了超随机树的概念。

P. Geurts，D. Ernst.和 L. Wehenkel，《Extremely randomized trees》《Machine Learning》，63(1)，第 3～42 页，2006 年。

这篇论文指出，除了之前提到的技术方面，超随机树还在以下两个方面具有优势。

超树方法背后的原理是这样的：相比于采用其他方法的弱随机架构，它的割点显式随机化和属性组合的总体平均都可以用来更好地降低方差。

和随机森林相比，超随机树把割点（在每个节点上选择用来划分数据集的属性）的随机化组合起来，忽略任何标准，最后将每棵树的结果进行平均，这样在未知的数据集上可以得到非常好的效果。

第 2 个优势与计算复杂度有关。

从计算的角度来看，生长树的过程——假定是平衡树，和其他树的生长过程一样，复杂度是 O（$N\log N$），和采样的大小相关。然而，给定划分节点过程的简单程度，我们期望常数因子能远小于其他在本地进行割点优化的集成方法。

因为不用花费时间来鉴别最适合用来划分数据集的属性，这个方法比随机森林在计算效率上要高的多。

我们来写下构建超随机树的步骤，用户得先指定森林中所需要的树的数量作为参数，这里用 T 表示。

我们从 1 到 T 执行迭代，也就是构建 T 棵树。

- 对于每棵树，选择所有的输入数据。
- 对输入数据适配一棵树 t。
    - 随机选择 m 个属性。
    - 随机选择一个属性用来作为划分变量。
    - 将数据集划分为两个部分，记住，树天然就是二元划分的。在树的每一层上，输入数据集都被一分为二。
    - 在我们划分的数据集上迭代执行上面的 3 个步骤。
- 最后，返回树 T。

下面来了解超随机树的详细内容。

9.3.1 准备工作

本节会先生成一些分类问题的数据集来演示超随机树，我们使用 Scikit-learn 里的超随机树集成模块来进行实现。

9.3.2 操作方法

先加载必需的库，然后使用 sklearn.dataset 模块里的 make_classification

生成训练集。

```
from sklearn.datasets import make_classification
from sklearn.metrics import classification_report, accuracy_score
from sklearn.cross_validation import train_test_split, cross_val_score
from sklearn.ensemble import ExtraTreesClassifier
from sklearn.grid_search import RandomizedSearchCV
from operator import itemgetter

def get_data():
    """
    Make a sample classification dataset
    Returns : Independent variable y, dependent variable x
    """
    no_features = 30
    redundant_features = int(0.1*no_features)
    informative_features = int(0.6*no_features)
    repeated_features = int(0.1*no_features)
    x,y = make_classification(n_samples=500,n_features=no_\
features,flip_y=0.03,\
            n_informative = informative_features, n_redundant =\
redundant_features,n_repeated = repeated_features,random_state=7)
    return x,y
```

现在我们编写 build_forest 函数来构建完全生成树，并评估森林的效果。

```
def build_forest(x,y,x_dev,y_dev):
    """
    Build a Extremely random tress
    and evaluate peformance
    """
    no_trees = 100
    estimator = ExtraTreesClassifier(n_estimators=no_trees,random_\
state=51)
    estimator.fit(x,y)

    train_predcited = estimator.predict(x)
    train_score = accuracy_score(y,train_predcited)
    dev_predicted = estimator.predict(x_dev)
    dev_score = accuracy_score(y_dev,dev_predicted)

    print "Training Accuracy = %0.2f Dev Accuracy = %0.2f"%(train_\
score,dev_score)
```

```
    print "cross validated score"
    print cross_val_score(estimator,x_dev,y_dev,cv=5)

def search_parameters(x,y,x_dev,y_dev):
    """
    Search the parameters
    """
    estimator = ExtraTreesClassifier()
    no_features = x.shape[1]
    no_iterations = 20
    sqr_no_features = int(np.sqrt(no_features))

    parameters = {"n_estimators" : np.random.randint(75,200,no_
iterations),"criterion" : ["gini", "entropy"],
              "max_features" : [sqr_no_features,sqr_no_
features*2,sqr_no_features*3,sqr_no_features+10] }

    grid = RandomizedSearchCV(estimator=estimator,param_
distributions=parameters,\
    verbose=1, n_iter=no_iterations,random_state=77,n_jobs=-1,cv=5)
    grid.fit(x,y)
    print_model_worth(grid,x_dev,y_dev)

    return grid.best_estimator_
```

最后编写 main 函数，用它调用之前的所有函数。

```
if __name__ == "__main__":
    x,y = get_data()

    # 将数据划分为训练集、dev 集和测试集
    x_train,x_test_all,y_train,y_test_all = train_test_split(x,y,test_\
size = 0.3,random_state=9)
    x_dev,x_test,y_dev,y_test = train_test_split(x_test_all,y_test_\
all,test_size=0.3,random_state=9)

    build_forest(x_train,y_train,x_dev,y_dev)
    model = search_parameters(x,y,x_dev,y_dev)
```

9.3.3 工作原理

我们从主模块开始，先用 get_data 函数获取预测器属性和反应属性，在其内部，我

们调用 make_classification 数据集来生成训练数据。

```
def get_data():
    """
    Make a sample classification dataset
    Returns : Independent variable y, dependent variable x
    """
    no_features = 30
    redundant_features = int(0.1*no_features)
    informative_features = int(0.6*no_features)
    repeated_features = int(0.1*no_features)
    x,y = make_classification(n_samples=500,n_features=no_\
features,flip_y=0.03,\
            n_informative = informative_features, n_redundant =\
redundant_features,n_repeated = repeated_features,random_state=7)
    return x,y
```

我们来看下传递给 make_classification 函数的各个参数。第 1 个是所需的实例数量，本例需要 500 个实例。第 2 个是每个实例需要的属性数量，本例为 30。第 3 个参数 flip_y，要求随机互换实例的 3%，这是为了在数据中产生一些噪音。接下来的参数指定了从 30 个特征中选择具有足够的信息量来进行分类的特征个数，我们设定为特征的 60%，也就是 30 个特征中的 18 个应该是高信息量的。再下一个参数是关于冗余参数的，它们产生了高信息量特征的线性组合以构成特征之间的关联。最后，重复特征是从高信息量特征和冗余特征中随机选择的副本。

我们用 train_test_split 函数把数据划分为训练集和测试集，保留 30%的数据用来测试。

```
    # 将数据划分为训练集、dev 集和测试集
    x_train,x_test_all,y_train,y_test_all = train_test_split(x,y,test_\
size = 0.3,random_state=9)
```

接着再次调用 train_test_split 函数把测试集数据划分为 dev 集和测试集。

```
    x_dev,x_test,y_dev,y_test = train_test_split(x_test_all,y_test_\
all,test_size=0.3,random_state=9)
```

有了建模、评估和测试所需的数据，我们接着开始建模。

```
    build_forest(x_train,y_train,x_dev,y_dev)
```

我们用 build_forest 函数在训练集和 dev 数据上构建超随机树模型，来看看这个函数的内部。

```
no_trees = 100
    estimator = ExtraTreesClassifier(n_estimators=no_trees,random_\
state=51)
    estimator.fit(x,y)

    train_predcited = estimator.predict(x)
    train_score = accuracy_score(y,train_predcited)
    dev_predicted = estimator.predict(x_dev)
    dev_score = accuracy_score(y_dev,dev_predicted)

    print "Training Accuracy = %0.2f Dev Accuracy = %0.2f"%(train_\
score,dev_score)
    print "cross validated score"
    print cross_val_score(estimator,x_dev,y_dev,cv=5)
```

集成需要构建 100 棵树，因此我们用变量 no_trees 来定义树的数量，并调用 scikit-learn 里的 ExtraTreesClassifier 类。如你所见，我们把所需的树的数量作为参数传递，这里值得注意的是参数 bootstrap。访问以下链接可以了解 ExtraTreesClassifier 的参数，请参见：

http://scikit-learn.org/stable/modules/generated/sklearn.ensemble.ExtraTreesClassifier.html。

这里参数 bootstrap 被设置为默认值 False，请参阅以下链接将其与 RandomForestClassifier 的参数 bootstrap 进行比较：http://scikit-learn.org/stable/modules/generated/sklearn.ensemble.RandomForestClassifier.html。

之前解释过，森林里的每棵树都使用所有记录进行训练。

然后开始适配模型，代码如下。

```
train_predcited = estimator.predict(x)
```

接着来看看模型在训练集和 dev 数据上的精度评分。

```
train_score = accuracy_score(y,train_predcited)
dev_predicted = estimator.predict(x_dev)
dev_score = accuracy_score(y_dev,dev_predicted)
```

我们把训练集和 dev 数据上的评分情况打印出来，如图 9-6 所示。

```
print "Training Accuracy = %0.2f Dev Accuracy = %0.2f"%(train_\
score,dev_score)
```

```
Training Accuracy = 1.00 Dev Accuracy = 0.84
```

图 9-6

现在做一个 5 份的交叉验证来看看模型的预测结果，结果如图 9-7 所示。

```
cross validated score
[ 0.81818182  0.76190476  0.80952381  0.85714286  0.9        ]
```

图 9-7

相当不错的结果，其中一份几乎得到了 90%的精度。我们可以用随机森林里所做的一样，在参数空间上做一个随机搜索。我们可以在训练集和 dev 数据上调用 search_parameters 函数，打印出它的输出结果，如图 9-8 所示，请参阅上节里对 RandomizedSearchCV 的解释。

```
Model 1, Score = 0.878
Parameters = {'max_features': 15, 'n_estimators': 123, 'criterion':
'entropy'}
Model 2, Score = 0.876
Parameters = {'max_features': 15, 'n_estimators': 77, 'criterion':
'entropy'}
Model 3, Score = 0.874
Parameters = {'max_features': 15, 'n_estimators': 195, 'criterion':
'gini'}
Model 4, Score = 0.874
Parameters = {'max_features': 10, 'n_estimators': 195, 'criterion':
'gini'}
Model 5, Score = 0.874
Parameters = {'max_features': 15, 'n_estimators': 127, 'criterion':
'gini'}

             precision    recall  f1-score   support

          0       1.00      1.00      1.00        51
          1       1.00      1.00      1.00        54

avg / total       1.00      1.00      1.00       105
```

图 9-8

和上一节一样，我们用分数给模型进行了降序排列，这样可以在最前面展示最好的模型参数。我们将选用这些参数作为模型参数，属性 best_estimator_ 会返回使用这些参数的模型。

其次你能看到为最好的评估器生成的分类报告，predict 函数在内部调用了 best_estimtor_，生成这个报告的代码如下。

```
dev_predicted = grid.predict(x_dev)
print classification_report(y_dev,dev_predicted)
```

非常棒！我们构建了一个完美的模型，分类精度达到了 100%。

9.3.4　更多内容

超随机数在时序分类问题方面的应用十分广泛，可以参阅以下论文了解更多内容，请参见：

Geurts, P.、Blanco Cuesta A.和 Wehenkel, L.等人《Segment and combine approach for biological sequence classification》、《Proceedings of IEEE Symposium on Computational Intelligence in Bioinformatics and Computational Biology》，第 194～201 页，2005 年。

9.3.5　参考资料

第 6 章“机器学习 1”中 6.5 节“构建决策树解决多类问题”的相关内容。

第 8 章“集成方法”中 8.2 节“理解集成——挂袋法”中模型选择和评估的相关内容。

第 9 章“生长树”中 9.2 节“从生长树到生长森林——随机森林”中机器学习的相关内容。

9.4　生成旋转森林

随机森林和挂袋法在大量集成时，能得到让人印象深刻的效果，树类方法如果有大量评估器，就能在精度方面得到提高。与此不同，旋转森林设计的思路是采用少得多的集成数量。

我们来写一下构建旋转森林的步骤，用户得先指定森林中所需要的树的数量作为参数，这里用 T 表示。

我们从 1 到 T 执行迭代，也就是构建 T 棵树。

对于每棵树 t，执行以下步骤。

- 将训练集里的属性划分为大小相等的 K 个不重叠的子集。
- 现在我们有 K 个数据集，每个有 K 个属性。对每份数据集，我们执行以下操作：

自举 75%的数据，对这些自举得到的样本执行以下步骤。

- 在 K 个数据集的第 i 个子集中进行主成分分析，保留所有的主成分。对第 K 个子集的每个特征 j，我们得到一个主成分 a，表示为 a_{ij}，就是第 i 子集的第 j 个属性的主成分。
- 保存以上所有子集的主成分。

- 创建一个 $n \times n$ 的旋转矩阵，n 是属性总数，将主成分放入矩阵中，这些成分匹配特征在初始训练数据集中的位置。
- 用矩阵乘法将训练集投射到旋转矩阵上。
- 用投射的数据构建一棵决策树。
- 保存树和旋转矩阵。

掌握了这些知识，下面来深入了解旋转森林。

9.4.1 准备工作

本节会先生成一些分类问题的数据集来演示旋转森林，据我们所知，Python 还没有旋转森林的实现代码，因此要自己编写相关代码。我们使用 `Scikit-learn` 的里的决策树分类器，并用 `train_test_split` 函数来自举数据。

9.4.2 操作方法

我们先加载必需的库，然后使用 `sklearn.dataset` 模块里的 `make_classification` 生成训练集，接着再编写一个 `gen_random_subset` 函数来随机选择属性的子集。

```
from sklearn.datasets import make_classification
from sklearn.metrics import classification_report
from sklearn.cross_validation import train_test_split
from sklearn.decomposition import PCA
from sklearn.tree import DecisionTreeClassifier
import numpy as np

def get_data():
    """
    Make a sample classification dataset
    Returns : Independent variable y, dependent variable x
```

```
    """
    no_features = 50
    redundant_features = int(0.1*no_features)
    informative_features = int(0.6*no_features)
    repeated_features = int(0.1*no_features)
    x,y = make_classification(n_samples=500,n_features=no_\
features,flip_y=0.03,\
            n_informative = informative_features, n_redundant =\
redundant_features \
            ,n_repeated = repeated_features,random_state=7)
    return x,y

def get_random_subset(iterable,k):
    subsets = []
    iteration = 0
    np.random.shuffle(iterable)
    subset = 0
    limit = len(iterable)/k
    while iteration < limit:
        if k <= len(iterable):
            subset = k
        else:
            subset = len(iterable)
        subsets.append(iterable[-subset:])
        del iterable[-subset:]
        iteration+=1
    return subsets
```

现在我们编写 build_rotationtree_model 函数来构建完全生成树，并用 model_worth 函数评估森林的效果。

```
def build_rotationtree_model(x_train,y_train,d,k):
    models = []
    r_matrices = []
    feature_subsets = []
    for i in range(d):
        x,_,_,_ = train_test_split(x_train,y_train,test_\
size=0.3,random_state=7)
        # 特征的索引
        feature_index = range(x.shape[1])
        # 获取特征的子集
        random_k_subset = get_random_subset(feature_index,k)
        feature_subsets.append(random_k_subset)
```

```
        # 旋转矩阵
        R_matrix = np.zeros((x.shape[1],x.shape[1]),dtype=float)
        for each_subset in random_k_subset:
            pca = PCA()
            x_subset = x[:,each_subset]
            pca.fit(x_subset)
            for ii in range(0,len(pca.components_)):
                for jj in range(0,len(pca.components_)):
                    R_matrix[each_subset[ii],each_subset[jj]] = pca.\
components_[ii,jj]

        x_transformed = x_train.dot(R_matrix)

        model = DecisionTreeClassifier()
        model.fit(x_transformed,y_train)
        models.append(model)
        r_matrices.append(R_matrix)
    return models,r_matrices,feature_subsets

def model_worth(models,r_matrices,x,y):

    predicted_ys = []
    for i,model in enumerate(models):
        x_mod = x.dot(r_matrices[i])
        predicted_y = model.predict(x_mod)
        predicted_ys.append(predicted_y)

    predicted_matrix = np.asmatrix(predicted_ys)
    final_prediction = []
    for i in range(len(y)):
        pred_from_all_models = np.ravel(predicted_matrix[:,i])
        non_zero_pred = np.nonzero(pred_from_all_models)[0]
        is_one = len(non_zero_pred) > len(models)/2
        final_prediction.append(is_one)

    print classification_report(y, final_prediction)
```

最后编写 main 函数，用它调用之前的所有函数。

```
if __name__ == "__main__":
    x,y = get_data()
#   plot_data(x,y)
```

```
    # 将数据划分为训练集、dev 集和测试集
    x_train,x_test_all,y_train,y_test_all = train_test_split(x,y,test_\
size = 0.3,random_state=9)
    x_dev,x_test,y_dev,y_test = train_test_split(x_test_all,y_test_\
all,test_size=0.3,random_state=9)

    # 构建多个模型
    models,r_matrices,features = build_rotationtree_model(x_train,y_\
train,25,5)
    model_worth(models,r_matrices,x_train,y_train)
    model_worth(models,r_matrices,x_dev,y_dev)
```

9.4.3 工作原理

我们从主模块开始，先用 get_data 函数获取预测器属性和反应属性，在其内部，我们调用 make_classification 数据集来生成训练数据。

```
def get_data():
    """
    Make a sample classification dataset
    Returns : Independent variable y, dependent variable x
    """
    no_features = 50
    redundant_features = int(0.1*no_features)
    informative_features = int(0.6*no_features)
    repeated_features = int(0.1*no_features)
    x,y = make_classification(n_samples=500,n_features=no_\
features,flip_y=0.03,\
            n_informative = informative_features, n_redundant =\
redundant_features \
            ,n_repeated = repeated_features,random_state=7)
    return x,y
```

我们来看一下传递给 make_classification 函数的各个参数。第 1 个是所需的实例数量，本例需要 500 个实例。第 2 个是每个实例需要的属性数量，本例为 30。第 3 个参数 flip_y，要求随机互换实例的 3%，这是为了在数据中产生一些噪音。接下来的参数指定了从 30 个特征中选择具有足够的信息量来进行分类的特征个数，我们设定为特征的 60%，也就是 30 个特征中的 18 个应该是高信息量的。再下一个参数是关于冗余参数的，它们产生了高信息量特征的线性组合以构成特征之间的关联。最后，重复特征是从高信息量特征和冗余特征中随机选择的副本。

我们用 train_test_split 函数把数据划分为训练集和测试集，保留30%的数据用来测试。

```
    # 将数据划分为训练集、dev 集和测试集
    x_train,x_test_all,y_train,y_test_all = train_test_split(x,y,test_\
size = 0.3,random_state=9)
```

接着再次调用 train_test_split 函数把测试集数据划分为 dev 集和测试集。

```
    x_dev,x_test,y_dev,y_test = train_test_split(x_test_all,y_test_\
all,test_size=0.3,random_state=9)
```

有了建模、评估和测试所需的数据，我们接着开始建模。

```
    models,r_matrices,features = build_rotationtree_model(x_train,y_\
train,25,5)
```

我们用 build_rotationtree_model 函数来构建旋转森林。传递的参数包括：训练集，预测器 x_train，反应变量 y_train，要构建的树的数量（本例为 25），最后还有要用的特征子集（本例为 5）。

来看看这个函数的内部。

```
models = []
r_matrices = []
feature_subsets = []
```

先声明 3 个列表来保存决策树、和树相关的旋转矩阵以及在迭代中用到的特征子集，接着就开始构建集成里的每棵树。

首先，我们只选用自举出的 75%数据。

```
        x,_,_,_ = train_test_split(x_train,y_train,test\
_size=0.3,random_state=7)
```

我们通过 scikit-learn 的 train_test_split 函数进行自举，然后用以下代码决定特征子集。

```
# 特征的索引
feature_index = range(x.shape[1])
# 获取特征的子集
random_k_subset = get_random_subset(feature_index,k)
```

```
feature_subsets.append(random_k_subset)
```

`get_random_subset` 函数的参数包括特征的索引号和子集的数量 k，返回的结果为 k 个子集。

在这个函数的内部，我们要把特征的索引搅乱，这些索引是从 0 开始，到训练集的特征数结束的一个数组。

```
np.random.shuffle(iterable)
```

假定有 10 个特征，k 值为 5，这表示需要的是 5 个不重叠的特征索引子集，接着进行两重迭代，我们把所需的迭代次数保存在 limit 变量中。

```
limit = len(iterable)/k
while iteration < limit:
    if k <= len(iterable):
        subset = k
    else:
        subset = len(iterable)
    iteration+=1
```

如果所需的子集比属性总数要少，那我们可以在迭代里用前 k 个项目。因为迭代器顺序已被打乱，我们每次得到的值是不一样的。

```
subsets.append(iterable[-subset:])
```

因为需要的是不重叠的集合，所以选定一个子集后，我们把它从迭代器里删除。

```
del iterable[-subset:]
```

准备好所有的子集，我们用以下代码声明旋转矩阵。

```
# 旋转矩阵
R_matrix = np.zeros((x.shape[1],x.shape[1]),dtype=float)
```

如你所见，旋转矩阵的大小是 $n \times n$，n 是数据集里的属性数量。你会发现我们用 `shape` 属性声明将矩阵用零进行填充。

```
for each_subset in random_k_subset:
    pca = PCA()
    x_subset = x[:,each_subset]
```

```
pca.fit(x_subset)
```

k 个子集中的每一个数据集都只有 k 个特征，我们接着执行主成分分析。

现在用以下代码将成分值填充到旋转矩阵里。

```
            for ii in range(0,len(pca.components_)):
                for jj in range(0,len(pca.components_)):
                    R_matrix[each_subset[ii],each_subset[jj]] = pca.\
components_[ii,jj]
```

例如，假定子集中有 3 个属性，总共有 6 个属性，设定它们的值如下。

```
2,4,6 and 1,3,5
```

旋转矩阵 R 的大小为 6×6，假设我们要把这个矩阵用第 1 个特征子集进行填充，这样会有 3 个主成分，每个都是大小为 1×3 的“2,4,6”。

scikit-learn 的 PCA 输出结果是一个矩阵，大小为成分的特征数 X，我们在 for 循环中遍历每个成分值。在第 1 次运行时，我们感兴趣的特征是 2，PCA 得到的成分矩阵输出里的单元格（0,0）给出了特征 2 对于成分 1 的贡献值。要在旋转矩阵中找到这个值的位置，我们用成分矩阵的 ii 和 jj 索引值以及子集列表进行定位。

```
R_matrix[each_subset[ii],each_subset[jj]] = pca.components_[ii,jj]
```

each_subset[0]和 each_subset[0]让我们关注旋转矩阵的单元格（2,2）。在循环过程中，在成分矩阵单元格（0,1）里的下一个成分值会被放入旋转矩阵的单元格（2,4）和单元格（2,6）里的最后一个值，第 1 个子集的所有属性上都执行了这个过程。然后是第 2 个子集，此时第 1 个属性是 1，成分矩阵的单元格（0,0）与旋转矩阵的单元格（1,1）一致。

继续这样操作下去，你会发现属性成分值的排列方式和属性自身一致。

准备好了旋转矩阵，现在把输入数据投射到旋转矩阵上。

```
x_transformed = x_train.dot(R_matrix)
```

现在可以适配决策树了。

```
model = DecisionTreeClassifier()
model.fit(x_transformed,y_train)
```

最后，把模型及其相关的旋转矩阵保存起来。

```
    models.append(model)
    r_matrices.append(R_matrix)
```

建模之后，我们可以用 model_worth 函数来查看它们在训练集和 dev 集上的执行效果究竟如何。

```
model_worth(models,r_matrices,x_train,y_train)
model_worth(models,r_matrices,x_dev,y_dev)
```

看一下 model_worth 函数的内部。

```
    for i, model in enumerate(models):
        x_mod =  x.dot(r_matrices[i])
        predicted_y = model.predict(x_mod)
        predicted_ys.append(predicted_y)
```

函数内部用我们构建的每棵树执行了预测，不过在预测之前，用旋转矩阵投射了输入数据。我们把预测值输出到 predicted_ys 列表里。假定要预测 100 个实例，现在有 10 个树模型，对于每个实例，就有 10 个预测值，为方便起见，我们把这些都存放在一个矩阵里。

```
predicted_matrix = np.asmatrix(predicted_ys)
```

现在开始给每条输入记录给出最终的分类结果。

```
final_prediction = []
for i in range(len(y)):
    pred_from_all_models = np.ravel(predicted_matrix[:,i])
    non_zero_pred = np.nonzero(pred_from_all_models)[0]
    is_one = len(non_zero_pred) > len(models)/2
    final_prediction.append(is_one)
```

最终预测结果保存在列表 final_prediction 里，仔细看看实例的每个预测值，假定我们在第 1 个实例处（for 循环里 i=0），pred_from_all_models 保存了模型中所有树的输出结果，这是一个由 0 和 1 组成的数组，用以指出模型在该实例上的分类情况。

我们还为父数组中非 0 的条目生成了另一个数组 non_zero_pred。

最后，如果这个非 0 数组的长度大于模型数量的一半，则这个实例的最终预测值为 1，我们所做的就是一个经典的投票场景。

我们调用 classification_report 函数来看看模型的效果。

```
print classification_report(y, final_prediction)
```

训练集上的模型效果如图 9-9 所示。

dev 集上的模型效果如图 9-10 所示。

	precision	recall	f1-score	support
0	1.00	1.00	1.00	173
1	1.00	1.00	1.00	177
avg / total	1.00	1.00	1.00	350

图 9-9

	precision	recall	f1-score	support
0	0.87	0.83	0.85	54
1	0.83	0.86	0.85	51
avg / total	0.85	0.85	0.85	105

图 9-10

9.4.4 更多内容

参阅以下论文可以了解更多关于旋转森林的内容。

Juan J. Rodriguez（IEEE 计算机协会会员）、Ludmila I. Kuncheva（IEEE 会员）和 Carlos J. Alonso 等所著的《Rotation Forest: A New Classifier Ensemble Method》。

这篇论文也提到在 33 个数据集上将超随机树和挂袋法、Adboost、随机森林进行比较，超随机树的效果比其他 3 种算法要更好。

论文作者认为超随机树和梯度提升法类似，也是一个整体框架，潜在集成里的不一定必须是决策树，目前正在测试使用其他算法如朴素贝叶斯、神经网络等。

9.4.5 参考资料

第 4 章“数据分析——深入理解”中 4.2 节“抽取主成分”的相关内容。

第 4 章“数据分析——深入理解”中 4.5 节“用随机映射给数据降维”的相关内容。

第 6 章“机器学习 1”中 6.5 节“构建决策树解决多类问题”的相关内容。

第 8 章“集成方法”中 8.4 节“理解集成——梯度提升”中模型选择和评估的相关内容。

第 9 章“生长树”中 9.2 节“从生长树到生长森林——随机森林”中机器学习的相关内容。

第 9 章“生长树”中 9.3 节“生成超随机树”中机器学习的相关内容。

第 10 章
大规模机器学习——在线学习

在这一章中，我们将探讨以下主题。

- 用感知器作为在线线性算法
- 用随机梯度下降解决回归问题
- 用随机梯度下降解决分类问题

10.1 简介

本章我们关注的是大规模机器学习及适合处理大规模问题的算法。到目前为止，我们所训练的模型都被限定为训练集可以完全装载到计算机的内存里，本章将介绍在不满足这个条件的情况下要如何来建模。训练集记录数目庞大，无法完全装载到内存中，只能分段加载，同时还要保持模型精度良好。训练集无法全部加载到内存的情形可以外推到流数据，在此情况下，我们无法立刻看到数据的全貌。无论接触到的数据是什么样，我们都应该能做出判断，并构建一个随着新数据的到来而持续提高的架构。

本章将介绍基于随机梯度下降算法的框架，这是一个用来处理无法全部加载到内存中的大规模数据集的全能的框架。一些线性算法，包括逻辑回归、线性回归和线性 SVM 等，都能使用这个框架。我们前几章介绍过的核方法也包含在这个框架里，用来处理包含非线性关系的数据集。

我们从感知器算法开始讲解，这是种最古老的机器学习算法，易于理解和实施。不过，它只能解决线性问题，基于核的感知器则可以解决非线性数据集。

接着一节中将正式介绍基于梯度下降的框架，解释它如何被用来执行回归任务。我们会学习不同的损失函数，看看用这些函数所构建的不同类型的线性模型。我们还要研究感知器为何从属于随机梯度下降算法族。

最后一节讲解如何用随机梯度下降框架构建分类算法。

虽然没有使用流数据的直接示例，现有使用的数据集已经可以展示如何对流数据用例进行处理。在线学习算法并不只限于流数据，也能应用于批量数据，除了一次只处理一个实例的情况。

10.2 用感知器作为在线学习算法

之前说过，感知器是最古老的机器学习算法之一，1943 年，它首次出现在以下论文中。

《A LOGICAL CALCULUS OF THE IDEAS IMMANENT IN NERVOUS ACTIVITY》，WARREN S.MCCULLOCH 和 WALTER PITTS，伊利诺伊大学医学院精神病学系神经精神病学研究所，美国芝加哥大学。

我们再审视一下分类问题的定义：对于每个记录或者实例，它可以表示成集合(X,y)，其中 X 是一系列属性，y 则是相应的类别标签。

学习一个目标函数 F，然后把每个记录的属性集合映射到一个预定义的类别标签 y 上，这就是分类算法。

现在情况有所不同：我们面对的是大规模的学习问题，无法将全部数据装载到内存中。因此，我们必须将数据存放在磁盘上，感知器建模的一段时间内只使用其中的一部分。

我们来描述一下感知器算法的大致步骤，如下所示。

1. 将模型的权重用一个小的随机数进行初始化。
2. 用输入数据 x 的平均值进行中心化。
3. 在每个步骤 t（也称为纪元）：
    - 将数据集搅乱。
    - 选择记录中的一个实例并进行预测。
    - 观察预测的和真实的标签输出，比较其误差。
    - 如果预测值与真实标签不同，则更新权重。

想象一下如下场景：磁盘上有完整的数据集，在每个纪元里，也就是上述第 3 步中提到的每个操作执行遍历磁盘上的所有数据。在一个在线学习场景中，任一时间点上都有一群基于窗口函数的实例是可用的。在一个纪元中，我们更新权重的次数和窗口时间里的实例数量一样多。

我们来看看如何更新权重值。

假定输入 X 如下。

$$X_i=\{x_1,x_2,x_3,\ldots,x_m\} \textit{ where } i=1 \textit{ to } n$$

Y 的集合如下。

$$Y=\{+1,-1\}$$

权重的定义方程如下。

$$W=\{w_1,w_2,w_3,\ldots,w_m\}$$

每条记录得出的预测值定义如下。

$$\hat{y}_i=sign(w_i*x_i)$$

如果权重和属性的乘积是正数，sign 函数返回+1，如果是负数，则返回−1。

感知器对预测的 y 值和真实的 y 值进行比较，如果预测的 y 是正确的，则处理下一条记录，否则的话有两种情况：如果预测值为+1 而真实值是−1，它用 x 值降低权重；反之亦然，如果真实值为+1，而预测值为−1，它提高权重。我们用以下等式可以看得更清楚。

$$w_{t+1}=w_t+y_ix_i$$

一般来说，算法提供一个学习速率参数 alpha，这样权重更新的过程可以受控。在数据中有噪音时，全面增加衰减会导致权重不能收敛。

$$w_{t+1}=w_t+\alpha(y_ix_i)$$

alpha 取值范围很小，一般介于 0.1 到 0.4 之间。

下面我们来进行深入了解。

10.2.1 准备工作

我们用 `make_classification` 来批量生成数据，用发生器函数来模拟大规模数据和数据流，然后编写感知器算法。

10.2.2 操作方法

先加载必需的库，然后编写 get_data 函数来作为发生器。

```
from sklearn.datasets import make_classification
from sklearn.metrics import classification_report
from sklearn.preprocessing import scale
import numpy as np

def get_data(batch_size):
    """
    Make a sample classification dataset
    Returns : Independent variable y, dependent variable x
    """
    b_size = 0
    no_features = 30
    redundant_features = int(0.1*no_features)
    informative_features = int(0.8*no_features)
    repeated_features = int(0.1*no_features)

    while b_size < batch_size:
        x,y = make_classification(n_samples=1000,n_features=no_\
features,flip_y=0.03,\
                n_informative = informative_features, n_redundant =\
redundant_features \
                    ,n_repeated = repeated_features, random_state=51)
        y_indx = y < 1
        y[y_indx] = -1
        x = scale(x,with_mean=True,with_std=True)

        yield x,y
        b_size+=1
```

接着我们要编写两个函数，一个用来构建感知器模型，另一个用来评估模型的效果。

```
def build_model(x,y,weights,epochs,alpha=0.5):
    """
    Simple Perceptron
    """

    for i in range(epochs):
```

```
        # 搅乱数据集
        shuff_index = np.random.shuffle(range(len(y)))
        x_train = x[shuff_index,:].reshape(x.shape)
        y_train = np.ravel(y[shuff_index,:])

        # 一次构建一个实例的权重
        for index in range(len(y)):
            prediction = np.sign( np.sum(x_train[index,:] * weights) )
            if prediction != y_train[index]:
                weights = weights + alpha * (y_train[index] * x_train[index,:])

    return weights

def model_worth(x,y,weights):
    prediction = np.sign(np.sum(x * weights,axis=1))
    print classification_report(y,prediction)
```

最后编写 main 函数，用它调用之前的所有函数来演示感知器算法。

```
if __name__ == "__main__":
    data = get_data(10)
    x,y = data.next()
    weights = np.zeros(x.shape[1])
    for i in range(10):
        epochs = 100
        weights = build_model(x,y,weights,epochs)
        print
        print "Model worth after receiving dataset batch %d"%(i+1)
        model_worth(x,y,weights)
        print
        if i < 9:
            x,y = data.next()
```

10.2.3 工作原理

我们从主模块开始，让发生器先生成 10 组数据。

```
data = get_data(10)
```

这里我们要模拟大规模数据和数据流，建模时，并不操作所有的数据，而只使用其中的一部分。

```
x,y = data.next()
```

我们使用了发生器的 next() 函数来获取下一组数据，在 get_data 函数中，我们调用 scikit-learn 中的 make_classification 函数。

```
        x,y = make_classification(n_samples=1000,n_features=no_\
features,flip_y=0.03,\
                n_informative = informative_features, n_redundant =\
redundant_features \
                ,n_repeated = repeated_features, random_state=51)
```

我们来看下传递给 make_classification 函数的各个参数。第 1 个是所需的实例数量，本例需要 1000 个实例。第 2 个是每个实例需要的属性数量，本例为 30。第 3 个参数 flip_y，要求随机互换实例的 3%，这是为了在数据中产生一些噪音。接下来的参数指定了从 30 个特征中选择具有足够的信息量来进行分类的特征个数，我们设定为特征的 60%，也就是 30 个特征中的 18 个应该是高信息量的。再下一个参数是关于冗余参数的，它们产生了高信息量特征的线性组合以构成特征之间的关联。最后，重复特征是从高信息量特征和冗余特征中随机选择的副本。

调用 next() 时，我们得到 1000 个数据的实例，这个函数返回的 y 的标签集合是{0,1}，而我们需要的是{−1,+1}，因此要把 y 里所有的 0 替换成−1。

```
y_indx = y < 1
y[y_indx] = -1
```

最后，我们用 scikit-learn 里的 scale 函数对数据进行中心化。

现在用第 1 批数据来建模，先把权重矩阵用 0 值进行初始化。

```
weights = np.zeros(x.shape[1])
```

因为需要 10 组数据来模拟大规模的学习和数据流，所有我们在 for 循环中建模 10 次。

```
for i in range(10):
    epochs = 100
    weights = build_model(x,y,weights,epochs)
```

预测器 x、反应变量 y、权重矩阵和操作次数或者纪元等作为参数传递给 build_model 函数，由此构建感知器算法。本例中，纪元数量设置为 100，函数还有另外一个参数：alpha 值。

```
def build_model(x,y,weights,epochs,alpha=0.5)
```

alpha 值被设置为默认值 0.5。

现在来看看 build_model，先从搅乱数据开始。

```
# 搅乱数据集
shuff_index = np.random.shuffle(range(len(y)))
x_train = x[shuff_index,:].reshape(x.shape)
y_train = np.ravel(y[shuff_index,:])
```

代码遍历数据集里的每条记录，并开始更新权重值。

```
# 一次构建一个实例的权重
    for index in range(len(y)):
        prediction = np.sign( np.sum(x_train[index,:] * weights) )
        if prediction != y_train[index]:
            weights = weights + alpha * (y_train[index] * x_train[index,:])
```

在 for 循环里，我们算出了预测值。

```
prediction = np.sign( np.sum(x_train[index,:] * weights) )
```

把权重值和训练集数据相乘，再累加起来，最后用 np.sign 函数算出预测值，现在基于这个预测值，我们可以对权重进行更新。

```
weights = weights + alpha * (y_train[index] * x_train[index,:])
```

以上就是完整的步骤，我们再向调用者函数返回权重值。

在主函数里，我们调用 model_worth 函数来打印输出模型的效果，然后再用 classification_report 快捷函数打印出模型的精度评分。

```
print
print "Model worth after receiving dataset batch %d"%(i+1)
model_worth(x,y,weights)
```

接着还要为下一批装载的数据修正模型，请注意我们没有改变 weights 参数，它在每批次新数据装载后被更新。

我们来看看 model_worth 输出的结果，如图 10-1 所示。

```
Model worth after receiving dataset batch 1
             precision    recall  f1-score   support

         -1       0.76      0.77      0.77       499
          1       0.77      0.76      0.76       501

avg / total       0.77      0.77      0.76      1000


Model worth after receiving dataset batch 2
             precision    recall  f1-score   support

         -1       0.74      0.77      0.76       499
          1       0.76      0.73      0.74       501

avg / total       0.75      0.75      0.75      1000


Model worth after receiving dataset batch 3
             precision    recall  f1-score   support

         -1       0.75      0.76      0.76       499
          1       0.76      0.75      0.76       501

avg / total       0.76      0.76      0.76      1000


Model worth after receiving dataset batch 4
             precision    recall  f1-score   support

         -1       0.76      0.75      0.76       499
          1       0.76      0.76      0.76       501

avg / total       0.76      0.76      0.76      1000
```

图 10-1

10.2.4 更多内容

scikit-learn 实现了感知器算法，访问以下链接可了解更多详细信息。

http://scikit-learn.org/stable/modules/generated/sklearn.linear_model.Perceptron.html。

另一种改善感知器效果的办法是使用更多的特征，还记得感知器的公式吗？我们把它重写成如下形式。

$$\hat{y}_i = sign(w_i \times \Phi(x_i))$$

我们用一个函数替换了 x 值，这里使用了一个特征生成器。例如，我们可以把多项式特征生成器加入到 get_data 函数中，代码如下。

```
def get_data(batch_size):
    """
    Make a sample classification dataset
    Returns : Independent variable y, dependent variable x
    """
```

```
    b_size = 0
    no_features = 30
    redundant_features = int(0.1*no_features)
    informative_features = int(0.8*no_features)
    repeated_features = int(0.1*no_features)
    poly = PolynomialFeatures(degree=2)

    while b_size < batch_size:
        x,y = make_classification(n_samples=1000,n_features=no_\
features,flip_y=0.03,\
                n_informative = informative_features, n_redundant =\
redundant_features \,n_repeated = repeated_features, random_state=51)
        y_indx = y < 1
        y[y_indx] = -1
        x = poly.fit_transform(x)
        yield x,y
        b_size+=1
```

最后，基于核的感知器算法已经被应用于处理非线性的数据集，可以参考维基百科的文章了解相关信息，请参见：

https://en.wikipedia.org/wiki/Kernel_perceptron。

10.2.5 参考资料

第 5 章“数据挖掘——海底捞针”中 5.3 节“学习和使用核方法”的相关内容。

10.3 用随机梯度下降解决回归问题

在标准的回归结构里，我们有一系列的预测器（实例），形式如下。

$$X=\{x_1,x_2,\ldots,x_n\}$$

每个实例有 m 个属性，形式如下。

$$X_i=\{x_{i1},x_{i2},\ldots,x_{im}\} \textit{ where } i=1 \text{ to } n$$

反应变量 Y 是一个由实数条目组成的向量，回归算法的任务是找到一个函数，当 x 作为它的输入时，能返回 y。

$$F(X)=Y$$

上面这个函数由一个权重向量来参数化，也即权重向量和输入向量组合起来用来预测

y 值，因此，可以在公式中加入权重向量，形式如下。

$$F(X,W)=Y$$

这样，问题就变成如何才能得到合适的权重向量。我们采用损失函数 L 来解决这个问题。损失函数用来衡量预测出错所付出的代价，它凭经验测算预测值 y 和真实值 y 之间的差距。回归问题现在转化为找出让损失函数最小的合适的权重向量。对于有 n 个元素的数据集，全局损失函数的形式如下。

$$\frac{1}{n}\sum_{i=1}^{n}L(f(x_i,w),y_i)$$

我们所找的权重向量要使得上式值最小。

梯度下降法是一种优化技术，可以用来使得上式值最小。对这个式子，我们要找出其梯度，也就是对 W 的一阶导数。

和批量梯度下降等其他优化技术不同，随机梯度下降每次只操作一个实例，它的操作步骤如下所示。

1．对于每个纪元，搅乱数据集。

2．选择一个实例及和它对应的反应变量 y。

3．计算损失函数和它关于权重的导数。

4．更新权重值。

我们定义一个符号：∇_w，它代表关于 w 的导数，权重更新的公式如下所示。

$$w_{i+1}=w_i-\ \nabla_w\ L(f(x_i,w),y_i)$$

如你所见，权重和梯度的方向相反，强制使得最终权重向量降序排列，这样能减小目标代价函数。

回归问题中经常用损失的平方作为损失函数，它的公式如下。

$$(\hat{y}-y)^2$$

上式的导数可以替换到权重更新公式里。

了解了以上背景知识，现在开始讲解随机梯度下降回归问题。

介绍感知器时曾提到过，为了避免噪音影响效果，引入了学习速率 η 到权重更新公式里。

$$w_{i+1}=w_i-\eta(\nabla_w\ L(f(x_i,w),y_i))$$

10.3.1 准备工作

本节直接使用 scikit-learn 里实现的 SGD（Stochastic Gradient Descent，随机梯度下降）回归算法，和上一节的部分内容一样，我们使用 sklearn.dataset 模块里的 make_classification 生成数据来演示随机梯度下降回归问题。

10.3.2 操作方法

我们先用一个简单的示例来演示如何构建一个随机梯度下降的回归算法。

先加载必需的库，然后编写一个函数来生成预测器和反应变量来演示回归问题。

```
from sklearn.datasets import make_regression
from sklearn.linear_model import SGDRegressor
from sklearn.metrics import mean_absolute_error, mean_squared_error
from sklearn.cross_validation import train_test_split

def get_data():
    """
    Make a sample classification dataset
    Returns : Independent variable y, dependent variable x
    """
    no_features = 30

    x,y = make_regression(n_samples=1000,n_features=no_features,\
            random_state=51)
    return x,y
```

接着编写一个能够帮助我们构建、验证和检测模型的函数。

```
def build_model(x,y):
    estimator = SGDRegressor(n_iter = 10, shuffle=True,loss = "squared_\
loss", learning_rate='constant',eta0=0.01,fit_intercept=True, \
            penalty='none')
    estimator.fit(x,y)

    return estimator

def model_worth(model,x,y):
    predicted_y = model.predict(x)
    print "\nMean absolute error = %0.2f"%mean_absolute_\
error(y,predicted_y)
```

```
    print "Mean squared error = %0.2f"%mean_squared_\
error(y,predicted_y)

def inspect_model(model):
    print "\nModel Itercept {0}".format(model.intercept_)
    print
    for i,coef in enumerate(model.coef_):
        print "Coefficient {0} = {1:.3f}".format(i+1,coef)
```

最后编写 main 函数，用它调用之前的所有函数。

```
if __name__ == "__main__":
    x,y = get_data()

    # 将数据划分为训练集、dev 集和测试集
    x_train,x_test_all,y_train,y_test_all = train_test_split(x,y,test_\
size = 0.3,random_state=9)
    x_dev,x_test,y_dev,y_test = train_test_split(x_test_all,y_test_\
all,test_size=0.3,random_state=9)

    model = build_model(x_train,y_train)

    inspect_model(model)

    print "Model worth on train data"
    model_worth(model,x_train,y_train)
    print "Model worth on dev data"
    model_worth(model,x_dev,y_dev)

    # 采用 L2 正则化建模
    model = build_model_regularized(x_train,y_train)
    inspect_model(model)
```

10.3.3 工作原理

我们从主模块开始，先用 get_data 函数生成预测器 x 和反应变量 y。

```
x,y= get_data()
```

在 get_data 函数里，我们调用了 scikit-learn 里的 make_regression 函数来给回归问题生成数据集。

```
no_features = 30
```

```
x,y = make_regression(n_samples=1000,n_features=no_features,\
        random_state=51)
```

如你所见，我们指定 n_samples 参数让函数生成了 1000 个实例，指定 n_features 参数定义 30 个特征。

我们用 train_test_split 函数把数据划分为训练集和测试集，保留 30%的数据用来测试。

```
# 将数据划分为训练集、dev 集和测试集
x_train,x_test_all,y_train,y_test_all = train_test_split(x,y,test_\
size = 0.3,random_state=9)
```

接着再次调用 train_test_split 函数把测试集数据划分为 dev 集和测试集。

```
x_dev,x_test,y_dev,y_test = train_test_split(x_test_all,y_test_\
all,test_size=0.3,random_state=9)
```

我们在训练集上调用 build_model 函数。

```
model = build_model(x_train,y_train)
```

在 build_model 函数中，我们调用了 sciki-learn 的 SGD Regressor 类来构建随机梯度下降方法。

```
estimator = SGDRegressor(n_iter = 10, shuffle=True,loss = "squared_\
loss", learning_rate='constant',eta0=0.01,fit_intercept=True, \
          penalty='none')
    estimator.fit(x,y)
```

SGD Regressor 有丰富的方法，可用于适配具有大量参数的许多种线性模型。我们将先介绍一些随机梯度下降的基本方法，后面再介绍其他的细节。

请注意我们使用的参数。第 1 个是为了更新权重值所需遍历数据集的次数，本例设定为 10 次迭代。和感知器一样，遍历所有的记录一遍之后，要进行下一轮迭代时，我们要把输入记录搅乱，这里的 shuffle 参数就起到这个作用，它的默认值是 True，我们把它写出来是出于讲解的需要。loss 参数将损失函数指定为 squared_loss，我们要完成的是一个线性回归任务。

我们用 learning_rate 参数来指定学习速率 eta 为常数类型，用 eta0 参数指定学习速率的值。因为没有对数据采用平均值进行中心化，我们还得适配回归常数。最后，

penalty 参数控制所需的缩减类型，本例无需进行缩减，因而使用了“none”字符串。

我们对预测器和反应变量调用 fit 函数来建模，最后向调用者函数返回构建的模型。

最后检查一下模型的效果，看看回归常数和系数的值，如图 10-2 所示。

```
Model Itercept [ 0.00116188]

Coefficient 1 = 41.822
Coefficient 2 = -0.002
Coefficient 3 = 73.805
Coefficient 4 = -0.001
Coefficient 5 = 0.002
Coefficient 6 = 58.607
Coefficient 7 = 0.002
Coefficient 8 = 0.001
Coefficient 9 = -0.004
Coefficient 10 = 0.000
Coefficient 11 = 9.144
Coefficient 12 = 0.002
Coefficient 13 = 0.000
Coefficient 14 = 63.512
Coefficient 15 = -0.001
Coefficient 16 = 0.004
Coefficient 17 = -0.000
Coefficient 18 = -0.001
Coefficient 19 = -0.000
Coefficient 20 = -0.002
Coefficient 21 = 98.772
Coefficient 22 = 3.833
Coefficient 23 = -0.003
Coefficient 24 = 99.226
Coefficient 25 = -0.001
Coefficient 26 = -0.001
Coefficient 27 = 0.002
Coefficient 28 = 56.238
Coefficient 29 = -0.002
Coefficient 30 = 84.769
```

图 10-2

现在看看在训练集上模型执行的效果如何。

```
print "Model worth on train data"
model_worth(model,x_train,y_train)
```

我们调用 model_worth 函数来查看模型的效果，这个函数打印输出了平均绝对误差和均方误差的值。

均方误差定义公式如下。

$$\frac{1}{n}\sum_{i=1}^{n}(\hat{y}_i - y_i)^2$$

平均绝对误差定义公式如下。

$$\frac{1}{n}\sum_{i=1}^{n}|\hat{y}_i - y_i|^2$$

均方误差对异常点十分敏感，而平均绝对误差是种更为强健的指标。我们看看训练集上模型的效果，如图 10-3 所示。

再看看 dev 集上模型的效果，如图 10-4 所示。

```
Model worth on train data

Mean absolute error = 0.02
Mean squared error = 0.00
```

图 10-3

```
Model worth on dev data

Mean absolute error = 0.00
Mean squared error = 0.00
```

图 10-4

10.3.4 更多内容

我们可以把正则化加入到随机梯度下降框架中，回顾一下前面章节介绍过的岭回归的代价函数。

$$\sum_{i=1}^{n}\left(y_i - w_0 - \sum_{j=1}^{m} x_{ij} w_{ij}\right)^2 + \alpha\sum_{j=1}^{m} w_j^2$$

加入一个平方损失函数的扩展版，再加上正则化项——权重的平方和，把这些都加到梯度下降的过程中，设定 R(W) 表示正则化项，现在权重的更新公式如下所示。

$$w_{i+1} = w_i - \eta(\nabla_w L(f(x_i, w), y_i) + \alpha(\nabla_w R(w)))$$

如你所见，现在公式里包含了关于权重向量 w 的损失函数的导数，还有关于权重的正则化项的导数也出现在权重更新规则里。

我们编写一个包含正则化的新函数用来建模。

```
def build_model_regularized(x,y):
    estimator = SGDRegressor(n_iter = 10,shuffle=True,loss = "squared_
loss", learning_rate='constant',eta0=0.01,fit_intercept=True, \
         penalty='l2',alpha=0.01)
    estimator.fit(x,y)

    return estimator
```

在主函数 main 里通过以下代码来调用这个函数。

```
model = build_model_regularized(x_train,y_train)
inspect_model(model)
```

我们注意一下它和之前的建模方法所传递参数的不同之处。

```
    estimator = SGDRegressor(n_iter = 10,shuffle=True,loss = "squared_
loss", learning_rate='constant',eta0=0.01,fit_intercept=True, \
        penalty='l2',alpha=0.01)
```

之前的方法里我们设置的 penalty 值为 none，现在加入了 L2 惩罚。另外，我们用 alpha 参数设定其值为 0.01。看一下输出的系数结果，如图 10-5 所示。

```
Model Itercept [  3.49353155e-15]

Coefficient 1 = 41.826
Coefficient 2 = 0.000
Coefficient 3 = 73.811
Coefficient 4 = -0.000
Coefficient 5 = -0.000
Coefficient 6 = 58.613
Coefficient 7 = 0.000
Coefficient 8 = 0.000
Coefficient 9 = 0.000
Coefficient 10 = -0.000
Coefficient 11 = 9.147
Coefficient 12 = -0.000
Coefficient 13 = 0.000
Coefficient 14 = 63.520
Coefficient 15 = 0.000
Coefficient 16 = 0.000
Coefficient 17 = 0.000
Coefficient 18 = 0.000
Coefficient 19 = 0.000
Coefficient 20 = -0.000
Coefficient 21 = 98.782
Coefficient 22 = 3.832
Coefficient 23 = -0.000
Coefficient 24 = 99.239
Coefficient 25 = 0.000
Coefficient 26 = 0.000
Coefficient 27 = -0.000
Coefficient 28 = 56.245
Coefficient 29 = 0.000
Coefficient 30 = 84.775
```

图 10-5

从图中可以看出 L2 正则化的影响：许多系数被设为 0 值。类似地，L1 正则化和混合了 L1、L2 正则化的弹性网络也能作为 penalty 参数的值。

本章简介里曾提到过随机梯度下降与其说是一种方法，不如说是一个框架，其他的线性模型也能在这个框架里应用，只需对损失函数做些改动。

SVM 回归模型建模时采用 ε 不敏感损失函数，这个函数定义如下。

$$L(f(x_i,w),y_i)=\begin{cases} 0 if\ |y_i - f(x_i,w)|<\epsilon \\ |y_i - f(x_i,)|-\epsilon\ otherwise \end{cases}$$

参阅以下链接了解更多能传递给 scikit-learn 里的 SGD Regressor 的不同参数的内容，请参见：

http://scikit-learn.org/stable/modules/generated/sklearn.linear_model.SGDRegressor.html。

10.3.5 参考资料

第 7 章“机器学习 2”中 7.2 节“回归方法预测实数值”的相关内容。

第 7 章“机器学习 2”中 7.3 节“学习 L2 缩减回归——岭回归”的相关内容。

10.4 用随机梯度下降解决分类问题

分类问题除了反应变量不同，其他结构都和回归问题类似。分类问题结构中，反应变量是分类变量。由于其自身性质，我们需要不一样的损失函数来评估错误预测的代价。本章的讨论限于二元分类，目标变量 Y 取值范围为$\{0,1\}$。

为了得到合适的权重向量，我们在更新权重规则里使用损失函数的导数。

scikit-learn 里的 SGD classifier 类提供了很多损失函数，不过本章主要介绍 log 损失函数，适合于逻辑回归。

对于如下形式的数据，逻辑回归能适配线性模型。

$$W^{\mathrm{T}}X$$

我们有一个通用的设定，回归常数被设置为权重向量的第 1 维。对于二元分类问题，我们应用逻辑回归函数来获取预测值，公式如下。

$$F(w,x_i)=\frac{1}{1+e^{-w^{\mathrm{T}}x_i}}$$

上式也被称为 sigmoid 函数，x_i 为很大的正数时，函数返回值趋近于 1。反之对于很大的负数，函数值趋近于 0。这样，我们可以定义如下的 log 损失函数。

$$L(w,x_i) = -y_i \log(F(w,x_i)) - (1-y_i)\log(1-F(w,x_i))$$

把上式加入到梯度下降的权重更新规则里，就可以得到合适的权重向量。

参阅以下链接可以获取 scikit-learn 里的 log 损失函数的更多信息，请参见：

http://scikit-learn.org/stable/modules/generated/sklearn.metrics.log_loss.html。

了解了这些知识，我们可以深入地了解基于随机梯度下降的分类问题。

10.4.1 准备工作

本节使用 scikit-learn 里实现的随机梯度下降分类算法，和上一节的部分内容一样，我们使用 sklearn.dataset 模块里的 make_classification 生成数据来演示随机梯度下降解决分类问题。

10.4.2 操作方法

我们先用一个简单的示例来演示如何构建一个随机梯度下降的分类算法。

先加载必需的库，然后编写一个函数来生成预测器和反应变量来演示回归问题。

```
from sklearn.datasets import make_classification
from sklearn.metrics import accuracy_score
from sklearn.cross_validation import train_test_split
from sklearn.linear_model import SGDClassifier

import numpy as np

def get_data():
    """
    Make a sample classification dataset
    Returns : Independent variable y, dependent variable x
    """
    no_features = 30
    redundant_features = int(0.1*no_features)
    informative_features = int(0.6*no_features)
    repeated_features = int(0.1*no_features)
    x,y = make_classification(n_samples=1000,n_features=no_\
features,flip_y=0.03,\
            n_informative = informative_features, n_redundant =\
redundant_features \
```

```
            ,n_repeated = repeated_features,random_state=7)
    return x,y
```

接着编写一个能够帮助我们构建、验证和检测模型的函数。

```
def build_model(x,y,x_dev,y_dev):
    estimator = SGDClassifier(n_iter=50,shuffle=True,loss="log", \
                learning_rate = "constant",eta0=0.0001,fit_\
intercept=True, penalty="none")
    estimator.fit(x,y)
    train_predcited = estimator.predict(x)
    train_score = accuracy_score(y,train_predcited)
    dev_predicted = estimator.predict(x_dev)
    dev_score = accuracy_score(y_dev,dev_predicted)

    print
    print "Training Accuracy = %0.2f Dev Accuracy = %0.2f"%(train_\
score,dev_score)
```

最后编写 main 函数，用它调用之前的所有函数。

```
if __name__ == "__main__":
    x,y = get_data()
    # 将数据划分为训练集、dev 集和测试集
    x_train,x_test_all,y_train,y_test_all = train_test_split(x,y,test_\
size = 0.3,random_state=9)
    x_dev,x_test,y_dev,y_test = train_test_split(x_test_all,y_test_\
all,test_size=0.3,random_state=9)

    build_model(x_train,y_train,x_dev,y_dev)
```

10.4.3 工作原理

我们从主模块开始，先用 get_data 函数获取预测器属性和反应属性，在其内部，我们调用 make_classification 数据集来生成训练数据。

```
def get_data():
    """
    Make a sample classification dataset
    Returns : Independent variable y, dependent variable x
    """
    no_features = 30
    redundant_features = int(0.1*no_features)
```

```
    informative_features = int(0.6*no_features)
    repeated_features = int(0.1*no_features)
    x,y = make_classification(n_samples=500,n_features=no_features,flip_\
y=0.03,n_informative = informative_features, n_redundant =\
redundant_features,n_repeated = repeated_features,random_state=7)
    return x,y
```

我们来看下传递给 make_classification 函数的各个参数。第 1 个是所需的实例数量，本例需要 500 个实例。第 2 个是每个实例需要的属性数量，本例为 30。第 3 个参数 flip_y，要求随机互换实例的 3%，这是为了在数据中产生一些噪音。接下来的参数指定了从 30 个特征中选择具有足够的信息量来进行分类的特征个数，我们设定为特征的 60%，也就是 30 个特征中的 18 个应该是高信息量的。再下一个参数是关于冗余参数的，它们产生了高信息量特征的线性组合以构成特征之间的关联。最后，重复特征是从高信息量特征和冗余特征中随机选择的副本。

我们用 train_test_split 函数把数据划分为训练集和测试集，保留 30%的数据用来测试。

```
    # 将数据划分为训练集、dev 集和测试集
    x_train,x_test_all,y_train,y_test_all = train_test_split(x,y,test_
size = 0.3,random_state=9)
```

接着再次调用 train_test_split 函数把测试集数据划分为 dev 集和测试集。

```
    x_dev,x_test,y_dev,y_test = train_test_split(x_test_all,y_test_
all,test_size=0.3,random_state=9)
```

有了建模、评估和测试所需的数据，我们接着开始建模。

```
build_model(x_train,y_train,x_dev,y_dev)
```

在 build_model 函数中，我们调用了 sciki-learn 的 SGDClassifier 类来构建随机梯度下降方法。

```
    estimator = SGDClassifier(n_iter=50,shuffle=True,loss="log"\
                 learning_rate='constant',eta0=0.0001,fit_\
intercept=True, penalty='none')
```

请注意我们使用的参数。第 1 个是为了更新权重值所需遍历数据集的次数，本例设定为 50 次迭代。和感知器一样，遍历所有的记录一遍之后，要进行下一轮迭代时，我们要把

输入记录搅乱，这里的 shuffle 参数就起到这个作用，它的默认值是 True，这里把它写出来是出于讲解的需要。loss 参数指定采用 log 损失函数，我们要完成的是一个逻辑回归任务。我们用 learning_rate 参数来指定学习速率 eta 为常数类型，用 eta0 参数指定学习速率的值。因为没有对数据采用平均值进行中心化，我们还得适配回归常数。最后，penalty 参数控制所需的缩减类型，本例无需进行缩减，因而使用了“none”字符串。

我们对预测器和反应变量调用 fit 函数来建模，然后用训练集和 dev 集来评估模型效果。

```
estimator.fit(x,y)
    train_predcited = estimator.predict(x)
    train_score = accuracy_score(y,train_predcited)
    dev_predicted = estimator.predict(x_dev)
    dev_score = accuracy_score(y_dev,dev_predicted)

    print
    print "Training Accuracy = %0.2f Dev Accuracy = %0.2f"%(train_\
score,dev_score)
```

最后看下精度评分结果，如图 10-6 所示。

```
Training Accuracy = 0.83 Dev Accuracy = 0.82
```

图 10-6

10.4.4 更多内容

正则化、L1、L2 或者弹性网络，都可用于 SGD 分类，这个过程和回归问题里的是一样的，因此不再赘述，请参阅上一节的相关内容。

本节示例中的学习速率 eta 是一个常数，这并不是必需的。在每次迭代过程中，eta 值可以逐渐减小。学习速率的参数 learning_rate 可以被设置为字符串“optimal”或“invscaling”，请参阅以下 scikit 文档的链接。

http://scikit-learn.org/stable/modules/sgd.html。

参数的具体情况如下。

```
estimator = SGDClassifier(n_iter=50,shuffle=True,loss="log"\
 learning_rate='constant',eta0=0.0001,fit_intercept=True, penalty='none')
```

我们用 fit 方法来建模，之前提到过，在大规模的机器学习里，所有的数据不是一下全部都可用。在批量接收到数据的过程中，我们要使用 partial_fit 方法代替 fit，用 fit 方法会重新初始化权重，丢失之前批次数据产生的所有的训练结果。请参阅以下链接了解更多 partial_fit 的相关内容：http://scikit-learn.org/stable/modules/generated/sklearn.linear_model.SGDClassifier.html#sklearn.linear_model.SGDClassifier.partial_fit。

10.4.5 参考资料

第 7 章“机器学习 2”中 7.3 节“学习 L2 缩减回归——岭回归”的相关内容。

第 10 章“大规模机器学习——在线学习”中 10.3 节“用随机梯度下降解决回归问题”中的相关内容。

欢迎来到异步社区！

异步社区的来历

异步社区（www.epubit.com.cn）是人民邮电出版社旗下 IT 专业图书旗舰社区，于 2015 年 8 月上线运营。

异步社区依托于人民邮电出版社 20 余年的 IT 专业优质出版资源和编辑策划团队，打造传统出版与电子出版和自出版结合、纸质书与电子书结合、传统印刷与 POD 按需印刷结合的出版平台，提供最新技术资讯，为作者和读者打造交流互动的平台。

社区里都有什么？

购买图书

我们出版的图书涵盖主流 IT 技术，在编程语言、Web 技术、数据科学等领域有众多经典畅销图书。社区现已上线图书 1000 余种，电子书 400 多种，部分新书实现纸书、电子书同步出版。我们还会定期发布新书书讯。

下载资源

社区内提供随书附赠的资源，如书中的案例或程序源代码。

另外，社区还提供了大量的免费电子书，只要注册成为社区用户就可以免费下载。

与作译者互动

很多图书的作译者已经入驻社区，您可以关注他们，咨询技术问题；可以阅读不断更新的技术文章，听作译者和编辑畅聊好书背后有趣的故事；还可以参与社区的作者访谈栏目，向您关注的作者提出采访题目。

灵活优惠的购书

您可以方便地下单购买纸质图书或电子图书，纸质图书直接从人民邮电出版社书库发货，电子书提供多种阅读格式。

对于重磅新书，社区提供预售和新书首发服务，用户可以第一时间买到心仪的新书。

用户帐户中的积分可以用于购书优惠。100 积分 =1 元，购买图书时，在 使用积分 里填入可使用的积分数值，即可扣减相应金额。

特别优惠

购买本书的读者专享**异步社区购书优惠券**。

使用方法：注册成为社区用户，在下单购书时输入 S4XC5 使用优惠码，然后点击“使用优惠码”，即可在原折扣基础上享受全单9折优惠。（订单满39元即可使用，本优惠券只可使用一次）

纸电图书组合购买

社区独家提供纸质图书和电子书组合购买方式，价格优惠，一次购买，多种阅读选择。

社区里还可以做什么？

提交勘误

您可以在图书页面下方提交勘误，每条勘误被确认后可以获得100积分。热心勘误的读者还有机会参与书稿的审校和翻译工作。

写作

社区提供基于 Markdown 的写作环境，喜欢写作的您可以在此一试身手，在社区里分享您的技术心得和读书体会，更可以体验自出版的乐趣，轻松实现出版的梦想。

如果成为社区认证作译者，还可以享受异步社区提供的作者专享特色服务。

会议活动早知道

您可以掌握 IT 圈的技术会议资讯，更有机会免费获赠大会门票。

加入异步

扫描任意二维码都能找到我们：

异步社区

微信服务号

微信订阅号

官方微博

QQ 群：368449889

社区网址：www.epubit.com.cn

投稿 & 咨询：contact@epubit.com.cn